战略性新兴领域"十四五"高等教育系列教材

智能机电系统设计与开发

主　编　郝　娟　　付　铁
副主编　唐水源　　周世圆
编　者　谢　剑　　李弘恺
　　　　潘勤学

机械工业出版社

本书是根据教育部高等教育司关于进一步推进战略性新兴领域高等教育教材体系建设工作的通知精神，基于新时代背景下的新工科人才培养要求，并结合多年来的教学改革与科学研究成果及经验而编写的。

本书着眼于学生系统思维、技术方法、研发能力与创新意识的培养，注重知识体系的系统性、完整性和实用性。本书共分为 7 章，涵盖了绪论、先进设计理论与方法、机械系统设计与开发、驱动系统设计与开发、感知系统设计与开发、控制系统设计与开发、运动学建模与轨迹规划等方面的基础理论、方法及技术。同时，本书还提供了多个机电产品的项目开发实践案例，以帮助读者熟练掌握智能机电系统的研究内容、设计方法、开发过程等。此外，书中还附有与实践项目相关的源代码和视频等供学生参考。

本书可作为普通高校机械类、非机械类等专业的教学用书，也可供成人教育相关专业或有关工程技术人员参考。

本书配有以下教学资源：教学课件、教学视频、教学大纲、源代码，欢迎选用本书作教材的教师登录 www.cmpedu.com 注册后下载，或发邮件至 jinacmp@163.com 索取。

图书在版编目（CIP）数据

智能机电系统设计与开发 / 郝娟，付铁主编. 北京：机械工业出版社，2024. 12. --（战略性新兴领域 "十四五" 高等教育系列教材）. -- ISBN 978-7-111-77633-8

Ⅰ. TP271

中国国家版本馆 CIP 数据核字第 2024ZD0020 号

机械工业出版社（北京市百万庄大街 22 号　邮政编码 100037）
策划编辑：吉　玲　　　　　责任编辑：吉　玲　杨　璇
责任校对：韩佳欣　陈　越　封面设计：张　静
责任印制：邓　博
北京盛通数码印刷有限公司印刷
2024 年 12 月第 1 版第 1 次印刷
184mm×260mm · 17.25 印张 · 414 千字
标准书号：ISBN 978-7-111-77633-8
定价：59.80 元

电话服务　　　　　　　　网络服务
客服电话：010-88361066　机 工 官 网：www.cmpbook.com
　　　　　010-88379833　机 工 官 博：weibo.com/cmp1952
　　　　　010-68326294　金 书 网：www.golden-book.com
封底无防伪标均为盗版　机工教育服务网：www.cmpedu.com

前 言 FOREWORD

近年来，在国家创新驱动发展战略、中国制造2025、新工科、新型工业化以及新质生产力等新时代背景下，学生研发能力、创新思维和工程素养的培养成为高校培养高素质工程科技人才的一项重要任务。

本书是根据教育部高等教育司关于进一步推进战略性新兴领域高等教育教材体系建设工作的通知精神，基于新时代背景下的新工科人才培养要求，并在结合北京理工大学新版本科教学培养方案、教学计划以及多年来的教学改革与科学研究成果及经验的基础上编写而成的。

本书以智能机电系统设计与研发为主线，从研发流程、机械系统、驱动系统、感知系统、控制系统等设计与开发，以及运动学建模与分析、运动轨迹规划设计等方面，系统介绍了智能机电系统设计与开发的基础设计理论、方法及技术，并给出了大量典型机电产品的研发案例。

本书体系完整、层次分明、实用性强、理论与实践并重。除第1章绪论外，每章后面都附有与本章内容相关的项目实践。附录中还介绍了两例学生的项目制作品，这些作品围绕给定的设计任务开展，完成了搬运机器人的设计与开发，并以项目制作品的实物演示视频来展示。本书既聚焦智能机电系统研发能力和解决复杂工程问题能力的培养，又侧重创新思维、实践能力和工程素养的进一步提升。本书提供的案例（含数字资源）均来自实际项目或学生作品，综合性和系统性强，交叉融合特征明显，更适合采用项目制学习模式组织实施教学。读者可参考所提供的项目案例研究内容、设计方法、开发过程及实践资源，通过机电产品的研发训练，实现教学目标的达成。书中的二维码提供了相关实践资源的源代码和动作视频，可扫码观看。

本书编写分工为：第1章由付铁、郝娟编写，第2章由谢剑编写，第3章由付铁编写，第4章由唐水源、郝娟、潘勤学编写，第5章由李弘恺、郝娟编写，第6章由周世圆编写，第7章由郝娟编写，附录由郝娟、付铁编写。叶勤、庞璐、易恒、李春阳、李缘地等参加本书实践资源的建设工作。在本书编写过程中，参考了大量著作及学术论文等文献资料，也从网站上搜集了一些资料，还得到了一些机电控制领域内优秀企业的技术支持，在此向相关作者和企业表示诚挚的谢意。

机械工业出版社为本书的出版给予了极大的支持，在此表示感谢。

由于编者水平有限，书中欠妥之处在所难免，恳请广大读者批评指正。

编 者

目 录

前言

第1章 绪论 ··· 1
1.1 概述 ··· 1
1.1.1 智能机电系统的基本概念及组成 ·· 2
1.1.2 智能机电系统的主要特点及应用 ·· 3
1.2 智能机电系统的关键技术及发展趋势 ·· 5
1.2.1 关键技术 ·· 5
1.2.2 发展趋势 ·· 7
1.3 智能机电系统的开发类型及流程 ··· 7
1.3.1 开发类型 ·· 7
1.3.2 开发流程 ·· 8
思考题与习题 ·· 9

第2章 先进设计理论与方法 ··· 10
2.1 概述 ·· 10
2.1.1 设计简介 ·· 10
2.1.2 设计思维 ·· 16
2.2 现代设计理论与方法 ··· 18
2.2.1 TRIZ ··· 18
2.2.2 公理设计 ·· 21
2.2.3 系统化设计 ·· 24
2.3 海洋垃圾回收系统项目实践 ·· 26
2.3.1 总体功能定义 ·· 27
2.3.2 功能结构 ·· 28
2.3.3 项目规划 ·· 28

2.3.4 产品设计 ··· 28
思考题与习题 ··· 30

第3章　机械系统设计与开发 ·· 31

3.1 概述 ··· 31
　　3.1.1 机械系统的组成和基本要求 ·· 31
　　3.1.2 机械系统设计的基本原则及主要内容 ·· 32
3.2 机械系统设计规划 ·· 34
　　3.2.1 需求分析 ··· 34
　　3.2.2 功能分析 ··· 35
3.3 执行系统方案设计 ·· 36
　　3.3.1 执行系统的组成、功能及分类 ·· 36
　　3.3.2 执行系统的原理方案设计 ·· 40
　　3.3.3 执行系统的运动方案设计 ·· 45
　　3.3.4 执行系统的工作循环图设计 ··· 48
3.4 机械传动系统设计 ·· 53
　　3.4.1 传动系统的功能、类型及设计要求 ·· 53
　　3.4.2 齿轮传动 ··· 54
　　3.4.3 谐波齿轮传动 ·· 57
　　3.4.4 同步带传动 ··· 59
　　3.4.5 滚动螺旋传动 ·· 63
3.5 机械结构设计 ··· 68
　　3.5.1 轴系支承结构的设计 ·· 68
　　3.5.2 移动支承结构的设计 ·· 75
　　3.5.3 机架类结构的设计 ·· 81
3.6 物料搬运机器人项目设计实践 ·· 84
　　3.6.1 任务描述 ··· 84
　　3.6.2 设计规划 ··· 85
　　3.6.3 执行系统设计 ·· 86
　　3.6.4 传动系统设计 ·· 88
　　3.6.5 结构设计 ··· 90
思考题与习题 ··· 90

第4章　驱动系统设计与开发 ·· 91

4.1 概述 ··· 91
　　4.1.1 驱动系统的组成和基本要求 ·· 91
　　4.1.2 驱动系统设计的原则和内容 ·· 92

4.2　常用驱动系统分类 ··· 93
4.3　步进电动机驱动系统原理及选用 ··· 95
　　4.3.1　步进电动机结构和工作原理 ·· 95
　　4.3.2　步进电动机的特性 ··· 101
　　4.3.3　步进电动机驱动原理 ·· 106
　　4.3.4　步进电动机选用 ·· 113
4.4　直流电动机伺服驱动系统原理及选用 ··· 117
　　4.4.1　有刷直流电动机结构和工作原理 ··· 117
　　4.4.2　有刷直流电动机的特性 ·· 119
　　4.4.3　有刷直流伺服电动机驱动原理 ·· 126
　　4.4.4　有刷直流伺服电动机选用 ··· 134
　　4.4.5　无刷直流伺服电动机驱动原理 ·· 135
　　4.4.6　无刷直流伺服电动机选用 ··· 138
4.5　交流伺服驱动系统原理及选用 ··· 139
　　4.5.1　永磁同步电动机结构和工作原理 ··· 139
　　4.5.2　交流感应电动机结构和工作原理 ··· 142
　　4.5.3　交流伺服电动机选用 ·· 142
4.6　驱动系统设计与开发项目实践 ··· 144
　　4.6.1　步进电动机拆装实践 ·· 144
　　4.6.2　步进电动机驱动系统设计实践 ·· 145
　　4.6.3　舵机拆装与驱动系统设计实践 ·· 146
思考题与习题 ·· 146

第5章　感知系统设计与开发 ·· 147

5.1　概述 ·· 147
　　5.1.1　感知系统的组成和基本要求 ·· 147
　　5.1.2　感知系统设计的原则及内容 ·· 148
5.2　常用传感器的组成、特征与种类 ·· 148
5.3　传感器的基本特性与工作原理 ··· 149
　　5.3.1　传感器的基本特性 ··· 149
　　5.3.2　典型传感器的工作原理 ·· 153
5.4　智能机电系统常用传感器及选择 ·· 162
　　5.4.1　位移（位置）传感器 ·· 162
　　5.4.2　力传感器 ·· 165
　　5.4.3　图像传感器 ·· 166
　　5.4.4　智能传感器 ·· 167
5.5　传感器数据采集接口设计 ·· 170

  5.5.1 数据采集接口……170
  5.5.2 无线通信及网络……172
  5.5.3 抗干扰技术……172
 5.6 传感器项目化应用实践……174
  5.6.1 模拟式温度传感器应用……174
  5.6.2 智能温度传感器应用……174
  5.6.3 设计制作光电编码器……175
  5.6.4 设计制作称重传感器……176
  5.6.5 设计制作烟雾报警系统……178
 思考题与习题……178

第 6 章 控制系统设计与开发……179

 6.1 概述……179
  6.1.1 控制系统的组成和基本要求……179
  6.1.2 控制系统设计的原则和内容……180
 6.2 常用控制系统分类……181
 6.3 STM32 微控制器概述……182
  6.3.1 STM32 的产品线……182
  6.3.2 STM32 产品命名及选型……183
 6.4 STM32F407 硬件资源……185
  6.4.1 功能特性与内部架构……185
  6.4.2 常用外部接口……187
 6.5 STM32 软件开发基础……191
  6.5.1 STM32 软件开发环境……191
  6.5.2 STM32Cube 生态系统……192
  6.5.3 使用 CubeMX 分配片上资源……193
  6.5.4 STM32 程序编写与烧写运行……196
  6.5.5 STM32 项目组织结构……198
 6.6 STM32F407 项目开发实践……199
  6.6.1 STM32F407 开发板与仿真器……199
  6.6.2 基于 ROS 实现上位机与开发板串口通信示例……200
  6.6.3 基于开发板实现舵机控制……210
  6.6.4 基于开发板实现超声波测距……215
 思考题与习题……222

第 7 章 运动学建模与轨迹规划……223

 7.1 概述……223

7.2 空间描述与坐标系 ··· 224
7.2.1 空间描述 ··· 224
7.2.2 坐标变换 ··· 225
7.2.3 坐标系设置 ··· 228

7.3 运动学建模与分析 ··· 230
7.3.1 连杆描述 ··· 230
7.3.2 连杆连接描述 ··· 230
7.3.3 在连杆上建立坐标系 ··· 231
7.3.4 连杆间坐标系变换 ··· 232
7.3.5 正运动学建模与分析 ··· 232
7.3.6 逆运动学建模与分析 ··· 234

7.4 速度传递矩阵 ··· 238
7.4.1 角速度传递 ··· 238
7.4.2 线速度传递 ··· 239

7.5 轨迹规划 ··· 240
7.5.1 不同空间轨迹规划对比 ··· 240
7.5.2 关节空间轨迹规划 ··· 243
7.5.3 操作空间轨迹规划 ··· 247
7.5.4 工业机器人仿真 ··· 248

7.6 运动学建模与轨迹规划项目实践 ··· 251
7.6.1 机器人工件坐标系标定实践 ··· 251
7.6.2 机器人运动学求解项目实践 ··· 252
7.6.3 笛卡儿空间轨迹规划项目实践 ··· 255
7.6.4 关节空间轨迹规划项目实践 ··· 256

思考题与习题 ··· 256

附录　学生作品展示 ··· 258

参考文献 ··· 265

第 1 章 绪 论

1.1 概述

制造业是指利用制造技术将制造资源如物料、能源、设备、工具、资金、技术、信息和人力等，通过制造过程转化为可供人们使用和利用的大型工具、工业品以及生活消费产品的行业。制造业涉及的领域非常广泛，包括机械、仪器仪表、汽车、航空航天、铁路、建筑、船舶、食品、化工、冶金、石油、电子以及医药等多个行业。

制造业是国民经济和社会发展的物质基础，是一个国家综合国力的重要体现，是国民经济的支柱产业，是立国之本、兴国之器、强国之基。没有强大的制造业，就没有国家和民族的强盛。因此，打造具有国际竞争力的制造业，是我国提升综合国力、保障国家安全、建设世界强国的必由之路。

进入 21 世纪以来，我国工业发展迅速。但与工业发达国家相比，我国制造业总体大而不强，主要体现在自主创新能力不强、关键核心技术对外依存度高、产业结构不合理、工业基础相对薄弱、高端装备制造业发展滞后、资源能源利用率较低、信息化水平不高、与工业化融合深度不够等方面。

为此，国务院于 2015 年 5 月印发《中国制造 2025》，部署全面推进实施制造强国战略，积极主动适应和引领新一轮科技革命和产业变革。《中国制造 2025》是我国实施制造强国战略第一个十年的行动纲领，纲领中明确了 9 项战略任务和重点。其中，在推进信息化与工业化深度融合方面，智能制造作为主攻方向。纲领中强调，要加快发展智能制造装备和产品，组织研发具有深度感知、智慧决策、自动执行功能的高档数控机床、工业机器人、增材制造装备等智能制造装备以及智能化生产线，统筹布局和推动智能交通工具、智能工程机械、服务机器人、智能家电、智能照明电器、可穿戴设备等产品研发和产业化。

经过几十年的快速发展，我国现已成为世界制造业第一大国，制造业增加值占全球比重约 30%，连续 14 年位居全球首位。按照国民经济统计分类，我国制造业现有 31 个大类、179 个中类和 609 个小类，已建立起全球产业门类齐全、产业体系完整的制造体系，成为支撑我国经济社会发展的重要基石和促进世界经济发展的重要力量。而且，近十年来我国不断加快推进制造业转型升级，以科技创新推动产业创新，高技术制造业和装备制造业引领带动作用显著增强，制造业综合实力和竞争力持续提升。大飞机、载人航天、卫星导航、电力装备、高铁装备、深海探测器、深空探测器、大型邮轮、高端医疗装备以及高档数控机床等一批重大技术装备取得突破，新能源汽车、机器人、新材料、生物医药及医疗器械等新兴产业得到快速发展。

在我国国民经济和社会发展第十四个五年规划和 2035 年远景目标纲要、中国共产党第二十次全国代表大会报告中强调指出，要以服务制造业高质量发展为导向，推进新型工业化，加快建设制造强国，统筹推进科技创新和产业创新，实施制造业技术改造升级工程和重大技术装备攻关工程等，加快关键技术研发及推广应用，不断推动制造业向高端化、智能化、绿色化发展。

因此，掌握智能机电系统、装备及产线的基础设计理论、方法及技术，对于培养新时代背景下兼具智能机电系统研发能力、创新思维和科学素养的高素质工程科技人才，服务我国新型工业化建设、助力新质生产力培育、推动制造业高质量发展具有重要意义。

1.1.1 智能机电系统的基本概念及组成

1. 智能机电系统的基本概念

近年来，随着电子、信息、控制、传感、计算机、软件以及互联网等技术的飞速发展，以及向机械技术领域逐渐渗透，机械相关装备、产品或系统的技术结构、功能组成、性能质量以及生产方式等产生了巨大变化，越来越呈现出集成化、系统化以及多学科交叉融合的特征。

智能机电系统通常是在机械主功能、动力功能、信息功能和控制功能的基础上引入微电子技术，将机械装置和电子装置用相关软件有机结合而成的系统，同时还具有记忆、感知、计算、传输和决策等功能。智能机电系统广泛应用于制造、汽车、航空、航天、航海、医疗、食品等领域，如数控机床、智能汽车、火星探测器、深海探测器、机器人以及装配生产线等。

2. 智能机电系统的组成

一个典型的智能机电系统通常由机械系统、驱动系统、动力系统、感知系统以及控制系统五个子系统组成，如图 1-1 所示。机械系统主要包括支承部件、传动部件和执行部件等，用于连接其他要素并形成一个有机整体，以完成产品的特定功能。驱动系统主要包括电力驱动、液压驱动和气压驱动等几种类型，其作用是为机械系统提供所需要的运动和动力，如伺服电动机及驱动器、气缸、液压马达等。动力系统的主要功能是为驱动系统、感知系统和控制系统提供动力源，以确保其他系统的正常工作，如电源、液压源、气源等。感知系统是利用传感器及检测等技术将产品运行过程中自身和外界环境中的各种参数（如力、位置、角度、速度、加速度、温度、距离、流量）和状态（如起动、停止）按照一定精度要求转换并提供给控制系统，供控制系统决策使用。控制系统主要是利用计算机、运动控制卡、PLC、单片机以及输入输出设备等硬件和控制软件，对来自感知系统的反馈信息和外部输入命令进行处理、运算

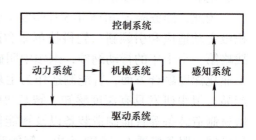

图 1-1 智能机电系统的组成要素

和决策，以保证系统的运行符合控制要求。

需要强调的是，构成智能机电系统的五个子系统之间并非是简单拼凑而成，其子系统内部及不同子系统之间的接口耦合、信息处理、运动及动力传递和能量变换等均需要遵循相应的基本原则，最终形成一个有机融合的完整系统。智能机电系统各子系统在工作中各司其职，却又相互补充、相互协调，共同完成规定的功能。

1.1.2 智能机电系统的主要特点及应用

1. 智能机电系统的主要特点

（1）综合性、系统性强　智能机电系统涵盖了机械技术、微电子技术、信息技术、自动控制技术、感知技术以及软件、互联网等技术，是多学科交叉融合的综合体，具有系统性、完整性和科学性。

（2）结构简单，操作方便，效率高　智能机电系统通常采用新型原理、器件、装置或技术，可以优化甚至代替传统的机械或电子装置，大大简化了系统结构，同时提高了操作的便利性和生产率。例如：图像传感器和条形码读取器等机电产品都是利用光学技术代替了传统的电气和机械部件；可编程序控制器（PLC）的使用可以方便地完成过去靠复杂的机械传动链和机构的关联运动实现的功能；使用自动控制技术、机器人及气动元器件等，可以实现大批量生产产品的自动化操作，如手机、汽车的生产等。

（3）精度高，功能全　智能机电系统缩短了机械传动链，减少了因摩擦、磨损、变形及间隙等引起的动态误差和累积误差。通过采用高分辨率检测元件和高性能伺服系统，还可以通过控制系统的诊断、补偿、校正等功能，进一步提高了产品的工作精度。同时，自动化、数字化、智能化等技术的引用，也使产品功能的增加变得更为容易。例如，数控车床的主轴箱可用电主轴替代，同时通过高精度传感器和伺服控制器可有效提高车削加工的精度。再如，扫地机器人除本身的吸尘和拖地功能外，还可增加烘干、除菌、脏污识别、机器人自清洁以及避障功能等。

（4）可靠性高、稳定性好　智能机电系统通过感知系统和控制系统，可以自动监测、诊断和预测产品的工作状态，有效提高了产品的可靠性、稳定性和工作寿命。当系统出现过载、失速及其他紧急状况时，能及时给出相应的解决措施，防止出现事故。

（5）自动化、柔性化、智能化程度高　智能机电系统由于采用了电子、信息、控制、传感等多种技术，更加容易实现自动化、柔性化和智能化。例如，当前大多数有批量需求的机电产品，大规模使用工业机器人及智能机床，实现了生产过程的高度自动化。同时，结合计算机软、硬件技术及智能控制技术，产品不但可以适应工作对象的变化，具有较大的灵活性和柔性，还可以针对外部环境及工作条件的变化，自主做出相应的诊断和决策，体现了较高的智能化程度。

2. 智能机电系统的应用

智能机电系统的应用范围极为广泛，几乎渗透到人们日常生活、生产、科研以及服务的各个领域。具体地讲，主要包括如下几个方面。

（1）工业生产　根据现有国民经济行业分类标准（GB/T 4754—2017），我国工业包括采矿业、制造业以及电力、热力及水的生产和供应业三大类别共 41 个工业大类，如煤炭开采和洗选业、石油和天然气开采业、通用设备制造业、专用设备制造业、交通运输设备制造业、医药制造业等。智能机电系统广泛应用于冶金、能源、机械、化工、建筑、通信以及交通等工业行业领域。图 1-2 所示为智能机电系统在工业生产领域中的应用案例。

　　a) 数控机床　　　　　b) 码垛机器人　　　　c) 汽车焊接生产线　　　d) 智能化采矿设备

图 1-2　智能机电系统在工业生产领域中的应用案例

（2）社会服务　智能机电系统在教育、运输、仓储、邮政、餐饮、旅游、体育、娱乐等社会服务行业领域也有广泛应用，如产品的智能立体化仓储设备、食品和饮料包装设备、医药品自动分拣设备、核磁共振设备、智能健身器材、全自动洗衣机、扫地机器人、手术机器人以及各类服务型机器人等。图 1-3 所示为智能机电系统在社会服务行业领域中的应用案例。

　　a) 餐厅服务机器人　　b) 玻璃幕墙清洗机器人　　c) 扫地机器人　　　　d) 手术机器人

　　e) 消防巡查机器人　　f) 自动化立体仓库　　　g) 智能网联汽车　　　h) C919 大飞机

图 1-3　智能机电系统在社会服务行业领域中的应用案例

（3）科学探索　科学探索扩展了我们对世界的认知边界，是人类文明进步的重要驱动力。智能机电系统为科学家快速地进行复杂实验，更深入地分析数据提供了手段，从而加速科学发现和技术创新。图 1-4 所示为智能机电系统在科学探索领域中的应用案例。

a) 天宫空间站机械臂

b) "祝融"号火星车

c) "奋斗者"号深海探测器

d) "玉兔"号月球车

e) 中国天眼

图 1-4　智能机电系统在科学探索领域中的应用案例

1.2　智能机电系统的关键技术及发展趋势

1.2.1　关键技术

智能机电系统是多学科技术综合运用的系统，其核心技术主要包括机械技术、感知技术、伺服驱动技术、自动控制技术、信息处理技术、物联网技术、故障诊断技术以及系统总体技术等。

1. 机械技术

机械技术是智能机电系统设计与开发的基础，主要包括机械设计、加工工艺和制造技术等。在进行产品开发时，需要综合考虑产品精度、刚性、材料、重量、体积以及维修等因素，并利用现代机械设计及制造相关理论与方法，开发出满足产品功能、性能及寿命等多方面要求的产品。

2. 感知技术

感知技术是指对产品运行状态和环境进行实时检测及反馈的技术，主要包括传感信号的感知、辨识、提取与处理技术等，是产品实现自动化、智能化的关键环节。因此，大力开发感知技术，特别是开发高稳定性、高分辨率、强适应能力以及面向特殊需求的传感器，对于智能机电系统开发具有重要意义。

3. 伺服驱动技术

伺服驱动技术的主要研究对象是伺服驱动单元及其驱动装置，作用是根据控制指令控制驱动元件，使机械运动部件按照指令要求动作，并保持良好的工作性能。常用的伺服驱动元件主要有电动、气动和液压等类型，如伺服电动机、电液马达、步进电动机、伺服气缸等。伺服驱动技术是直接执行操作的技术，对产品的动态性能、控制质量和稳态精度具有决定性的影响。目前，交流伺服驱动技术取得了突破性进展，为高性能机电系统开发奠定了坚实基础。

4. 自动控制技术

自动控制技术主要包括自动控制方法、控制系统设计技术、系统仿真技术、现场调试技术及运行测试技术等方向。被控对象种类繁多，控制量的类型也非常广泛，一般有位置、速度、转矩、温度、流量等。主要控制方式有开环、闭环、在线、离线及实时等类型。常见控制方法有程序控制、PID控制、前馈控制、自适应控制、自学习控制等。自动控制技术现已成为智能机电系统开发中的关键技术。

5. 信息处理技术

信息处理技术主要是指产品在工作过程中信息的交换、存取、运算、诊断和决策等技术，通常包括计算机硬件和软件技术、网络与通信技术、人工智能技术以及数据库技术等。实现信息处理的主要工具是计算机，信息处理的正确性、准确性和实时性直接影响产品工作的质量和效率。

6. 物联网技术

物联网（Internet of Things，IoT）技术是指通过信息传感设备实时采集物体或过程中的各种有用信息，并按约定协议与网络连接，通过信息传播媒介进行信息交换和通信，以实现智能化识别、定位、跟踪、监管等功能的技术。作为物联网技术的应用实例，工业互联网融合了传感器、自动化设备、数据存储与分析、人工智能以及高效运算等技术，目前已广泛应用于机械、汽车、航空航天以及国防等领域。

7. 故障诊断技术

故障诊断技术是指综合利用各种监测、检查和测试手段，进行故障发现、故障诊断、故障预测的技术，主要包括数据采集、信息分析与处理、状态监测、状态评估以及预测、决策等内容。预测与健康管理技术是在故障诊断技术基础上，应用现代信息技术和人工智能技术发展起来的一种新技术，通过在线和远程状态监测，可实现产品的健康评估以及故障的自预测、自识别、自诊断、自决策和自维护。

8. 系统总体技术

系统总体技术是指围绕系统整体目标，使用系统工程设计方法，将系统分解成相互有机联系的若干功能单元，找出各功能单元的具体实现技术方案，然后再把功能和技术方案组合并进行分析、评价和优选的综合应用技术。系统总体技术解决的是系统的性能优化和组成要素之间的有机联系问题，以保证系统的整体工作性能。接口技术是系统总体技术的重要内容，主要包括电气接口、机械接口、人机接口等。

1.2.2 发展趋势

随着科学技术的发展和社会经济的进步，我们已经或即将迈入全面数字化、信息化、网络化和智能化的时代。面对我国智能机电行业领域需求的不断扩大和对产品功能、性能要求的不断提高，未来的智能机电系统将向高性能化、模块化、网络化、智能化、微型化、集成化、绿色化以及人性化等方向发展。

高性能化主要体现在产品的高速度、高精度、高效率和高可靠性等方面，一直是产品开发持续追求的目标。

模块化主要体现在产品零部件的通用性和互换性，提高产品的可装配性、可维修性，以减少产品的开发、生产和服务成本。

网络化主要体现在网络互联、数据分析、智慧管理以及智能服务等方面。

智能化主要体现在产品设计、生产、使用、维护的智能化等方面。

微型化主要体现在微观领域的发展。例如，微机电一体化系统（MEMS，一般几何尺寸不超过 $1cm^3$）因体积小、能耗少、运动灵活，在生物医疗、军事、信息等方面具有很好的发展前景。

集成化主要体现产品零部件的集成度。例如：一体化动力单元集成了电动机、减速器及驱动卡；直线运动单元集成了滚珠丝杠、直线导轨等零部件。

绿色化主要体现在低能源消耗、低材料消耗、健康环保以及可再生利用等方面。

人性化主要体现在人–机–环的协同上，强调以人为本，注重使用者在产品的便利性以及心理甚至精神需求方面的尊重和满足。

1.3 智能机电系统的开发类型及流程

1.3.1 开发类型

智能机电系统种类繁多，覆盖面极为广泛，且涉及多学科专业技术领域，其开发目的是综合运用各项关键技术，实现产品（或系统）内部各单元之间的合理匹配和最佳的整体效能。智能机电系统常见的开发类型有如下两种。

1. 原创型

原创型开发是指在既无参考产品又无具体方案的情况下，根据产品功能、性能等要求进行原创性研究开发，是一个从无到有的创造过程。例如，最初的新能源汽车、人形机器人、空间站以及天文望远镜等均属于原创型智能机电系统。

2. 适应型

适应型开发是指在产品主要原理和设计方案基本保持不变的情况下，通过技术更新、功能及结构改进等方式，使产品功能增加、性能和质量提高、成本降低、效率提升等的开发方式。例如，从手动档汽车到手自一体、全自动档汽车，从 3 轴联动数控机床到 4 轴联动、5 轴联动以及带自动换刀功能的加工中心，从负载 1kg 的 4 自由度机器人到负载 3kg、10kg 或 50kg 的 6 自由度机器人等产品开发都属于此类开发方式。

1.3.2 开发流程

随着社会经济和科学技术的进步和发展，人们对开发新产品的要求越来越高，不但要物美、价廉，更要被用户所接受。因此，基于产品全生命周期管理理念，智能机电系统的开发一般从市场或需求出发，形成规划和设计，再生产产品进入市场，经过销售、使用、服务，最终报废回收，其开发流程通常包括产品规划、总体设计、详细设计、生产制造以及运营服务五个阶段。

1. 产品规划阶段

在产品规划阶段，需要围绕总体目标开展市场调研、资料收集、需求分析、市场预测、可行性分析、经济性分析以及机理分析等工作，确定产品用途、工作方式、主要参数、技术指标以及使用环境等要求，最终形成设计任务书，作为后续开发环节的依据。

2. 总体设计阶段

在总体设计阶段，需要根据设计任务书中提出的一系列要求，从智能机电系统的基本组成入手，进行总体方案设计与评价。它主要包括产品的总体布局设计、概念设计、原理方案设计、研发计划制定、经费概算、风险分析以及多种方案的评价、筛选和优化，从而形成满足要求的系统最终实施总体方案。

3. 详细设计阶段

在详细设计阶段，是根据确定后的原理方案从技术层面完成所有细节内容具体化实现的过程，最终形成产品样机试制所需全部技术图样、设计说明书及相关技术文件。该阶段的主要研究内容包括机械零部件的结构设计，机械、电子元器件及传感器的选型设计，控制系统的软、硬件系统设计，工作能力核算，技术图样绘制，设计说明书编写以及所有零部件、元器件、传感器及软件清单编制等，为产品样机试制提供详细的技术档案资料和参考依据。

4. 生产制造阶段

在生产制造阶段，需要进行产品的样机试制、试验与运行测试、评价与定型等工作。样机试制主要包括零部件的工艺设计与加工、外购件的采购以及机械系统、控制系统、驱动系统、感知系统以及动力系统的装配、集成与调试等内容。试验与运行测试主要是根据设计任务书相关要求，通过运行试验，对样机的各项功能、性能指标及可靠性进行测试，判断是否符合设计要求。若不符合，需要分析原因并进行改进，重新进行试验，直至满足要求。评价与定型主要是通过组织专家及用户对样机进行评价和审定，并根据意见进行改进，直至产品定型。

5. 运营服务阶段

运营服务阶段的主要目标是通过不断改进和创新，实现产品质量的不断提高、市场份额的不断扩大和用户满意度的持续提升，保持产品的竞争力不断增强。产品运营服务主要包括市场推广、销售、售后服务、产品改进以及报废回收等多个方面的内容。

思考题与习题

1. 试给出一具体智能机电系统案例，并分析其基本组成及主要特点。
2. 试结合感知领域的新技术，阐述智能机电系统的发展趋势。
3. 针对智能机电系统的不同开发类型，试各举一例并简要说明。
4. 针对某一现有智能机电系统，简要介绍其所涉及的关键技术。
5. 试提出一种原创型智能机电系统思路，并简要介绍其开发流程。

第 2 章　先进设计理论与方法

2.1　概述

2.1.1　设计简介

最早的设计,产生于原始社会时期人类对石器的有意识、有目的的加工制作。随着物质生产和科学技术水平的提高,人类的设计也从相对稳定的手工艺设计时代,发展到以机械化大批量生产为特色的现代设计阶段。

设计的对象多种多样,小到一个简单的工具,大到复杂的消费产品,乃至一个复杂的系统,如生产系统、物流系统等。每一个产品或者系统,都是人们经过长期而且常常是反复的设计改进,才能得到的最终产物。人们对新的、具有高性价比、高质量的产品及其系统的需求是持续不断的。无论是设计变速箱、小型机器人,还是国产大飞机或者其他大型智能机电系统,在设计过程中,都有一些特定的技术和过程可用来帮助设计者保证得到成功的设计。本章的内容,不是注重某一种特定产品的设计,而是针对各种各样的产品及其系统的设计,重点是讲述整个设计过程和创新过程。

现代产品及其系统已经变得极为复杂,以至于绝大部分产品从概念发展到硬件,都需要有一支由不同专业领域的人员组成的团队来完成。参加项目的人员越多,就越需要进行交流和组织,以保证不会忽略重要的问题以满足用户的需求。另外,全球化的市场正孕育加速发展新产品的需求。为了市场竞争的需要,一个公司必须高度有效地进行产品设计。根据统计,新产品不能按预期正常工作、推向市场的时间过长或者成本太高等问题,85%是由不良的设计过程造成的。

本章将重点介绍先进设计的内涵及相关理论等,并利用一个典型案例对相关理论与方法进行应用与验证。

1. 设计活动的历史

在设计活动中,概念发展成为可用作产品的硬件,无论这个硬件是一个书架或是一个空间站,它们都是人们与其知识、工具以及技巧相结合而产生的一个新创造。这个工作要花费时间和金钱,如果人们擅长他们所做的工作,并且有一个良好的工作环境,他们就可以高效地工作。进一步地,如果技巧运用合理,最终的产品就会得到使用它和与它一起工作的人的喜爱——用户会把它看作优质产品。因此，设计过程就是对人以及人们在产品进化过程中所获得信息的组织和管理。

在知识不发达的时代，一个人就可以完成整个产品的设计和制造。即使是一个大的项目，如造船或建桥，一个人就有足够的物理、材料和制造过程的知识来处理项目设计及建设的所有方面的问题。

到了20世纪中叶，产品和制造过程已经变得非常复杂，以至于一个人不再具有足够的知识或时间用于产品研究的各个过程。人们组成不同的团队分别负责市场、设计、制造和整体管理，称为按专业分隔的设计方法。

在20世纪70年代末期至80年代初期，并行工程的概念开始打破这些"墙"。这个理念强调制造过程的改进要与产品的更新同步。并行工程的实现通过指派制造工程师的代表加入设计团队，以便他们在整个设计过程中与设计者相互沟通，其目的就是要在产品完善的同时，也使制造过程得到改进。

20世纪80年代，并行工程的理念又被扩展并称为协同设计，到20世纪90年代又变为集成生成与过程设计（IPPD）。虽然"并行""协同"和"集成"的意义基本相同，但是，术语上的变化也隐含着对如何有效地开发产品在认识上的进一步提炼。

20世纪90年代，精益与六西格玛的概念在制造业中变得流行并开始影响到设计。精益制造来自对丰田制造体系的研究，并在20世纪90年代早期流传到美国。精益制造努力通过团队工作消灭系统所有零件中的浪费。这意味着消灭没人想要的产品、不需要的步骤、许多不同的材料以及由于上游活动不能按时完成造成的下游人员的等待。在设计和制造中，"精益"的概念与最小化任务时间和最小化制造产品所用材料已经变成了同义词。

"精益"关注时间，而"六西格玛"聚焦质量。"六西格玛"有时也写成"6σ"，起源于20世纪80年代的摩托罗拉公司，并在20世纪90年代作为一种能有助于制造出高质量产品的保证方法而流行。"六西格玛"采用统计方法对产品制造过程中的不确定性和变化进行评价和管理。"六西格玛"方法的关键是"DMAIC"五个步骤（Define，定义；Measure，评估；Analyze，分析；Improve，改进；Control，控制）。"六西格玛"使被加工的产品质量得以提高。然而，质量是在产品设计、工艺阶段就开始了，而不是在制造中才开始的。认识到这点，"六西格玛"委员会在20世纪90年代后期提出的DFSS（即为"六西格玛"而设计）中开始强调在产品开发周期的早期就应注意质量。

除了这些正式的方法外，在20世纪80年代到90年代之间，产生了许多设计过程的技术并变得流行。它们大多建立在本章介绍的大量设计原理的基础上。

所有这些方法和最好的实践都是围绕在表2-1中列出的10个关键特征建立起来的，基本的焦点是对团队成员、设计工具和技术、产品信息以及产品开发和制造过程的集成。

团队的使用，包括所有的"利益相关者"（那些和产品相关的人），采用专业分割的设计方法以消除许多问题。在产品发展的每一个阶段，产品研发团队中要包括各种人员，而且他们都是很重要的。这种具有不同观念与视野的人员组合，有助于团队从事与产品全寿命周期有关的工作。

工具和技术通过信息将开发团队联系起来。虽然许多工具是以计算机为基础的，但是许多设计工作还是要采用铅笔和纸张来完成。因此，本章强调的不是计算机辅助设计而是影响设计修养的技术和支持它们的工具。

表 2-1　最佳实践设计的 10 个关键特征

序号	设计的关键特征
1	关注产品的整个寿命周期
2	设计团队的作用和支持
3	认识到过程和产品同样重要
4	关注以信息为中心的任务规划
5	关心产品需求的发展
6	鼓励产生多种概念并进行评价
7	明确决策过程
8	在设计的全过程中关注设计质量
9	产品开发和加工过程协同发展
10	强调在恰当的时机将正确的信息与适当的人员交流

2. 设计的基本活动

无论需要设计的问题是什么，总是有意或无意地进行着以下六个活动。

1）确定设计要求或认识到要解决什么问题。
2）计划如何去解决这个问题。
3）通过完善需求和分析现有类似问题的解决方案来理解问题。
4）产生可供选择的解决方案。
5）通过将备选方案与设计要求比较和将它们互相比较的方法来评价备选方案。
6）决定可采用的方案。

这个模式不仅适用于产品整体设计，而且也适用于产品某一个最小细节设计。

这些活动不是按照 1）、2）、3）这个顺序执行的。事实上，它们总是伴随解决方案的产生、评价、加深对问题的理解、产生新的和更好的方案而交织融合进行的。这种反复迭代的本性也是设计性问题区别于分析性问题的另一个特征。

上面列举的活动并不完全。如果希望设计团队中的另外一个人采用设计结果，还需要第 7 个活动——交流结果。

无论哪种设计过程，每一件产品都有其生命历程，如图 2-1 所示。图 2-1 中的每个圈框代表产品生命历程的一个阶段。它们被分为 4 组：第 1 组是有关产品开发的，也是本章的重点；第 2 组是关于产品的生产与销售；第 3 组包括了对产品使用的所有重要考虑；第 4 组是关于产品退出使用的后处理。注意，设计者将参与产品开发的 5 个阶段，如果要开发优质的产品，就必须对随后的几个阶段有充分的了解。

产品开发部分主要包括：

① 识别需求。设计项目或来自市场需求，或来自新的技术进步，或来自对已有产品进行改进的要求。

② 规划设计过程。有效的产品开发需要对将要进行的过程做出计划。

③ 提出工程要求。提出一组好要求的重要性已成为协同设计的关键点之一。近来人们已经认识到，在提出概念之前提出完整的要求，不仅可以节省时间和金钱，并且能提高产品质量。

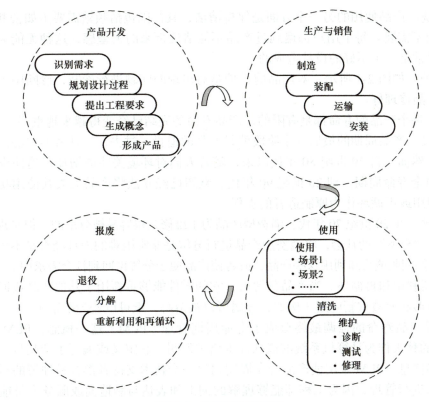

图 2-1 产品的寿命周期

④ 生成概念。利用功能模型生成多个候选的新概念，并经评估后得到最终概念设计方案，这是产品开发的一个重要阶段，因为这一阶段做出的决定会影响所有后续阶段。

⑤ 形成产品。将概念转变为可制造的产品是一项重要的工程挑战。

生产与销售部分包括：

① 制造。有些产品只是将现有的零件进行组装。但对于大多数产品，单个零件需要从原材料通过成形而制成，因此需要进行一定的加工。在专业分隔设计方法中，设计者有时会考虑到制造中可能出现的问题，但是他们毕竟不是专家，有时不可能做出好的决策。协同设计鼓励在设计团队中有制造专家的参与，以保证产品可以生产并满足成本要求。

② 装配。在产品设计阶段考虑产品如何装配是很重要的。

③ 运输。虽然产品的运输看起来似乎与设计者无关，但是每一件产品都必须以安全和便捷的方式交付到用户手中。设计要求中可能包括了一些如产品要装在事先规定好的容器中进行船运或满足某种标准货架的摆放要求。因此，设计者可能要改变产品（的设计）以满足产品运输的要求。

④ 安装。有些产品要在用户使用前进行安装，特别是制造设备和建筑业设备更是如此。另外，还要考虑用户对"安装须知"提示的反应。

产品开发、制造、发布的目标就是要使用这个产品。"使用"的内容是：

① 使用。大多数设计要求是用来说明产品用途的。产品可能会有许多不同的操作规程来说明其使用方法。例如，一个普通的锤子，它可以将钉子钉入或取出。每一种用法有不同的操作规程，在设计锤子时都要考虑。

② 清洗。产品使用的另一个方面是保持清洁，其范围包括频繁需要（如公共浴室的固定装置）到不需要。每个用户都遇到过产品不能清洗带来的失望感，这种无能为力很少是故意的，通常是一个不好的设计造成的。

③ 维护。如图 2-1 所示，对产品的维护是对出现的问题进行诊断，诊断中可能需要测试，并把产品修理好。

最后，每个产品的寿命都是有限的，产品寿命的完结已经变得越来越重要。

① 退役。产品周期的最后一个阶段就是产品的退役。过去，设计者不关心产品使用以外的事情。然而，自 20 世纪 80 年代以来，随着人们对环境关注的增加，迫使设计者开始考虑产品的全寿命周期。到 20 世纪 90 年代，欧盟已经立法将产品失去其使用功能后的收集和重新利用或再循环作为原制造者的责任。

② 分解。在 20 世纪 70 年代，消费型产品为了维修是很容易被分解的。但是现在人们生活在一个"抛弃型"的社会，将消费型产品进行分解是非常困难的而且经常是不可能的。但法律要求人们回收或重新利用这些产品，或者使产品便于分解再回到社会需求中。

③ 重新利用和再循环。当产品分解后，它的零件能够重新用于其他产品或回收——变成更基本的形状而被重新应用（例如，金属可以被溶解，纸可以变为纸浆）。

这种对产品寿命的强调最终形成了寿命周期管理（PLM）这一概念。PLM 这个名词在 2001 年的秋天作为计算机系统的概括性术语被发明。它定义或编写了产品从"摇篮到坟墓"的全部信息。PLM 采用使产品寿命周期内每一个技术支持者都容易理解的形式和语言对这些信息进行管理，因为工程师能够理解的词汇和表达与制造商或服务人员能够理解的词汇和表达方式是不同的。

图 2-2 中反映了产品寿命周期内发生的各种活动，包括系统工程、设计自动化、材料清单、制造工程、诊断、测试和修理以及投资组合规划。其中，系统工程是指产品功能的技术发展支撑；设计自动化包括计算机辅助机械设计（MCAD）、计算机辅助电子设计（ECAD）和相关软件；材料清单（BOMs）是非常有效的零件目录表，是制造的基础性文件；制造工程包括为制造而设计（DFM）和为装配而设计（DFA）的信息。一旦产品上市并投入使用，就需要维护，维护的内容包括诊断、测试和修理。这些活动由 PLM 系统中的服务、诊断和保证信息来支持。最后，需要管理产品的投资，即决定哪些产品要开发和销售。

在开始一个新的设计项目时，设计者对解决方案知之甚少，尤其是当设计的问题对设计者来说是一个新问题时。随着项目工作的开展，设计者对关于设计问题的技术知识和可选方案的了解会增加，设计自由度会随之降低，这就是设计过程中的矛盾问题，如图 2-3 所示。但是，在选择一个方案完成项目设计后，大多数设计者都想有一个重新开始的机会，以使他们在已经完全理解问题的基础上更好地完成此项目。

通过解决问题的过程，可以获得关于问题的知识和解决问题的可能答案。相反的，设计自由度也相应降低。从图 2-3 中可以看出，关于设计问题的知识学习是曲线式的，曲线的斜率越大，单位时间获得的知识越多。在大部分设计过程中，前期的学习速率是很高的。但是，随着设计决策的做出，改变产品的能力变得有限。开始，因为还几乎没有做出任何的决策和资金的预定，所以设计者有很大的自由。但是到产品投入生产后，任何的改变都需要很大的投入，这就限制了做出改动的自由。因此，设计过程的目标就是在设计过程中尽可能早地对拟开发的产品有更多的了解，因为早期的改变成本较低。

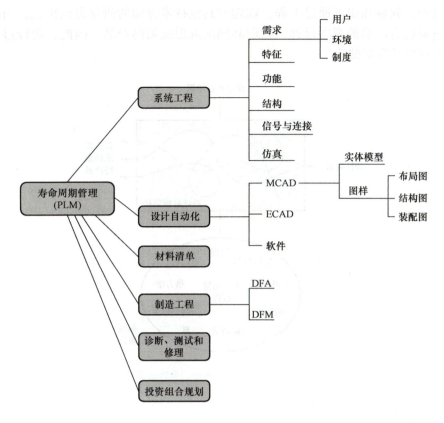

图 2-2 产品寿命周期管理

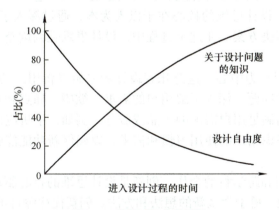

图 2-3 设计过程中的矛盾

此外，设计问题可以有很多满足要求的答案，但没有明显的最佳解答。因为对同一个设计问题可能有很多好的解决方案，但要界定什么是"最好的答案"不是不可能，但却是比较困难的。例如，在同一市场竞争的不同汽车、电视机和其他产品。每一种情况下，所有不同的模型即使有许多不同的答案，但基本上都解决的是同一个问题。设计的目标就是要寻求一个好的解决方案，以花费最少的时间和其他资源获得优质的产品。因此，所有的设计问题都有多个令人满意的解答，但没有明显的最佳解答。在图 2-4 中有影响设计答案的因素。其中，领域知识可通过工程、物理或其他技术方面的研究得到扩充，而设计过程知识可通过对已有产品的观察得到，它们共同促进形成最终产品。因此，设计过程是以自然科学和工程科学为基础的。

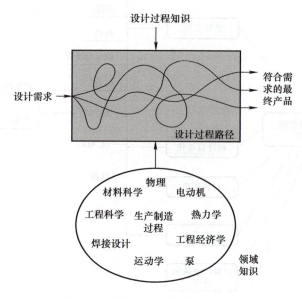

图 2-4　设计过程中得到的多种结果

2.1.2　设计思维

设计思维是一种综合性的思考方式和解决问题的方法。它不局限于设计领域，而是适用于各个行业和领域。设计思维的核心在于以人为本，通过深入了解用户的需求和体验，提出符合用户期望的解决方案。在这个过程中，设计思维强调创新、跨学科的合作、快速迭代和持续改进。

设计思维强调以用户为中心。这意味着设计者要始终将用户的需求和体验放在首位，从用户的角度出发思考问题，深入了解用户的需求、欲望、痛点和行为习惯。只有真正理解了用户，才能设计出满足用户需求的产品或服务。例如，手机应用程序的设计者在开发新功能时，应该首先考虑用户的使用习惯和需求，以确保新功能能够为用户带来价值，并提升用户体验。

设计思维强调创新和跨学科的合作。创新是设计思维的核心驱动力之一。它鼓励设计者跳出传统思维的框架，勇于尝试新的想法和方法。创新往往源自不同领域的交叉。因此，设计思维鼓励不同领域的专家和团队进行合作，共同探索和解决复杂的问题。例如，在设计一款智能家居产品时，设计团队需要与电子工程师、软件开发者和用户体验设计师等专家合作，共同研究和开发出一款既能满足用户需求又具有创新性的产品。

设计思维强调快速迭代和持续改进。在设计过程中，很少一次性就能够得到完美的解决方案，因此，设计思维倡导通过快速原型制作和测试的方式，不断地迭代和改进设计方案。这种持续的改进过程能够帮助设计者及早发现问题并加以修正，从而不断优化和完善产品或服务。例如，在开发一款新的软件应用时，团队可以采用敏捷开发的方法，将产品分解为小的可执行任务，并通过不断地测试和用户反馈，逐步完善产品的功能和性能。

综上所述，设计思维是一种灵活且创新的思考方式和解决问题的方法。它以用户为中心，强调创新、跨学科的合作、快速迭代和持续改进。通过培养设计思维，我们能够更好地理解问题、挖掘机会，并提出符合用户需求的解决方案。

1. 设计思维工具

设计思维工具是支撑设计思维实现的通用手段或方法。常用的设计思维工具主要有思维导图、旅程地图、移情图等。

（1）思维导图　思维导图是用来表示想法或其他项目是如何与中心思想联系在一起的思维工具（只需将关键字或想法放在地图的中心，并将其与其他相关词连接起来）。思维导图用于生成、可视化、结构化和分类想法，以寻找提供关键设计标准的模式和见解。通过显示数据并要求人们以允许主题和模式出现的方式对它们进行聚类来做到这一点。思维导图贯穿所有设计思考过程的中间阶段，该工具将产品与一个中心思想联系起来。思维导图在团队模式中产生，利用可视化来传达我们所学知识的关键组成部分，并尽可能清晰、简单地展示它们。创建捕捉数据中关键主题和趋势的海报，然后邀请一群有思想的人参观视觉数据并记录他们认为应该为新想法提供信息的任何学习，然后将这些学习归类为主题，寻找集群和洞察力之间的联系。市场上可用于思维导图的设计思维工具包括MindManager、Microsoft Visio、SmartDraw、MindGenius等。

（2）旅程地图　旅程地图（或体验地图）专注于跟踪用户在接受服务过程中与组织互动时的"旅程"，特别关注情绪的高潮和低谷。使用旅程地图的目的是识别用户通常无法表达的需求。它是通过对某个用户群的旅程进行可视化描绘来完成的，然后与少数用户进行试点访谈，以确保准确地捕捉到这些步骤。最后，从访谈中找出关键时刻和主题，并确定一些有助于理解所收集的数据差异的维度。目的是产生一组用于检验的假设。这个工具把用户和产品（组织）进行交互活动过程（旅程）的关键接触点进行可视化，提供用户体验的整体视图。

（3）移情图　移情图（Empathy Map）是一种可视化工具，可以分析和描述理想用户的行为。使用这个简单而具有指导意义的设计思维资源，可以详细说明场景、想法、行动、问题和目标受众的需求，可以更深入地了解用户的行为和态度——或者更具体地说，用户所说、所想、所做和所感受的。

2. 设计思维的五个阶段

斯坦福大学将设计思维分为五个阶段：共情（Empathize）、定义问题（Define）、形成概念（Ideate）、建立原型（Prototype）和测试（Test）。这一框架被广泛应用于设计思维的教学和实践中，帮助设计者和设计团队更好地理解和解决问题。具体描述如下。

（1）共情　强调从使用者的角度出发，理解和感受用户的需求和期望，通过观察和交流来获取深入的用户洞察。

（2）定义问题　设计者详细分析收集到的信息，明确问题的核心，确保对问题的理解准确无误。

（3）形成概念　基于对问题的理解，设计者开始产生创意和想法，这一阶段鼓励创新思维，提出多种可能的解决方案。

（4）建立原型 设计者将创意转化为具体的原型或模型，通过制作原型来测试和验证想法的可行性。

（5）测试 通过实际测试来验证设计的有效性和实用性，根据测试反馈进行调整和优化，确保设计能够真正解决问题并满足用户需求。

在实践中，这一过程并不是线性的，而是可以根据项目的具体需求进行迭代和调整。例如，设计团队可能同时进行多个阶段的工作，或者在收集信息和制作原型的过程中发现新的创意，导致需要重新开发新的原型。这种灵活性使得设计思维过程能够更好地适应各种复杂的设计挑战。

2.2　现代设计理论与方法

当今世界市场竞争非常激烈，快速设计并推出新产品已成为企业生存的关键。设计理论在产品创新中起着重要作用，各国理论工作者一直从事研究，并提出了多种设计理论。下面对部分现代设计理论进行简要概述。

2.2.1　TRIZ

TRIZ 是拉丁文中发明问题解决理论的词头。该理论是苏联阿奇舒勒等人自 1946 年开始，在分析研究各国 250 万件专利的基础上提出的，是解决技术难题的原理和知识体系。20 世纪 80 年代中期前，这种理论对其他国家保密，随着苏联解体，一批科学家移居美国等西方国家，逐渐把该理论介绍到世界产品开发领域，并对该领域产生了重要影响。TRIZ 方法不是针对某一具体的机构、机械或过程，而是建立思考问题、解决问题过程的科学化的依据，如图 2-5 所示。经过多年的研究，TRIZ 已形成了一系列方法与工具，特别是提出了设计冲突理论、标准解、ARIZ 算法等。尽管 TRIZ 方法还处于发展之中，但其成熟部分已成功地解决了设计中的很多难题，成为国际设计理论界公认的著名学派。

TRIZ 理论建立在辩证唯物主义观点之上，是辩证唯物主义在工程技术领域的最好诠释，其核心的观点就是技术系统在产生和解决矛盾中不断进化。TRIZ 理论包含许多系统、科学且富有可操作性的创造性思维方法和发明问题的分析方法。TRIZ 理论几乎可以应用于产品的整个生命周期，

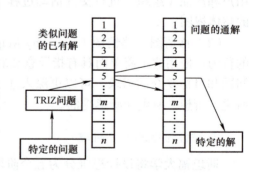

图 2-5　TRIZ 理论的简化过程

包括从项目的确定到产品性能的改善，直至产品进入衰退期后新的替代产品的确定。TRIZ 理论已经成为一套解决新产品开发实际问题的经典理论体系。下面对 TRIZ 理论中的部分主要内容进行简要介绍。

（1）技术系统进化法则 预测技术系统的进化方向和路径。

阿奇舒勒的技术系统进化论与自然科学中的达尔文生物进化论和斯宾塞的社会达尔文主义齐肩，并称为"三大进化论"。技术系统进化论主要研究产品在不同阶段的特点和

可能进化的方向，以便于确定对策，给出产品的可能改进方式和手段。TRIZ 的技术系统八大进化法则分别是提高理想度法则、完备性法则、能量传递法则、协调性法则、子系统的不均衡进化法则、向超系统进化法则、向微观级进化法则、动态性和可控性进化法则。它们主要应用于产生市场需求、定性技术预测、产生新技术、专利布局和选择企业战略制定的时机等，也可以用来解决难题、预测技术系统、产生并加强创造性问题的解决工具。

（2）最终理想解（IFR） 系统的进化过程就是创新的过程，即系统总是向着更理想化的方向发展，最终理想解是进化的顶峰。

TRIZ 理论在解决问题之初，首先抛开各种客观限制条件，通过理想化来定义问题的最终理想解（Ideal Final Result，IFR），以明确理想解所在的方向和位置，保证在问题解决过程中沿着此目标前进并获得最终理想解，从而避免了传统创新设计方法中缺乏目标的弊端，提升了创新设计的效率。最终理想解是 TRIZ 理论保证解法过程收敛性的重要手段。最终理想解有 4 个特点：保持了原系统的优点；消除了原系统的不足；没有使系统变得更复杂；没有引入新的缺陷。

（3）40 个发明原理 浓缩 250 万件专利背后所隐藏的共性发明原理。

阿奇舒勒对大量的专利进行了研究、分析和总结，提炼出了 TRIZ 中最重要的、具有普遍用途的 40 个发明原理。它们主要应用于解决系统中存在的技术矛盾，为一般发明问题的解决提供了强有力的工具。

（4）39 个工程参数和矛盾矩阵 直接解决技术矛盾（参数间矛盾）的发明工具。

在对专利分析和研究过程中，阿奇舒勒发现，有 39 个工程参数在彼此相对改善和恶化，而这些专利都是在不同的领域上解决这些工程参数的冲突与矛盾。这些矛盾不断地出现，又不断地被解决。

在不同领域中，虽然人们面临的矛盾问题不同，但如果用 39 个工程参数来描述矛盾，就可以把一个具体问题转化为一个 TRIZ 问题，然后用 TRIZ 工具方法解决矛盾。为便于应用和掌握规律，按参数自身定义的特点，将 39 个工程参数分为以下三大类。

1）物理及几何参数。是指描述物体的物理及几何特性的参数，共 15 个。

2）技术负向参数。是指这些参数变大时，使系统或子系统的性能变差，共 11 个。

3）技术正向参数。是指这些参数变大时，使系统或子系统的性能变好，共 13 个。

将发明原理组成一个由 39 个改善参数与 39 个恶化参数构成的矩阵，矩阵的横轴表示希望得到改善的参数，纵轴表示某技术特性改善引起恶化的参数，横纵轴各参数交叉处的数字表示用来解决系统矛盾时所使用创新原理的编号，这就是矛盾矩阵。问题解决者只要明确定义问题的工程参数，就可以从矛盾矩阵中找到对应的、可用于解决问题的创新原理。

（5）物理矛盾的分离原理 解决参数内矛盾的发明原理。

当一个技术系统的工程参数具有相反的需求，就出现了物理矛盾。例如，要求系统的某个参数既要出现又不存在，或既要高又要低，或既要大又要小等。相对于技术矛盾，物理矛盾是一种更尖锐的矛盾，创新中需要加以解决。物理矛盾所存在的子系统就是系统的关键子系统，系统或关键子系统应该具有为满足某个需求的参数特性，但另一个需求要求系统或关键子系统又不能具有这样的参数特性。分离原理是阿奇舒勒针对物理矛盾的解决而提出的，分离方法共有 11 种，归纳概括为四大分离原理，分别是空间分离、时间分离、条件分离和整体与部分分离。

1）空间分离。将矛盾双方在不同的空间上分离开来，以获得问题的解决或降低解决问题的难度。使用空间分离前，先确定矛盾的需求在整个空间中是否都在沿着某个方向变化。如果在空间中的某一处，矛盾的一方可以不按一个方向变化，则可以使用空间分离原理来解决问题，即当系统矛盾双方在某一空间出现一方时，空间分离是可能的。

在交叉路口，不同方向行驶的车辆会因混乱而影响通行效率，甚至出现交通事故。运用空间分离原理解决交叉路口的交通问题。例如，利用桥梁、隧洞把道路分成不同层面，如图 2-6 所示。

2）时间分离。将矛盾双方在不同的时间段分离开来，以获得问题的解决或降低解决问题的难度。使用时间分离前，先确定矛盾的需求在整个时间段上是否都沿着某个方向变化。如果在时间段的某一段，矛盾的一方可以不按一个方向变化，则可以使用时间分离原理来解决问题，即当系统矛盾双方在某时间段中只出现一方时，时间分离是可能的。

解决交叉路口交通问题最传统的方法是通过交警的指挥在时间上分流车辆。普遍使用的是交通信号灯按设定的程序将通行时间分成交替循环的时间段，使车辆按顺序通过，如图 2-7 所示。

图 2-6　空间分离原理示意图

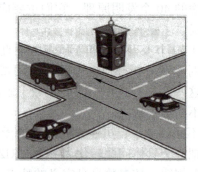

图 2-7　时间分离原理示意图

3）条件分离。将矛盾双方在不同的条件下分离，以获得问题的解决或降低解决问题的难度。条件分离前，先确定矛盾的需求在各种条件下是否都沿着某个方向变化。如果在某一条件下，矛盾的一方可以不按一个方向变化，则可以使用条件分离原理来解决问题，即当系统矛盾双方在某一条件下只出现一方时，条件分离是可能的。

利用条件分离原理解决交通问题。车辆只能直行，转弯走环岛，如图 2-8 所示。

4）整体与部分分离。将矛盾双方在不同的系统级别分离开来，以获得问题的解决或降低解决问题的难度。当系统或关键子系统的矛盾双方在子系统、系统、超系统级别内只出现一方时，整体与部分分离是可能的。

利用整体与部分分离原理解决交通问题。将十字路口设计成两个丁字路口，延缓一个方向的行车速度，加大与另外一个方向的避让距离，如图 2-9 所示。

关于 TRIZ 核心内容的其他方面，包括物 – 场模型、标准解、发明问题解决算法（ARIZ）和科学效应及知识库由于篇幅原因不进行叙述，感兴趣的读者可以自行查阅相关资料深入了解。

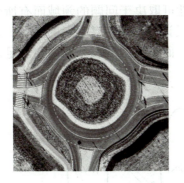

图 2-8 条件分离原理示意图

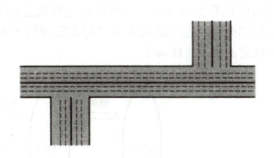

图 2-9 整体与部分分离原理示意图

目前，TRIZ 理论主要应用于技术领域的创新，实践已经证明了其在创新发明中的强大威力和作用。在非技术领域的应用尚需时日，这并不是说 TRIZ 理论本身具有无法克服的局限性，任何一种理论都有一个产生、发展和完善的过程。就经典 TRIZ 理论而言，它的法则、原理、工具和方法都是具有"普适"意义的。

TRIZ 理论与其他方法相结合，以弥补 TRIZ 理论的不足，已经成为设计领域的重要研究方向。TRIZ 理论在非技术领域应用研究的前景是十分广阔的，国内外学者也开展了丰富深入的研究，诞生出如 C-TRIZ 等创新理论。

2.2.2 公理设计

产品设计是一个将某种要求变为实际产品的过程，而且尽可能要以最优的方案实现提出的要求。以数学的观点看，设计就是一个求解的过程，是充分运用现有的科学知识和技术条件寻求满足技术要求的解。一般地说，工程设计分为需求分析、方案设计、技术设计、详细设计四个阶段。产品的方案设计就是在需求分析的基础上，进行产品功能原理的设计，这是至关重要的一步，对产品开发成败起决定性作用。设计知识、设计经验及设计实例的处理与利用是方案设计阶段的重要特征。

公理设计的目标是为设计建立一个科学基础，通过为设计者提供一个基于逻辑和理性思维过程及工具的理论基础来改进设计活动。该理论认为设计是一个自顶向下的过程，为从概念设计到制造的整个产品开发过程提供了实用性指导框架。设计公理为设计的合理性与优劣以及设计方案的选择提供了有效的评判准则。利用公理设计理论可增强设计的创造性、设计方案的稳健性、可制造性及可维护性，建立能使企业受益的设计科学基础，提升设计学的科学性。作为一种有效的思维方法，"公理化"提供了一种对科学问题处理的普遍技巧，一种在科学领域具有普遍意义的研究方法。"公理化"思想日益成为各门学科研究的思想之一。

1. 域

域（Domain）是公理设计中最基本和最重要的概念，贯穿于整个设计过程。公理设计理论将整个设计过程分为四个不同的设计活动，即四个域，它们分别为用户域（Customer Domain）、功能域（Functional Domain）、物理域（Physical Domain）和过程域（Process

Domain）。每个域中都对应各自的元素，即用户要求、功能要求、设计参数和过程变量。域的数目总是保持 4 个，但每个域中各自元素的属性可取决于问题的领域而有所变化，域的结构如图 2-10 所示。产品设计过程就是相邻两个设计域之间相互映射的过程。对于每一对相邻的域，左边的域表示"想要实现的（What）"，而右边的域表示"如何满足左边的域所规定的要求（How）"。

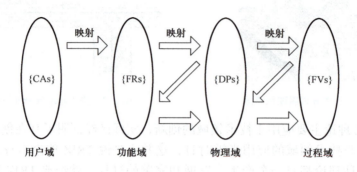

图 2-10 域的结构

（1）用户域　表示用户对产品属性的期望或用户所寻求的利益。它是指市场和用户对产品的要求，用 {CAs} 表示。用户要求包括用户对产品的性能、用途等方面的要求，内部用户对产品的生产率、成本及质量的要求，同时还包括提高产品的竞争力、产品创新等方面的要求。设计开发人员分析用户要求，提出产品的基本功能要求。用户要求是产品设计的动力源泉。

（2）功能域　表示设计方案所要实现的一系列功能要求最小集。功能要求是设计目标的描述，是指设计所要实现的功能，用 {FRs} 表示。功能要求的产生依赖于用户要求、设计约束及上层设计参数的识别和表达。每项功能要求可根据需要分解为若干子功能要求。设计约束是指可接受设计解的限制条件，有两种约束，即输入约束和系统约束。输入约束是设计技术要求规定的约束条件，如尺寸、材料成本等；系统约束是由必须有设计解决方案在其中运作的系统强加给设计的功能限制。约束和功能要求不是一个概念，它不必独立，在设计中某些设计约束在功能分解的过程中会转化成低级别的子功能要求。

（3）物理域　表示设计方案中满足 {FRs} 的设计参数集合。设计参数是指实现功能要求的技术方案或关键技术参数，用 {DPs} 表示。在公理设计中，确定设计参数和分解功能要求应同时进行，两者之间有一定映射变换关系。设计参数的产生是一个创造性过程。对于同一个功能要求，可能产生多个设计参数，并根据设计约束选择合适的设计参数。只有充分考虑设计约束的影响，才能确定比较合理的设计参数，最大限度地满足用户要求。相应地，每个设计参数可根据需要分解为若干子设计参数。

（4）过程域　描述整个产品的生产过程和方法，表示确定相应过程变量的集合。过程变量是指实现设计参数的产品的加工制造方法，用 {FVs} 表示。在详细设计阶段才涉及物理域和过程域之间的映射变换。

各种类型的设计问题都可以用这四个域表示，包括制造、材料、组织、系统设计等，它们都具有相同的逻辑结构及思维过程，只是不同设计问题的功能目标会有所不同。因此，公理设计是一种具有普遍意义的设计框架，其适合于所有的设计。

2. 映射

产品的设计过程实际上就是四个域之间的映射过程。四个域之间可以建立三种映射关系，建立用户域和功能域之间映射关系的过程相当于或对应产品定义阶段。建立功能域和物理域之间映射关系的过程相当于或对应产品设计阶段。建立物理域和过程域之间映射关系的过程相当于或对应过程设计阶段。

不是所有的功能要求都在同一个水平上，在功能域、物理域和过程域中，是有层次级别的，它们是通过分解而产生的。然而，与传统的分解方法相反的是，它们不能在同一个域中分解。一个层次在各个域中一定是"之字形"映射的。通过这样的分解过程，建立了一系列 FRs、DPs 和 FVs 层次，这种层次就表示了设计的结构。公理设计理论认为产品设计是一个自顶向下的过程，可以从设计抽象概念的高层次到详细细节的低层次展开，每一层的各个域（功能域、物理域、过程域）中都有一定设计目标，高层次的决策影响到低层次问题的求解。在 FRs 向低层分解时，低层 FRs 与高层 DPs 相适应，这样形成了 FRs → DPs → FRs（低层的）的往复过程。设计就是在各个域中曲折进行设计问题的求解，直到分解的子问题都已经解决为止。图 2-11 所示为功能域与物理域之间的"之字形"映射关系，物理域与过程域之间存在同样的关系。

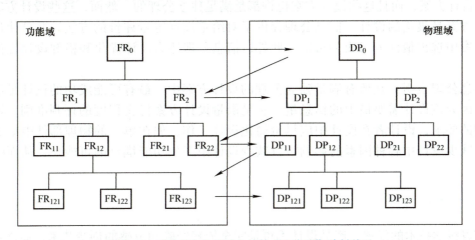

图 2-11　功能域与物理域之间的"之字形"映射关系

从功能域到物理域的映射中，可能会产生多个候选设计方案，产生候选设计的数量及可行性主要取决于设计者的创造性及设计经验。在映射过程中，应遵循独立公理，只有完成某层次的映射后，才能对该层次做进一步分解。这个分解过程一直继续下去，直至所有分支都达到最终状态。在每一层次上的分解，所做的设计决策必须是与所有高层次上已经做出的设计决策一致。

3. 设计公理

在公理设计的映射过程中，要做出正确的设计决策必须用两条基本设计公理来评价设计方案的优劣。

（1）第一公理（独立公理）：保持功能要求的独立性　独立公理表明功能要求与设计参数之间的关系。当有两个以上的功能要求时，设计方案必须满足每一个功能要求，而不影响其他的功能要求。这就要求选择设计参数时，既要满足功能要求，又要保持功能要求的相互独立。通过分析功能要求与对应设计参数之间的关系来判断功能要求之间是否相互独立。保持功能要求的相互独立，可以满足设计目标特性的功能要求最少，使设计的产品结构最简单。

独立公理表明：对于一个可接受的设计，在功能要求与设计参数之间的映射是这样的一种关系，即每个功能要求能独立地被满足而不影响其他的功能要求。通过分析功能要求与对应设计参数之间的关系来判断功能要求之间的独立性，这就要求设计者在分解、映射过程中应选择恰当的设计参数集合以便保持功能要求之间的独立性。值得注意的是，独立公理要求设计的"功能"之间彼此独立，而不是"物理结构"部分的独立，也不要求每个设计参数必须与一个独立的结构体相对应，同一个物理结构可能满足若干个功能要求，不要将两者混淆。

（2）第二公理（信息公理）：力求使设计的信息量最少　信息公理表明在所有满足独立公理的设计中，信息量最少的设计是最好的设计。它是用来对设计方案进行评价和比较的原则。根据信息公理的要求，在设计中应尽量简化设计工作，减少设计中各种因素的影响，以减少设计中产生功能耦合的可能性。对于同一个设计任务，不同的设计者可能得出不同的设计方案，而且这些设计方案也许都是满足独立公理的。然而，这些设计方案中只有一个方案是最优的设计。信息公理提供了对给定设计定量评价的方法，并且使从这些设计方案中选出最优方案成为可能。此外，信息公理还为设计优化和稳健设计提供理论基础。

信息公理表明：在所有满足独立公理的设计方案中，最有可能成功的设计是最佳的设计，因为该设计需要最少的信息量。它是衡量设计方案优良程度的评判准则。按照信息公理的要求，设计者在设计中应尽量简化设计工作，如在单一的物理部件中集成设计参数，减少设计中各种因素的影响，以减少设计中产生功能耦合的可能性，从而降低信息量。

2.2.3　系统化设计

随着科学技术的发展，产品设计不再是完全依赖经验和灵感的创造艺术，而逐步演变为一门科学，以知识为依托、以科学方法为手段的工程创新活动。20世纪70年代，德国学者 Pahl 和 Beitz 提出最有代表性、权威性和系统性的产品设计方法学，将工程设计过程主要分为四个阶段：明确任务阶段、概念设计阶段、具体化设计阶段和详细设计阶段。

1. 系统化设计的内涵

系统化设计过程分为四个阶段，并建立了设计者在每一个设计阶段的工作计划，这些计划包括策略、规则、原理，从而形成一个完整的设计过程模型。特定产品的设计可完全按该设计过程模型进行，也可选择其中的一部分。该方法中概念设计阶段的核心是建立待设计产品或技术系统的功能结构。系统中的物料、能量、信息三种流作为输入、输出，将各功能有机地结合在一起就形成了产品的功能结构。表征系统功能的黑箱图如图 2-12 所示。该理论对产品定义、技术设计和详细设计都很有效，但它所给出的建立功能结构的方法是一种基于经验的方法。

设计者从输入内容和输出结果两个方面，在有约束的条件下对可能产生的结果和可采用手段进行广泛联想，通过思维的发散和收敛过程，向黑箱内部的未知内容进行探索，逐步深入。当多个可行性思维方向能借助目标和手段逻辑关系相互联系起来时，新的方案构思雏形就形成了，再通过对不完全的构思进行适当调整、增补、改进，就可以完成一个比较完善的创造性方案。

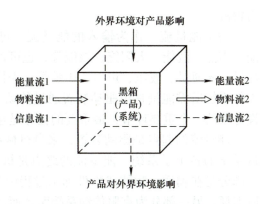

图 2-12　表征系统功能的黑箱图

2. 系统化设计的特点

1）以输入、输出的具体内容为思考的出发点。它要求所有的创造性构思必须满足输入条件、约束条件和输出的具体结果。因此，这种分析方法的创新思维过程基本上属于定向思维，从而保证了能通过探索逐步找到合乎逻辑的、成熟的并且与创新目标一致的途径，从而达到创新方案的目的。

2）构思与评价同时进行的设计方法。分析过程是由外向内、由已知到未知，一层层地向黑箱内部深入。每当深入一步，设计者必须对每一构思的"输入"与"输出"状态，按设计约束条件和外部影响对构思做出判断和评价，通过判断与评价，剔除那些不满意的或不符合条件的构思，从而保证分析能向黑箱内部不断深入，当最后的输入与输出能按因果关系连接起来时，黑箱之谜就算被完全揭开了，方案构思的具体内容就基本确定了。由于在构思方案的全过程中，设计者不断地运用发散和收敛思维，因此，系统化设计法在构思方案时可以同时发挥两种创新思维方法的优点，既不受思考路径的限制，充分调动设计者具有的各方面知识和经验，又能充分利用已知的知识和经验，将众多的信息逐步引导到条理化的逻辑序列中，最终得到一个合乎逻辑的设计方案。

3）思考路径和方向具有双向性，即发散和收敛思维是按"输入"与"输出"两个方向向黑箱内部内容逐步深入的。因此，这种方法既能保证方案同时满足"输入"与"输出"两方面的要求，又能高效地构思出方案的具体内容。

3. 物料流、能量流与信息流

（1）物料流　在机械系统中，对被加工物件、物体或物质进行输送和位置的转移是最常见的要求，因此在机器中常常包括物质传输系统，或称为物料流。物料流是指机械系统工作过程中一切物料，如毛坯、成品、半成品、废料、液体等的位置变化过程。各种物料的流动构成了机械的整个工作过程，原材料、零件和部件在运动中不断被转变其位置，有时甚至要改变其形状和物理状态。

物质流常常是完成产品基本功能的一种手段，但有时也可以是一种辅助功能。例如，机床对工件进行加工，使之成为所要求形状和尺寸的零件，起重机或输送机转移物件或物料，这些都属于基本功能；但机床在加工工件时，要完成工件的运输和装卸等各种工作，这时工件的运输和装卸等都属于辅助功能。

由物料或物件的加工、转运、储存、检验等工作组成的系统，称为物料流系统，或称为物流。

（2）能量流　作为输入的能量流，可以是机械能、电能、热能、化学能、光能、风能、声能、液能、太阳能、核能等，也可以是它的某一具体分量，如力流、力矩流、电流、热量、光通量、液压、声压、声强等。为执行基本功能，机器必须要有足够的动力或能量。工作系统所需能量是由驱动装置通过传动系统而提供的，所以能量流设计是产品功能优化设计中的一个重要环节，最重要的任务是选择合适的驱动装置及所需的功率。

能量流的起点是驱动装置，来自机械系统外部的能量（如电能）通过驱动装置流向机械系统的各个子系统。能量流的终点是机械系统中的执行机构。由驱动装置提供的能量，一部分是在物质、物体或物件加工过程中为改变其形态、形状或位置须克服所承受的载荷所消耗，另一部分为克服传动系统摩擦而消耗。

驱动装置（原动机）有多种形式，如电力驱动装置（电动机）、液压驱动装置（液压马达）、气压驱动装置（气动马达）、热机（内燃机、汽轮机等）等。当用于机械系统时，一般需通过减速机输出所需的转速或通过凸轮机构等来改变运动形态。当采用变频器、伺服驱动等调控装置时，便可省去减速装置。能量流设计一般应解决如下几个问题。

1）机械系统能量流动状况和特性分析。
2）工作机构的载荷分析和计算。
3）驱动装置的选择。
4）系统能量的配置与计算。

（3）信息流　作为输入的信息流，可以是各种测量值、输入指令、数据、图像等，信息的载体可以是机械量、电量、化学量等，信息的形式可以是模拟量，也可以是数字量。技术系统将对信息流做数据处理，A/D 转换器把模拟量转换为数字量信息，数字式电视机能将接收到的数字量信息转化为图像信息。

为执行基本功能，机器要实现信息的传输，其目的是使系统工作在较为理想的工况下。也就是说，在保证机器安全可靠的工作条件下，它们不仅能获得实际的工效，而且还应有较好的技术指标。

信息的传输是通过信息流来完成的。信息流的主体是信息。信息流是从信息的发源地（信息源）经信息传输渠道（信道）至信息的接受地（信宿）的传输过程。

2.3　海洋垃圾回收系统项目实践

我国是一个拥有狭长海岸线的海洋大国，目前对于海洋中的塑料等垃圾的回收处理主要依靠人工，存在收集困难、效率低下、成本较高等问题，相关产业投资意愿低，很难形成持续性规模化效应。针对上述问题，拟设计一款海洋垃圾回收智能机器人系统，以实现通过对垃圾信息的输入并系统进行规划，从而对垃圾进行智能回收。

通过对国内外现有产品的调研，发现目前主要竞争产品包括慕尼黑工业大学团队开发的 SEACLEAR、美国加州 CLear Blue Sea 团队研发的 FRED、美国 Clearwater Mills 公司研发的 Mr.Trash Wheel、澳大利亚冲浪者发明的 Seabin 和中国香港一家初创企业研发的智能无人船 Clearbot Neo 等，如图 2-13 所示。

a) SEACLEAR　　　　　　　　b) FRED　　　　　　　　c) Mr.Trash Wheel

d) Seabin　　　　　　　　　　e) Clearbot Neo

图 2-13　主要竞争产品示意图

通过分析研究，这些产品充分利用了机电系统的特性完成垃圾回收任务，但智能性相互之间稍有差异。例如：Mr Trash Wheel 是一台大型垃圾拦截器，利用水磨、滑轮、大型传送带和一系列耙子等完成垃圾清运工作；而 Clearbot Neo 由电动机驱动，通过一套双摄像头检测系统收集大量数据，通过对图片进行分析处理，能够完成垃圾识别、清理、来源定位以及水质数据记录等任务，并且可以完全自主地工作，无须用户进行控制（得益于人工智能技术）。

在分析对比其他产品的基础上，进行新产品开发，并对本次产品开发目的和要求进行了详细规划。该产品定位为一款市面上的全新产品，作为一个海洋垃圾回收机器人系统，不仅具有海洋垃圾回收机器人的全部特征，而且针对不同海洋环境，开创性地做出了尝试，分模块设计具备特定功能的机器人，以实现良好的模块化设计和可拓展性。在明确了产品定位和目标的基础上，接下来对产品的功能、结构、成本等进行详细设计。

2.3.1　总体功能定义

海洋垃圾回收系统总体功能如图 2-14 所示。

图 2-14　海洋垃圾回收系统总体功能

2.3.2 功能结构

对图 2-14 所示的总体功能进行细化，根据物料、能量、信息流绘制出如图 2-15 所示的功能结构示意图。

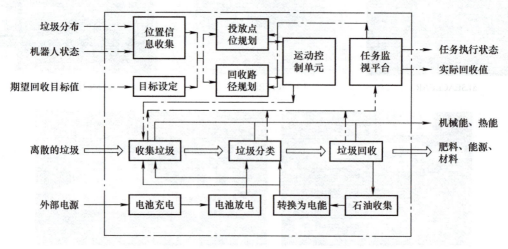

图 2-15　海洋垃圾回收系统功能结构示意图

2.3.3 项目规划

基于对产品功能的认识进行了概念设计，利用公理设计理论中功能域与物理域之间的映射过程，并在充分考虑第一公理（独立公理）和第二公理（信息公理）的基础上，产生多个候选设计方案。这些候选设计方案采用形态矩阵的方式展示，然后结合专家打分、决策矩阵等方法，综合考虑系统完成任务的效率、人机交互的便捷程度等方面的基础上，对其进行综合评估得到最终概念设计方案（表 2-2）。该概念设计方案将是未来产品详细设计的基础。

表 2-2　概念设计方案

子功能		可实现路径	拟采用实现路径
电池充电（能源自供给）		太阳能、电能、燃油	电能
垃圾收集/处理	固体	吸滤式、机械臂	机械臂
	石油	撇油器收集、化学制剂或新型方式（如电磁吸附等）	化学制剂
垃圾分类		机器或人工	机器
目标识别/避障		激光雷达、摄像头识别、声呐、混合式	混合式
路径规划		北斗/GPS、遥控规划、WIFI	北斗/GPS

2.3.4 产品设计

基于上述概念设计方案，从中找出主要和次要功能载体，并对主要功能载体确定其对应的主要结构参数，逐步完成产品的详细设计。具体设计结果如下：

（1）产品的布置图　针对上述功能载体、形态矩阵和概念设计方案结果，完成海洋垃圾回收系统的样图绘制。该系统主要由检测机器人和回收机器人组成，如图 2-16 和图 2-17 所示。其中，回收机器人主要负责垃圾抓取与回收，与后续章节的物料搬运机器人项目实践案例类似，这里不再赘述。

请扫二维码
图 2-16

请扫二维码
图 2-17

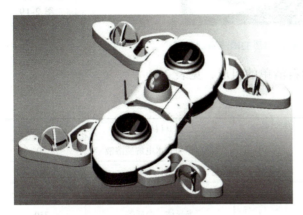

图 2-16　检测机器人

图 2-17　回收机器人

（2）检测机器人功能实现　检测机器人由六个驱动器控制移动，在机身上安装检测装置与信号装置，主要负责检测海洋中垃圾在不同深度的分布情况。针对检测机器人的特点，着重优化了检测机器人的螺旋桨结构，如图 2-18 所示。

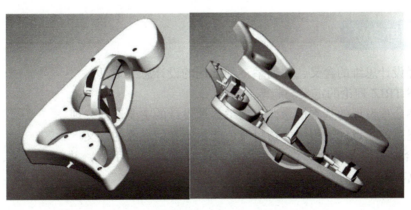

请扫二维码
图 2-18

图 2-18　检测机器人侧部的螺旋桨细节图

机身侧部的螺旋桨主要负责机器人的前进、后退以及转向动作。螺旋桨由电动机进行驱动，通过优化螺旋桨的结构，使得各螺旋桨可以围绕安装中心小幅度旋转，提高机械的灵敏性。

机身中部的螺旋桨负责机器人的上升和下潜动作，如图 2-19 所示。该部分电动机的驱动力矩较大，使得检测机器人的移动效率更高。

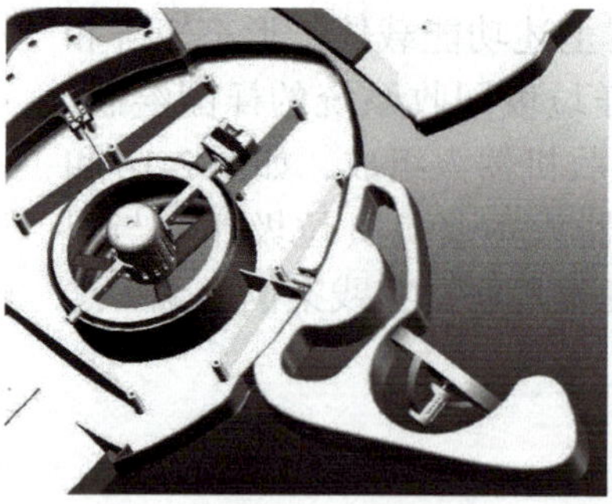

请扫二维码
图 2-19

图 2-19 检测机器人中部的螺旋桨细节图

（3）物料清单　从四个部分考虑了物料清单的组成，见表 2-3。

表 2-3　物料清单详表

系统名称	序号	名称	数量	材料	单价（元）
能源系统	1	电池	1	锂离子和非水电解质溶液	50
	2	充电器	1	塑料、铜	30
检测系统	3	激光雷达	1	半导体、金属等	1000
	4	RGBD 相机	1	半导体、金属等	750
信号系统	5	北斗基带芯片	1	半导体、金属等	500
	6	USB2CAN 转接芯片	1	半导体、金属等	300
运算系统	7	Intel NUC	1	半导体、金属等	4500
	8	STM32F4 芯片	1	半导体、金属等	850

思考题与习题

1. 请解释设计思维的含义，并列举三种常用的设计思维工具。
2. 请简述 TRIZ 理论的定义与起源。
3. 请简述公理设计的基本概念，并列举公理设计的主要设计公理。
4. 请阐述系统化设计过程中的物料流、能量流和信息流的含义。
5. 请结合典型案例分析，设计一款新型的智能老年人手表，并对其定位、目标、功能、结构和成本等进行简要阐述。

第 3 章　机械系统设计与开发

3.1　概述

3.1.1　机械系统的组成和基本要求

1. 机械系统的组成

机械系统是由若干机械要素（如机械零部件、机构或机器等）组成的，彼此间有机联系，并能完成所需动作或实现特定功能的系统。机械系统种类繁多，结构也不尽相同，但从实现机械系统功能的角度看，主要由执行系统、传动系统、支承系统、控制系统及辅助系统组成，如图 3-1 所示。

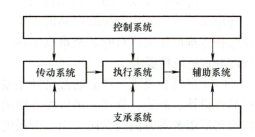

图 3-1　机械系统的主要组成

（1）执行系统　执行系统主要是利用机械能来改变作业对象的性质、状态、形状、位置或对作业对象进行检测、度量等任务，以实现整个机械系统的功能。执行系统主要由执行机构和末端执行件组成，通常处于整个机械系统的末端，直接与作业对象接触。因此，其功能和性能直接影响和决定了整个机械系统的整体功能和性能。

（2）传动系统　传动系统的主要功能是将执行系统所需要的运动和动力由驱动系统传递给执行系统，一般可以实现增减速、变速和改变与传递动力等，以满足执行系统对运动和动力的工作要求。在满足执行系统要求的同时，传动系统还应能协调好驱动系统与执行系统的机械特性的匹配关系。若驱动系统的机械特性符合执行系统的工作要求，传动系统可以省略，将驱动系统与执行系统直接进行连接。

（3）支承系统　支承系统是机械系统的基础部分，主要包括底座、机身、立柱、横梁、箱体、工作台、升降台以及支架等，其主要作用是将各子系统连接成一个有机整体，承受各种载荷，并保证系统的精度和刚度。

（4）控制系统　控制系统主要用于实现驱动系统、传动系统和执行系统的协调运行，保证整个机械系统能准确、可靠、高效地完成系统功能。例如，操纵或控制各子系统的起停、变速、换向以及各部件运动的轨迹、先后次序等。此外，它还可控制机械系统的冷却、润滑等。

（5）辅助系统　辅助系统主要包括为其他机械系统功能要求配备的系统，如润滑、冷却、密封、照明以及显示等系统。

2. 机械系统的基本要求

机械系统的设计要求是产品设计、制造、实验、鉴定和验收的依据，也是用户评价的标准。只有技术先进、经济合理的产品，才会更受用户欢迎和更具市场竞争力。机械系统一般应具备如下几个方面的要求。

（1）功能要求　用户使用产品的本质是使用产品的功能，而产品功能的多少及复杂程度与技术水平和经济条件等因素密切相关。因此，在确定产品功能时，应首先保证使用功能，并根据实际需求合理选择产品的其他功能，如造型、色彩、信息显示等功能要求。

（2）性能要求　产品性能是指为保证功能实现而表现出来的技术特征，通常包括工作范围、运动要求、动力性能、准确程度、工作效率、可靠性以及工作寿命等要求。例如，某6自由度关节机器人的额定负载、臂展半径、重复定位精度、各关节动作范围及最大速度等。

（3）适应性要求　适应性是指当工作状态或环境（如作业对象、工作负载、工作速度和环境条件等）发生变化时产品的适应程度。适应性要求过高将会使产品的设计、制造以及维护等难度加大，有时甚至难以实现。因此，应根据产品的实际需求及工作状态或环境合理制定适应性要求。

（4）经济性要求　产品的经济性主要通过生产成本和使用成本来反映。生产成本是指产品在设计、制造、管理、销售等方面的费用支出。使用成本主要包括产品的运行、维护以及售后服务等方面的费用支出。产品的成本高低直接影响其竞争力。因此，在产品设计过程中应设法尽量减少产品的成本。

除上述基本要求外，机械系统设计还涉及制造工艺性、人机工程学、造型与色彩以及法律与法规等方面的要求。

3.1.2　机械系统设计的基本原则及主要内容

1. 机械系统设计的基本原则

机械系统设计就是根据产品的功能要求及市场需求，应用相关理论知识和设计方法，设计出产品机械系统的过程，为产品的制造及后续环节奠定基础。机械系统设计的主要任务涉及新产品开发和已有产品更新改造等方面，是产品开发的关键环节，是为市场提供高质量、高性能、高效率、低能耗和低成本产品的基础和保障。据不完全统计，产品的设计成本约占产品总成本的5%~7%，却决定着产品制造成本的60%~70%。由于产品设计不当造成的质量事故约占总事故的50%。

因此，机械系统设计需全面、综合考虑设计要求和各种因素影响，以使所设计的机械系统整体性能达到最佳。设计时通常应遵循如下原则。

（1）实用性原则　机械系统应该具有明确、合理的功能要求。在进行机械系统设计时，应遵循保证基本功能、满足使用功能、剔除多余功能、增添新颖功能、利用外观功能等原则，在降低产品成本的同时，不断提升产品价值和竞争力。

（2）可靠性原则　可靠性表征的是产品在规定条件和寿命内正常工作的能力。它是衡量产品质量好坏的一个重要指标。不同机械系统对可靠性的要求是不一样的。例如，自动化生产线在工作过程中若某个环节出现故障，会影响整条生产线的工作节拍，从而对其所生产产品的效率、质量、销售及售后服务等都会产生非常大的影响。

因此，在进行机械系统设计时，必须满足系统的可靠性要求。一般可在设计中综合考虑故障的预测与预防、零部件的可靠性、模块化和标准化程度以及维修便利性等因素来提高产品可靠性。

（3）安全性原则　产品的不安全因素可能会导致工作过程中发生人身伤害、设备损坏以及环境污染等各类事故，造成经济损失和不利社会影响。因此，在机械系统设计中，必须遵循安全性原则，牢固树立"安全第一"的设计思想，在确保产品安全、可靠运行的前提下开展设计工作。

（4）经济性原则　在机械系统设计中，需要遵循经济性原则，就是在确保产品功能和性能等要求的前提下，尽量降低产品的生产成本和使用成本。例如，合理确定安全系数、采用新技术、改善零部件的结构工艺性、选择货源充足的材料、提高维修便利性、提高模块化和标准化程度等。

2. 机械系统设计的主要内容

机械系统设计一般需要经过设计规划、方案设计和技术设计三个阶段，其主要内容和一般流程如图 3-2 所示。

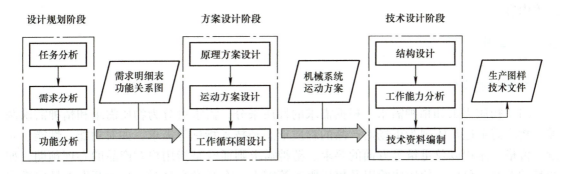

图 3-2　机械系统设计的主要内容和一般流程

（1）设计规划　该阶段的主要任务是在系统理解产品设计任务书和深入调研的基础上，围绕技术层面对产品的机械系统进行详细的需求分析和功能分析，最终给出产品机械系统的各项设计要求及需要实现的功能。需求分析主要包括功能需求（搬运、切削、码垛、清洁、垃圾收集等）、性能需求（如效率、精度、可靠性等）以及其他方面的需求（如外观、尺寸、体积、重量、成本等）。功能分析主要包括机械系统总功能的确定、功能分解以及各功能单元之间的关系描述等内容。

（2）方案设计　该阶段的主要任务是在功能分析的基础上，进行机械系统的原理方案设计、运动方案设计和工作循环图设计，最终形成一套符合要求的机械系统运动方案。原理方案设计（有时也称为概念设计）主要是在功能分析的基础上，通过选择、优化或创新等方法进行机械系统的功能求解、分析及评价，得到一个优化的功能原理方案。运动方案设计主要包括执行系统的工作流程设计（如工艺动作分析和参数设计等）、执行机构的构型参数设计、运动分析及评价等内容，从而形成一个符合工艺动作及技术指标要求的运动方案。工作循环图设计主要是表达系统整个工艺动作过程的时序关系及各执行机构间动作的协调配合关系，可以对机械系统的运动方案进行优化，提高产品的工作效率。

（3）技术设计　该阶段的主要任务包括结构设计、工作能力分析以及技术资料编制，最终形成产品生产所需要的所有图样和技术文件。结构设计是指把机械系统方案具体化为可以实现产品工作任务要求的合理结构，包括确定零部件的形状、尺寸、材料等。工作能力分析是指在结构设计的基础上，对机械系统进行工作空间分析、运动干涉检验、驱动元件（如电动机、气缸等）和传动元件（如联轴器、减速器等）的工作能力校核以及关键零部件的强度、刚度分析等。技术资料编制包括产品生产所需要的全部图样（如装配图、零件图等）的绘制和各类技术文件（如设计报告、使用说明书、标准件、外购件和非标准件明细表，备用件和专用工具明细表，产品验收大纲以及包装、运输、安装等技术要求等）的编写。

3.2　机械系统设计规划

需求是所有设计的基础，设计必须为需求服务。因此，需求的发现和满足是产品开发的起源，也是产品开发的最终归宿。在智能机电系统的机械系统开发过程中，首先应该以产品设计任务书为依据，进行产品技术需求方面的分析，主要包括需求的类型以及表征形式等内容。

3.2.1　需求分析

1. 需求的类型

（1）物质需求和精神需求　根据需求的性质来分，需求可分为物质需求和精神需求两类。物质需求通常体现为市场对产品的物质形态和技术指标等需求，如对功能、性能、质量、价格、体积以及重量等方面的要求。精神需求则通常是指用户对产品的心理预期，如产品的造型、色彩、使用体验以及售后服务等需求。在开发产品时，技术开发人员应重点聚焦产品的主要需求，同时面向不同用户群体，兼顾产品的其他需求，确保产品未来的持续竞争力。

（2）生活需求和生产需求　根据需求的目的来分，需求可分为生活需求和生产需求两类。对于生活需求，应在满足功能的同时，兼顾所开发产品新颖、美观、舒适和使用方便等需求，使用户有良好的体验感。对于生产需求，除满足功能外，重点应关注其技术附加值、性能、效率、可靠性以及成本等需求，使所开发产品力争获得最大的投入产出比。

此外，市场对产品的需求是随着经济发展水平、技术发展水平以及人民日益增长的美好生活和生产需要等因素的变化而变化的，通常呈现出多样性、可变性、差异性和周期性等特征。因此，应针对不同时期的不同需求特征确定不同的开发目标，并从发展的视角去开发新产品,在提高产品竞争力的同时,延长其生命周期。

2. 需求的表征形式

功能是产品的核心和本质,产品需求主要通过其功能来描述和体现。在机械系统开发过程中,通常需要根据产品的设计任务书,确定合理、明确的功能目标,如定性指标、定量指标以及约束条件等。这些目标既是产品开发的依据,也是鉴定验收的标准。因此,制定功能目标应严谨、可操作性强。

例如,若要开发一个可用于自动加工生产线上的3轴联动数控加工中心,具体功能目标设计见表3-1。

表3-1 3轴联动数控加工中心的具体功能目标设计举例

序号	项目名称	技术指标、约束条件或功能描述
1	加工范围	3轴行程($X/Y/Z$)≥ 650mm/420mm/500mm 主轴中心线至立柱导轨面距离 ≥ 470mm 主轴鼻端至工作台面距离 ≥ 120~620mm
2	工作台	工作台尺寸(长×宽)750mm×420mm 最大承载 ≥ 350kg T型槽槽数×槽宽×间距 ≥ 3×14mm×125mm
3	主轴	主轴转速 ≥ 10000r/min 主轴锥孔:BT40 主轴电动机功率 ≥ 5.5kW
4	运动速度	快速移动速度($X/Y/Z$轴)≥ 36m·min^{-1}/36m·min^{-1}/30m·min^{-1} 切削进给速度 ≥ 1~10000mm·min^{-1}
5	自动换刀	自动换刀机械手(ATC)换刀 刀具数量 ≥ 20把 刀具最大直径/长度/重量 ≥ ϕ80mm/300mm/8kg 刀具选刀方式:任意选刀 刀具交换时间 ≤ 1.7s
6	机床精度	定位精度($X/Y/Z$)≤ 0.008mm 重复定位精度($X/Y/Z$)≤ 0.005mm
7	数控系统	主流数控系统
8	机床重量	机床重量 ≥ 4000kg
9	其他	具有自动排屑器 具有对刀仪接口 具有数字化、网络化接口 具有自动开关门功能,手动、自动两种模式 具有远程起/停应用功能

3.2.2 功能分析

1. 产品的核心功能与总功能

产品开发的实质就是实现产品的功能。按照功能所起的作用,产品功能可分为核心功能与总功能。核心功能是对产品或技术系统特定工作能力的抽象化描述。例如：码垛机器人的核心功能是物料的码放和堆垛；啤酒灌装机的核心功能是将啤酒灌装入瓶；切削加工机床的核心功能是去除毛坯上多余材料；扫地机器人的核心功能是垃圾入桶等。

在通常情况下，核心功能的确定是产品开发的关键。但产品仅实现核心功能是不够的，还需要完成与核心功能相关的一系列功能，才能满足产品的需求，从而成为一台完整的产品。产品核心功能及为了完成核心功能所需的一系列功能的总和，称为产品的总功能。例如：码垛机器人的总功能除了物料码放和堆垛外，还包括物料的输送、抓取、移动等功能；啤酒灌装机的总功能除了啤酒罐装入瓶外，还包括酒瓶、瓶盖、啤酒的储存和输送、酒瓶的封口、标签粘贴以及输送等功能。

2. 产品的功能分解

对于相对比较复杂的机械系统，直接实现总功能比较困难。因此，总功能的构思、分析和设计是一项综合性和创造性的工作，通常可采用功能分解的方法，根据产品的工艺流程或解决问题的因果关系将产品的总功能分解成比较简单的功能单元，更有利于寻求产品的功能原理方案。而且，相对来讲，每个功能单元具有一定的独立性，输入输出关系更为明确，因此更容易得到其功能实现方案。

为了使功能分解的结果在形式上更为直观，产品的总功能可采用功能树的形式来表达。功能树可以清晰地表达各功能单元的层次和相互关系，有利于简化产品总功能的原理方案设计。例如，图 3-3 所示为智能物料分拣系统的功能树。

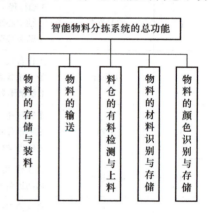

图 3-3 智能物料分拣系统的功能树

3.3 执行系统方案设计

3.3.1 执行系统的组成、功能及分类

1. 执行系统的组成

执行系统是指机械系统中能直接完成预期工作任务的子系统，主要由末端执行件和与之相连接的执行机构组成。执行末端件是直接与作业对象接触并完成一定工作（如夹持、移动、转动、打印等）或在作业对象上完成一定动作（如切削、锻压、焊接、清洗等）的零部件。执行机构是将传动系统传递来的运动和动力进行所需的变换并传递给末端执行件来实现预期的工作任务。执行机构可以是由具有单一功能的基本机构组成，也可以是由多个基本机构组合而成。在图 3-4a 所示的平行开合式机械手中，手指 1、2 为末端执行件，齿轮机构（齿轮 5、6）和连杆机构（构件 3、4、7、8 及手指 1、2）共同组成执行机构。再如图 3-4b 所示的颚式破碎机中，活动颚板 10、固定颚板 11 为末端执行件，偏心轮 9、活动颚板 10、摇杆 12 和机架组成执行机构（曲柄摇杆机构）。

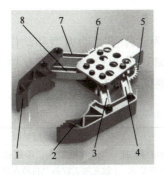 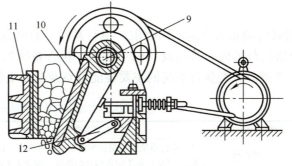

a) 平行开合式机械手　　　　　　　b) 颚式破碎机

图 3-4　执行机构举例

1、2—手指　3、4、7、8—构件　5、6—齿轮　9—偏心轮　10—活动颚板　11—固定颚板　12—摇杆

2. 执行系统的功能

执行系统需要在执行机构和末端执行件的协调工作下完成预期任务。执行机构的作用主要是运动和动力的传递和变换，以满足末端执行件的工作要求。运动变换通常是指运动形式或运动规律的变换，如连续转动与往复移动、往复摆动或间歇运动之间的转换，或者通过连续转动实现末端执行件预设的运动规律等。动力变换通常是指动力类型或大小之间的变换，如转矩与力之间的变换以及动力大小的变换等。

由于产品的功能各不相同，执行系统需要完成的工作任务也多种多样，但从用途上讲，执行系统的功能主要有转动或移动、力（或转矩）加载、抓取与夹持、搬运与输送、分度与转位等，如图 3-5 所示。

 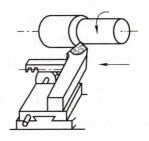

a) 自动卸料机构　　　　　　　　b) 车床车削外圆柱面

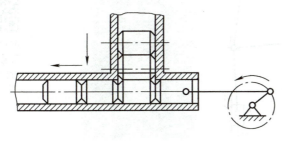 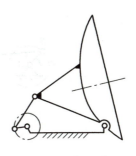

c) 曲柄滑块式送料机构　　　　　　d) 雷达天线俯仰机构

图 3-5　执行系统的功能举例

3. 执行系统的分类

根据对运动和动力的不同要求，执行系统一般可分为动作型、动力型和动作–动力型3类。根据执行机构的数量及其相互关系，执行系统通常可分为单一型、相互独立型和相互联系型3类。各类执行系统的主要性能特点及应用举例见表3-2。

表3-2 各类执行系统的主要性能特点及应用举例

类别		主要性能特点	应用举例
根据执行系统对运动和动力的要求	动作型	要求执行系统能实现预期精度要求的动作（如位移、速度等），对执行系统中各构件的强度、刚度等无特殊要求	扫地机器人、印刷机、打印机、激光加工设备及机器人焊接设备等
	动力型	执行系统需克服较大生产阻力做功，对执行系统中各构件的强度、刚度等有严格要求，但对运动精度无特殊要求	冲压设备、挖掘机、碎石机以及起重设备等
	动作–动力型	要求执行系统既能实现预期精度要求的动作，又能克服较大生产阻力做功	数控车床、铣削加工中心、齿轮加工设备等
根据执行系统中执行机构的数量及其相互关系	单一型	执行系统仅由一个执行机构组成	天线俯仰机构、颚式破碎机、皮带输送机、鹤式起重机、搅拌机等
	相互独立型	执行系统中有多个执行机构工作，但它们之间相互独立，没有运动及生产阻力等方面的联系和制约	车床的工件旋转与刀具的移动、起重机的起吊与行走动作等
	相互联系型	执行系统中有多个执行机构工作，且它们之间有运动及生产阻力等方面的联系和制约	印刷机、包装机、纺织机、液体灌装机等

4. 常见执行机构简介

（1）增力机构　当给机构的主动件输入较小的作用力（或力矩）时，如果可使从动件获得较大的工作驱动力（或驱动力矩），则称这样的机构为增力机构。通常用机械增益来表征不同增力机构的增力程度。机械增益定义为机构的输出力（或力矩）与输入力（或力矩）的比值。显然，机械增益越大，机构的增力效果越明显。

在图3-6所示的机构中，由于 DCE 的构型与人类的肘关节比较相似，因而常称为肘杆机构。肘杆机构在工作时，滑块 E 做往复直线移动，在其接近下极限位置时具有很大的传动角，因而通过加在曲柄 AB 上较小的力 F 可以克服较大的工作阻力 G，即该机构可获得较大的机械增益。这种机构常用于压片机、锻压设备及破碎机等机械中。图3-6b所示的简易压力机为其应用实例。

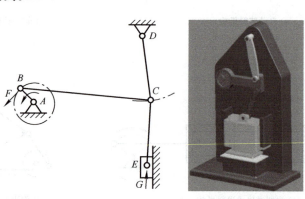

a) 肘杆机构运动简图　　b) 简易压力机

图3-6　肘杆机构及应用实例

（2）行程放大机构　图3-7所示为平面六杆机构，可视为由一个曲柄摇杆机构和一个滑块机构串联组合而成。它的特点是利用杠杆原理，可以用较短的曲柄1长度来获得滑块5较长的行程。行程的大小可根据实际情况由构件3中DC与CE的比值及曲柄的长度来确定。此类机构常用于需要推送物料的机械设备中。

（3）供料机构　供料机构广泛应用于多种自动化设备中，如加工中心中的刀具更换、饮料灌装机中的容器供应等。由于应用场合不同，对供料的功能要求和物料的供应状况也不一样，因此，供料机构的类型也多种多样。但大多数供料机构都是由多个简单机构组合而成的组合机构，通过多种运动变换来实现供料动作。

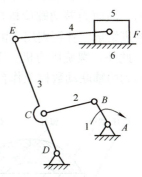

图3-7　平面六杆机构
1—曲杆　2、3、4、6—构件　5—滑块

图3-8所示为抓料钩式供料机构，其工作原理为：受钢球3的锁定作用，当气缸1的活塞杆向前伸出时，滑块4先不动，而只带动摆杆2顺时针摆动，从而使摆杆2的弯头抓住工件5，然后随着气缸活塞杆的继续伸长，摆杆2、滑块4和工件5一起向前移动一个步距p；同样，在气缸活塞杆回缩过程中，滑块4先不动，摆杆2逆时针摆动并使其弯头脱开工件5，然后摆杆2和滑块4一起向后移动一个步距p，从而使机构复位，至此就完成了一次供料动作。在该机构中，钢球3除了具有使滑块4延时动作的作用，还可以通过滑块4给工件5定位，步距p的大小可根据供料要求确定。

再如图3-9所示转盘式供料机构，其主要由进料槽1、转盘3和卸料槽5组成。在转盘3上加工有若干可以装料的定位槽。该机构在工作时，工件2在重力（或其他力）作用下，经由进料槽1进入转盘3的定位槽。转盘3转动并带动工件2进入工位4，然后停止转动，在完成相应的工作任务后，转盘3继续转动，并通过卸料槽5使工件2排出。转盘式供料机构在包装、打标以及灌装等自动化机械设备中得到了广泛应用。

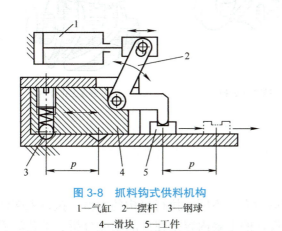

图3-8　抓料钩式供料机构
1—气缸　2—摆杆　3—钢球
4—滑块　5—工件

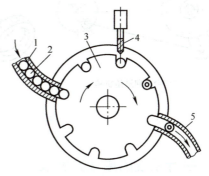

图3-9　转盘式供料机构
1—进料槽　2—工件　3—转盘
4—工位　5—卸料槽

（4）螺旋机构　螺旋机构是一种应用非常广泛的机构。它具有结构简单、制造方便、运动平稳、精度高、载荷增益大以及可实现直线运动和旋转运动的转换等优点，广泛应用于机械、仪器仪表、工装卡具、测量工具以及调整机构中。例如，图3-10所示为镗床中镗

刀的微调机构，螺母1与镗杆固联，螺杆与螺母1组成螺旋副 A，同时与螺母2组成螺旋副 B。镗刀装于螺母2的末端，并与螺母1形成移动副 C。螺旋副 A、B 的旋向相同而导程不同，因而为差动螺旋机构。当转动螺杆时，镗刀相对于镗杆做微量移动，用于调整镗孔时的进给量。弹簧则用于消除螺旋副的间隙。

此外，螺旋压力机、千斤顶、机床工作台的移动等也常采用螺旋机构来实现。图3-11 所示为两轴联动数控工作台，其互相垂直的两个轴向移动均是靠滚动螺旋机构来实现的。

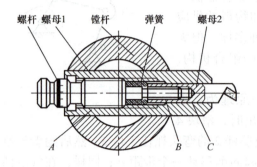

图 3-10　镗床中镗刀的微调机构　　　　　图 3-11　两轴联动数控工作台

（5）间歇运动机构　间歇运动机构的主要作用是将主动件的连续转动或往复摆动转换为周期性的运动和停歇，通常由槽轮机构、棘轮机构、不完全齿轮机构或凸轮间歇机构实现，在自动化生产线或设备中应用比较广泛。例如，自动机床的进给机构、刀架转位机构以及饮料灌装生产线等。图3-12 所示为间歇运动机构的应用实例。

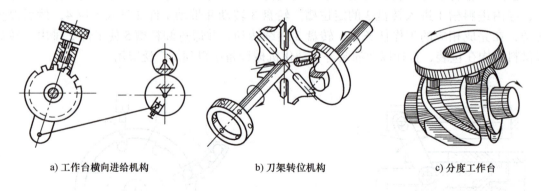

a) 工作台横向进给机构　　　　b) 刀架转位机构　　　　c) 分度工作台

图 3-12　间歇运动机构的应用实例

3.3.2　执行系统的原理方案设计

对于同一工作任务，采用的工艺原理和运动方案不同，执行机构的类型、执行末端件的运动形式都有可能不同。因此，原理方案设计的主要内容是在产品功能分析、工艺流程要求和功能单元目标的基础上，通过分析选择、创新构思以及优化筛选等方式进行执行机构的功能原理求解，最终形成一个符合预期要求的执行系统原理方案。功能原理的求解常采用如下方法。

1. 参考常用机构、相关专利或类似产品，合理选择执行机构类型

机构是执行系统的重要组成部分，系统中的每一个运动功能单元均需要靠机构来实现。表 3-3 列出了常用机构的功能及应用举例，可供功能原理求解时参考。

表 3-3 常用机构的功能及应用举例

运动转换形式	机构类型	应用举例
连续转动→连续转动	连杆机构（如双曲柄机构、转动导杆机构）、齿轮机构、带传动机构、链传动机构、摩擦轮传动机构等	蒸汽机车的车轮联动机构、惯性振动筛机构、汽车变速器、车床主轴箱、汽车发动机舱中的正时带传动、卧式车床从电动机到主轴箱的带传动、生产线上物料的输送带机构、摩托车中的链传动、滚轮平盘式无级变速器等
连续转动→往复摆动	连杆机构（如曲柄摇杆机构、摆动导杆机构）、摆动从动件凸轮机构等	颚式破碎机、天线俯仰机构、牛头刨床进给机构、摆动式油泵机构、绕线机排线凸轮机构等
连续转动→往复移动	连杆机构（如曲柄滑块机构）、直动从动件凸轮机构、齿轮齿条机构、链传动机构、螺旋传动机构等	偏心轮压力机中的冲头运动机构、内燃机配气凸轮机构、生产线上的自动送料机构、卧式车床溜板箱的移动机构、数控铣床中的工作台移动机构、台虎钳以及链条式升降台等
连续转动→间歇运动	槽轮机构、分度凸轮机构等	自动生产线中的槽轮机构（如机床刀架转位机构、蜂窝煤成型机模盘转位机构以及灌装生产线等）、自动机械中的弧面分度凸轮机构（如包装机械中的间歇式送料和包装动作、印刷机械中的纸张定位和印刷动作、机床夹具中工件的精确定位和夹紧动作等）
连续转动→平面运动	平面连杆机构、周转轮系机构等	连杆搅拌器机构（曲柄摇杆机构中连杆作为搅拌构件）、行星搅拌器机构（行星轮系中行星架作为搅拌构件）
往复摆动→连续转动	曲柄摇杆机构（摇杆主动）	缝纫机踏板机构
往复摆动→往复摆动	双摇杆机构、不完全齿轮机构	鹤式起重机机构、飞机起落架机构、车辆前轮转向机构、手爪开合机构等
往复摆动→往复移动	摇杆滑块机构（摇杆主动）、不完全齿轮齿条机构	割草机割茬高度调整机构、工作台往复移动机构（扇形齿轮齿条机构）等
往复摆动→间歇运动	棘轮机构	棘条式千斤顶、牛头刨床工作台横向进给机构等
往复移动→连续转动	曲柄滑块机构（滑块主动）	发动机的活塞 – 连杆 – 曲轴传动机构
往复移动→往复摆动	摆动导杆机构	自动卸料车斗的俯仰机构
往复移动→往复移动	移动凸轮机构、双滑块机构	压力机装卸料凸轮机构、椭圆规机构等

表 3-3 所列常用机构多以平面机构为主。事实上，空间机构在执行机构的原理方案设计中的应用也非常广泛。例如，空间站的 7 自由度机械臂、我国"天眼"中馈源舱的位置与姿态调整机构、用于物料分拣的并联机器人机构以及码垛机器人机构等。

对于相同的运动变换要求，可选择的执行机构并非是唯一的。因此，在选择机构时，需要进行分析比较和选择。一般应遵循如下原则：①在满足使用要求的前提下，使机构的构件数量尽量少；②优先选用结构简单、工作可靠、制造容易和效率高的机构。例如，在需要将旋转运动变换为直线移动的场合，使用曲柄滑块机构、直动从动件凸轮机构、齿轮齿条机构以及螺旋传动机构等均可实现要求，但不同机构特点不同。曲柄滑块机构制造容易；凸轮机构结构简单，可实现比较复杂的运动规律；齿轮齿条机构承载能力强、精度高；螺旋传动机构传动平稳、效率高等。因此需要结合执行机构的特性、从动件的运动及载荷

要求等因素综合进行分析和选择。

2. 运用创新思维方法，构思新型执行机构

当采用具有单一功能的基本机构无法满足工作要求或者无法找到参考资料（如新产品开发）时，就需要设计者开拓创新思维，运用创新技法，设计出新颖、巧妙且符合需求的执行机构原理方案。常用的创新设计方法列举如下。

（1）变异创新设计　对于常见基本机构，当取不同构件为机架、改变运动副的尺寸、改变构件的形状或尺寸时，可以使输出构件获得不同的运动规律或得到不同特性的执行机构。

1）取不同构件为机架。图 3-13a 所示为曲柄滑块机构，若分别取构件 1、2 和 3 为机架，则曲柄滑块机构可分别演化为转动导杆机构、曲柄摇块机构和移动导杆机构，如图 3-13b～d 所示。图 3-13e 所示牛头刨床进刀机构、图 3-13f 所示摆动式油泵机构和图 3-13g 所示手动抽水机构分别为转动导杆机构、曲柄摇块机构和移动导杆机构的应用实例。

2）改变运动副的尺寸。运动副尺寸的变化并不改变机构本身的性质和类型，但却可简化结构设计和提高机构的承载能力。在图 3-14a 所示的曲柄滑块机构中，当曲柄 AB 长度较小时，可将转动副 B 的半径增大至超过曲柄的长度。此时，曲柄演化成为一个回转中心与几何中心不重合的偏心轮（图 3-14b）。因此这种机构也称为偏心轮机构。其中，该偏心轮回转中心与几何中心间的距离 e 称为偏距，其值即为曲柄长度。显然，偏心轮机构与演化前的曲柄滑块机构具有完全相同的运动特性，但偏心轮机构却可以承受较大的冲击载荷。因此，偏心轮机构广泛应用于剪床、压力机、颚式破碎机等具有较大冲击的机械设备中。

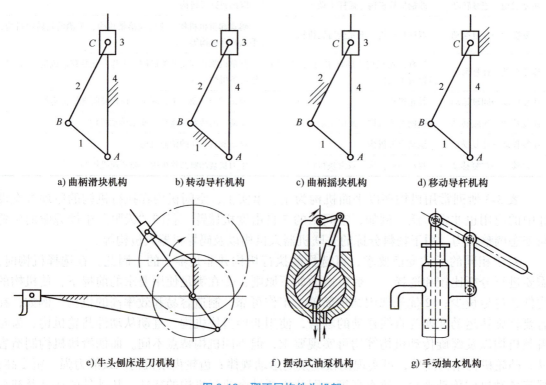

图 3-13　取不同构件为机架

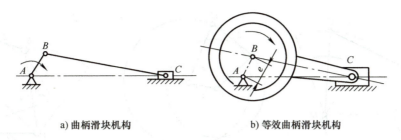

a) 曲柄滑块机构　　　　　　　　　b) 等效曲柄滑块机构

图 3-14　增大运动副的尺寸

3) 改变构件的形状。在图 3-15a 所示曲柄摇块机构中，如果把杆状构件 2 做成块状，而把块状构件 3 做成杆状，则原曲柄摇块机构可以演化为摆动导杆机构（图 3-15b）。摆动导杆机构可用于牛头刨床的主运动机构，如图 3-15c 所示。

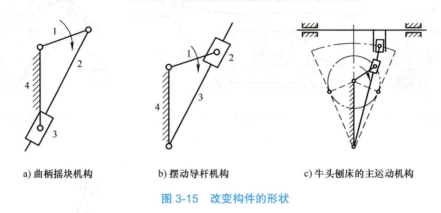

a) 曲柄摇块机构　　　　b) 摆动导杆机构　　　　c) 牛头刨床的主运动机构

图 3-15　改变构件的形状

4) 改变构件的尺寸。机构中各构件的尺寸与机构的类型密切相关，通过改变构件的尺寸可以获得不同的机构类型。例如，在图 3-16a 所示曲柄摇杆机构中，若改变曲柄或其他任一构件的尺寸，都可能会影响到该机构曲柄的存在，从而会使得该曲柄摇杆机构演化为双曲柄机构或双摇杆机构，如图 3-16b、c 所示。图 3-16d~f 所示为 3 种不同机构类型的应用实例。

（2）组合创新设计　对于比较复杂的任务要求，其执行系统通常由多个执行机构组合而成。常见的组合方法有串联组合、并联组合、叠加组合和封闭组合等。

1) 串联组合。前一个机构的输出构件与后一个机构的输入构件连接在一起的机构组合方式称为串联组合。如图 3-17 所示，曲柄摇杆机构 $ABCD$ 的输出构件 DC 和摇杆滑块机构 DEF 的输入构件 DE 以刚性方式连接。通过合理设计该组合机构的构型参数，可以获得滑块的特殊运动规律要求。

串联组合是执行系统设计的常用方法，但当串联机构过多时，可能会导致效率下降和运动累积误差过大。因此，在满足运动要求的前提下，执行机构数量越少越好。

2) 并联组合。将多个机构的输入（或输出）构件连接在一起，使其具有相同的输入（或输出）构件，并保留各自输出（或输入）运动的机构组合方式称为并联组合，其主要目的是改善机构系统的受力性能，并实现运动的合成或分解。如图 3-18 所示，在并联式多缸内燃机机构中，将 4 个曲柄滑块机构（滑块为主动件）的运动输出构件（曲柄）刚性连接，使其具有相同的输出运动，其优点是可以有效避免运动死点，同时实现运动的合成。

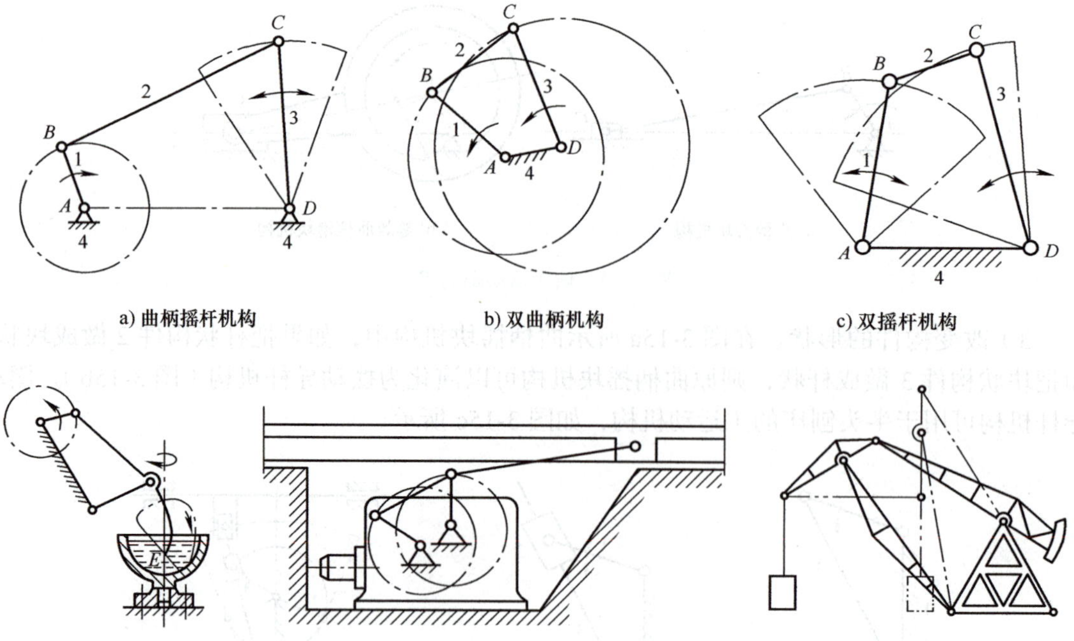

a) 曲柄摇杆机构　　b) 双曲柄机构　　c) 双摇杆机构

d) 搅拌器　　e) 振动筛料机　　f) 鹤式起重机

图 3-16　改变构件的尺寸

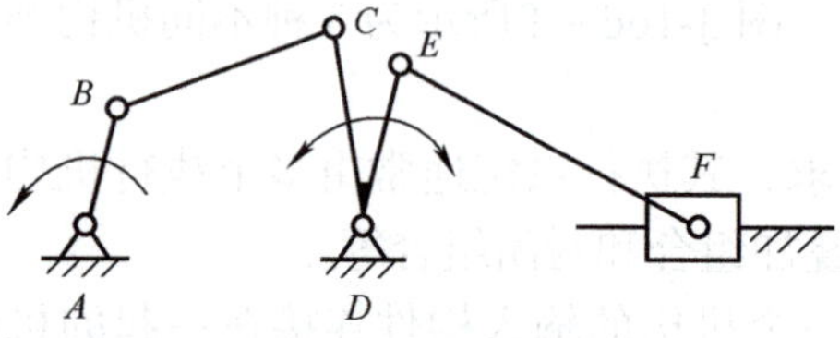

图 3-17　机构的串联组合 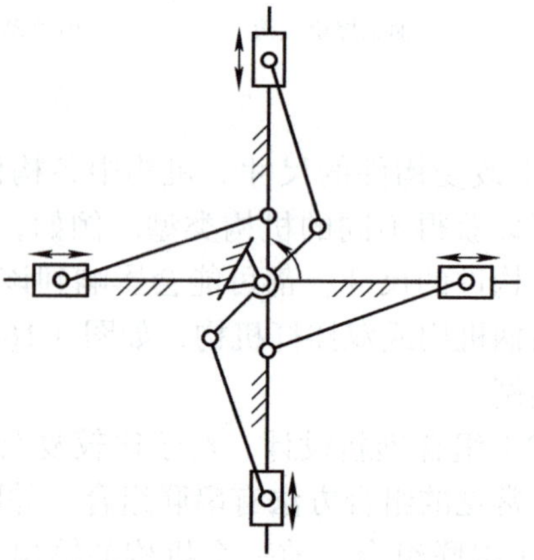　　图 3-18　机构的并联组合

3）叠加组合。将一个机构安装在另一个机构运动构件上的机构组合方式称为叠加组合，其优点是可以实现复杂的运动要求。通常，将支撑其他机构的机构称为基础机构，安装在基础机构运动构件上的机构称为附加机构。图 3-19a 所示为户外操作车升降平台，将一个平行四边形机构 CDEF（附加机构）安装在另一个平行四边形机构 ABCD（基础机构）的连杆上，并利用平行四边形机构的连杆只能做平动的优点，使得叠加组合机构的工作平台 EF 始终能以固定的姿态做平移运动，同时还增大了工作平台的升降范围。图 3-19b 所示为 360° 转头风扇，附加机构（蜗杆传动机构）安装在基础机构（行星传动机构）的行星架 H 上。电动机在驱动扇叶高速转动的同时，又可以通过蜗杆传动机构带动行星架实现 360° 的慢速转动。

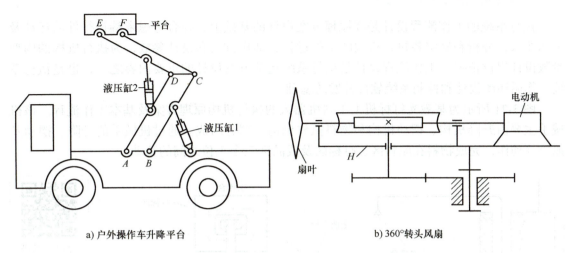

a) 户外操作车升降平台 b) 360°转头风扇

图 3-19　机构的叠加组合

4）封闭组合。封闭组合是指将一个两自由度机构的 2 个输入构件或 2 个输出构件或 1 个输入构件和 1 个输出构件用单自由度机构连接起来形成一个单自由度机构系统的组合方式。其中，两自由度机构称为基础机构，单自由度机构称为附加机构。在图 3-20 所示凸轮-连杆组合机构中，由构件 1、2、3、4、5 组成的五杆机构为基础机构，由构件 1、4、5 组成的凸轮机构为附加机构。基础机构中构件 1、4 的运动决定

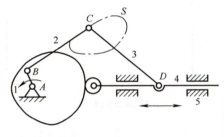

图 3-20　机构的封闭组合

了铰链点 C 的运动，只要附加机构中的凸轮 1 轮廓曲线设计合适，即可精确实现 C 点给定的运动轨迹要求。

（3）类比创新设计　类比创新设计是指通过分析比较两个不同对象之间的相似点，借鉴移植思想，构思出符合要求执行机构的一种创新设计方法。通常有拟人类比法、直接类比法、综合类比法等。例如：我国空间站上的 7 自由度机械臂的开发就是参考了人体手臂的肩关节、肘关节和腕关节的运动能力；挖掘机的设计，也可以模仿人体手臂的部分动作，如大臂、小臂及手的上下摆动。功能移植也是一种常用的直接类比方法。例如，汽车前轮的转向机构和后轮的差速机构可以移植到其他需要实现转向或差速功能的执行系统中。

（4）技术创新设计　借助先进技术，通过改革工作原理、改进加工工艺等方法，也可创新出符合要求的功能解决方案，而且往往可能是效果最好的。例如：用激光打孔代替传统的机床钻孔；用电主轴代替车削加工机床的主轴箱；用自动化生产线代替单机生产等。

3.3.3　执行系统的运动方案设计

执行系统的运动方案设计是执行系统设计的关键内容之一，其设计合理与否将直接影响产品的功能、性能、成本等，也关系到产品未来的竞争力和发展水平。由于不同产品需求不同、功能不同，其执行系统的运动方案也复杂多样，但通常包括如下内容和流程。

1. 执行系统的工作流程设计

执行系统的工作流程设计是在原理方案设计的基础上，综合考虑末端执行件的运动及工艺要求，分析和确定各执行机构的工作过程、动作方式和设计参数，为执行机构的构型参数设计提供依据。工作流程设计是执行系统运动方案设计的重要内容之一，也是执行系统工作循环图设计和控制系统软件开发的基础。

图3-21所示为某激光打标机上下料机器人的执行机构原理方案及基本工作流程。该机械手主要由升降机构、摆动机构和物料抓放机构三部分组成。通过机械手的升降、摆动及抓放等动作，完成物料在原料区、打标区及成品区三个工位之间的移动。

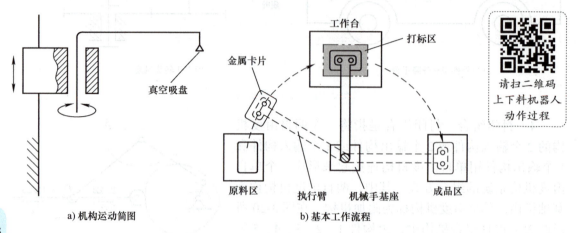

图 3-21　某激光打标机上下料机器人的执行机构原理方案及基本工作流程

（1）升降机构　升降机构采用"滚珠丝杠+直线导轨"方式实现，升降电动机与滚珠丝杠轴通过联轴器连接。工作时，升降电动机轴驱动滚珠丝杠轴旋转，并通过直线导轨的约束将旋转运动转换为滑台的直线运动，从而带动执行臂及真空吸盘沿竖直方向移动。

（2）摆动机构　摆动机构的支承部分与移动滑台固连，摆动电动机轴通过胀紧套与执行臂连接。工作时，摆动电动机轴直接驱动执行臂旋转，使其及真空吸盘摆动到作业任务规划的位置。

（3）物料抓放机构　物料抓放机构主要采用气压传动方式实现，主要是应用过滤减压阀、电磁阀以及真空发生器等气动元件构成气压回路，来改变真空吸盘与金属卡片之间腔体的气压状态（负压或零压），从而实现吸盘对金属卡片的吸牢和松开动作。

通过对激光打标机的上下料过程进行分析，该自动上下料机器人的工作流程设计如图3-22所示。

1）机械手复位。机械手上电后，运行复位程序使机械手复位。复位后真空吸盘位于原料区正上方。

2）原料区金属卡片抓取。升降电动机运动，通过执行臂带动吸盘下降至抓取金属卡片位置；电磁阀打开，真空吸盘吸住金属卡片；升降电动机带动吸盘上升至适当位置。

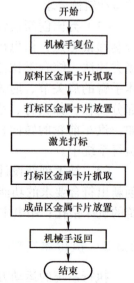

图 3-22　自动上下料机器人的工作流程设计

3）打标区金属卡片放置。摆动电动机运动，驱动执行臂及吸盘（含金属卡片）顺时针旋转 90°，至激光打标机工作台上打标区的正上方；执行臂及吸盘（含金属卡片）下降至放置金属卡片位置；电磁阀关闭，真空吸盘松开金属卡片；执行臂及吸盘上升至适当位置；执行臂及吸盘逆时针旋转 45°，为激光打标操作避让空间。

4）激光打标。操作者控制激光打标机对放好的金属卡片进行打标。

5）打标区金属卡片抓取。摆动电动机运动，驱动执行臂及吸盘顺时针旋转 45°，至打标区的正上方；执行臂及吸盘下降至抓取金属卡片位置；电磁阀打开，真空吸盘吸住金属卡片；执行臂及吸盘（含金属卡片）上升至适当位置。

6）成品区金属卡片放置。摆动电动机运动，驱动执行臂及吸盘（含金属卡片）顺时针旋转 90°，至成品区的正上方；执行臂及吸盘（含金属卡片）下降至放置金属卡片位置；电磁阀关闭，真空吸盘松开金属卡片；执行臂及吸盘上升至适当位置。

7）机械手返回。摆动电动机运动，驱动执行臂及吸盘逆时针旋转 180°，回到原料区正上方（机械手复位后的位置），为下一次上下料做准备。

2. 执行机构的构型参数设计

构型参数设计是根据从动件的运动要求，合理设计出执行机构的构型参数，如构件的几何尺寸、运动范围以及运动副位置等参数。一般情况下，构型参数设计不涉及构件的具体结构、强度、材料、工艺、公差、热处理以及运动副的具体结构等问题，因此也称为机构的运动设计。但有时为使设计更为合理，可考虑几何条件、动力条件等辅助条件（如压力角）。

构型参数设计通常可采用图解法、解析法和实验法。图解法应用运动几何学的原理进行求解，比较直观且简单易行，是执行机构设计的一种基本方法。对于某些简单要求，有时比解析法更方便快捷，但缺点是设计精度低。解析法是通过建立数学模型进行求解，设计精度高。近年来，随着计算机技术和数值方法的飞速发展，解析法的应用越来越广泛。实验法一般适用于运动要求比较复杂的连杆机构设计，或连杆机构的初步设计。

由于执行机构的类型不同，其设计方法也不一样，有关各类机构的构型参数设计相关知识可参考《机械原理》和《机械设计》等教材。

3. 执行机构的运动分析

执行机构运动分析的任务是求解机构主动构件与输出构件之间的运动关系，从而得到该机构的各种运动学特性。它主要包含两方面的内容：一是已知主动构件的运动规律，求解未知输出构件的运动规律，称为机构的运动学正解；二是已知输出构件的运动规律，求解未知主动构件的运动规律，称为机构的运动学逆解。构件的运动规律通常是指构件上某一参考点的位置、速度、加速度及构件的角位置、角速度及角加速度与时间之间的函数关系。例如，在内燃机的曲柄滑块机构中，活塞（滑块）为主动构件，曲轴（曲柄）为输出构件，若已知滑块的位置求解曲柄（或连杆）上某一参考点的位置，则为位置正解；反之，若已知曲柄的位置求解连杆（或滑块）上某一参考点的位置，为位置逆解。

位置分析、速度分析和加速度分析是机构运动分析的重要研究内容，同时也是机构工作空间分析、刚度分析、精度分析以及运动控制的基础。就机构运动分析方法而言,主要有图解法、解析法和软件法3种。图解法形象直观、几何意义清楚,但过程烦琐、准确度不高。解析法的实质是建立已知参数和待求参数之间的数学模型,并通过求解得到两者之间的运动关系,其优点是逻辑清晰、精度高,便于计算机编程求解。软件法是借助工程分析软件对机构进行运动分析,效率高、使用方便、交互性强。随着设计技术及计算机技术的快速发展,解析法和软件法在机构运动分析中的应用将会越来越广泛。

执行机构的运动分析方法及过程可参考《机械原理》和《机器人基础》等相关教材或资料。

3.3.4 执行系统的工作循环图设计

1. 工作循环图的定义和用途

产品机械系统在运行过程中,执行系统完成一次完整任务所需要的时间,称为执行系统的工作循环周期。工作循环周期直接决定了产品的生产率,设计时应力求缩短工作循环周期。在一个工作循环周期内,组成执行系统的任一执行机构均需要完成一定的周期性运动,通常由工作行程、空回行程和等待停歇三部分组成,其所需时间的总和称为该执行机构的运动循环周期。

执行系统的工作循环图是表示各执行机构的运动循环在执行系统工作循环周期内相互关系的示意图。通过合理设计执行系统的工作循环图,可以实现如下用途。

1)保证各执行机构按照工艺要求的正确顺序和准确时间进行各种动作,使整个系统实现预期功能。

2)保证各执行机构的动作相互协调、紧密配合,避免各执行机构之间可能出现的空间干涉。

3)通过优化设计,可以减少甚至消除执行机构的无用停歇时间,为提高产品生产率提供依据。

4)为后续详细设计、计算、装配及调试等提供依据。

2. 执行机构的运动循环图设计

(1)运动循环图的表示方法 执行机构的运动循环周期可根据下式计算,即

$$T_M = T_w + T_r + T_d \tag{3-1}$$

式中,T_M是执行机构的运动循环周期,单位为s;T_w是工作行程时间,单位为s;T_r是空回行程时间,单位为s;T_d是等待停歇时间,单位为s。

用来表示一个运动循环周期内执行构件动作过程的图形,称为执行机构的运动循环图,其常用表示方法有直线式、圆环式和直角坐标式三种。设某执行构件在执行机构一个运动循环周期内有工作行程、空回行程和等待停歇三个阶段,则其三种运动循环图的表示方法如图3-23所示。

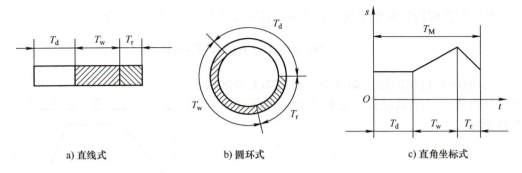

图 3-23 执行机构运动循环图的表示方法

直线式运动循环图是将各运动阶段的时间及顺序按照一定比例绘制于直线坐标上，方法简单，但直观性差，如运动构件位置的变化在图上无法体现。圆环式运动循环图是将各运动阶段的时间及顺序按照一定比例绘制于圆环坐标上，直观性较强，常适用于运动循环周期对应于分配轴正好旋转一周的执行机构，如凸轮机构。直角坐标式运动循环图是将各运动阶段的时间及顺序按照一定比例绘制于直角坐标上，通常横坐标表示时间，纵坐标表示构件的运动特征，如位移、状态等。这种表示方法直观性最强，因而被广泛使用，特别是在表示执行系统的工作循环图时优势更为明显。

（2）运动循环图的设计步骤

执行机构的运动循环图是执行系统工作循环图的重要组成部分，其设计步骤如下。

1）确定执行机构的运动循环周期。
2）确定运动循环的组成区段及时间。
3）绘制执行机构的运动循环图。

下面以自动压痕机的压痕机构为例，来说明其运动循环图的设计过程。图 3-24 所示为压痕机构的原理方案简图，凸轮机构驱动压痕头上下运动，完成对工件上表面的压痕动作。根据工艺要求，压痕头应在工件上停留的时间为 2s。若给定压痕机构的生产率为 4800 件/班（每班按 8h 计算），试绘制该压痕机构的运动循环图。

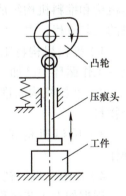

图 3-24 压痕机构的原理方案简图

1）确定压痕头的运动循环。如图 3-24 所示，凸轮每转 1 转，压痕头实现一次运动循环，完成一次工件上表面的压痕动作。因此，根据给定生产率要求，该机构的运动循环周期 T_M 为

$$T_M = \frac{8 \times 60 \times 60}{4800} \text{s} = 6\text{s}$$

2）确定运动循环的组成区段及时间。根据工艺要求，压痕头一个运动循环周期 T_M 可由压痕头的压痕工作行程时间 T_w、压痕头在工件表面上的停留时间 T_{d1}、返回初始位置的行程时间 T_r 及在初始位置的停留时间 T_{d2} 四部分组成。因此有

$$T_M = T_w + T_{d1} + T_r + T_{d2}$$

根据压痕机构的运动规律及工艺要求，各区段所用时间初步确定为

$T_w=2s$，$T_{d1}=2s$，$T_r=1s$，$T_{d2}=1s$

3）绘制压痕机构的运动循环图。根据如上各区段组成及时间要求，绘制成直角坐标式运动循环图，如图 3-25 所示。

3. 执行系统的工作循环图设计

在确定了执行系统的工艺原理和各执行机构的运动循环后，即可着手设计执行系统的工作循环图，其主要任务是建立执行机构运动循环之间的正确联系，实现各执行机构的同步化、协调化，以求最大限度地缩短执行系统的工作循环周期，提高生产率。工作循环图设计的一般步骤如下。

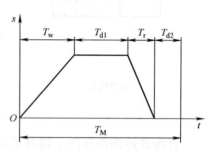

图 3-25 压痕机构的运动循环图

1）分析对各执行机构的运动要求及相互之间的动作配合要求。
2）绘制各执行机构的运动循环图。
3）进行执行机构运动循环的同步化设计。
4）绘制执行系统的工作循环图。

下面仍以自动压痕机为例，来说明工作循环图的设计过程。

（1）分析对各执行机构的运动要求及相互之间的动作配合要求　自动压痕机主要由压痕机构和推料机构组成，两者配合完成工件的连续自动压痕作业。图 3-26 所示为自动压痕机的工艺流程，主要由以下四个工艺动作完成。

1）推料机构将工件推送至被压痕的位置，同时将上一工作循环中已加工好的工件顶走。

2）推料机构的推杆返回初始位置，同时安装下一个物料。

3）压痕机构带动压痕头向下动作，完成压痕操作。

4）压痕头返回初始位置。

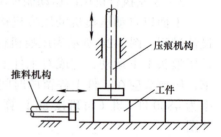

图 3-26 自动压痕机的工艺流程

根据如上工艺流程，各机构的运动循环设计如下。

推料机构的运动循环周期（T_{M1}）由推杆的推料行程时间（T_{w1}）、推杆返回初始位置的时间（T_{r1}）及在初始位置的装料停留时间（T_{d1}）三部分组成。

压痕机构的运动循环周期（T_{M2}）由压痕头的压痕工作行程时间（T_{w2}）、压痕头在工件表面上的停留时间（T_{d21}）、压痕头返回初始位置的行程时间（T_{r2}）及在初始位置的停留时间（T_{d22}）四部分组成。

在压痕过程中，这两个机构的动作是有先后顺序且相互配合的。例如，推料机构将工件推送到规定位置后，压痕头才能进行压痕操作；在压痕操作完成之后，才允许推送机构将下一物料推送到规定位置等。

（2）绘制各执行机构的运动循环图　根据前述分析，自动压痕机各执行机构的运动循环图如图3-27所示。

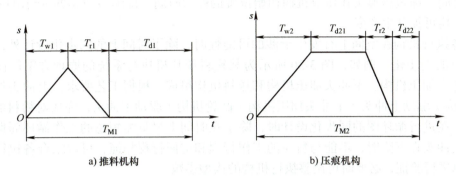

a) 推料机构　　　　　　　　b) 压痕机构

图3-27　自动压痕机各执行机构的运动循环图

（3）进行各执行机构运动循环的同步化设计　自动压痕机的两个执行机构可以根据工艺流程在其运动循环周期内依次顺序执行。例如，推料机构一个运动循环完成后，压痕机构才开始动作。在这种情况下（图3-28），其总的运动循环时间即为自动压痕机执行系统的最长工作循环周期T_{Pmax}，即

$$T_{Pmax} = T_{M1} + T_{M2}$$

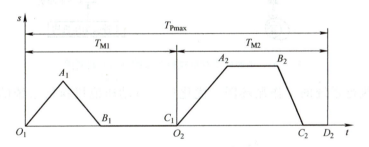

图3-28　自动压痕机的最长工作循环周期图

显然，这种设计对于提高产品生产率是不利的。事实上，推料机构、压痕机构只要保证在空间上运动不干涉，从时间上可以考虑同时动作或者部分并行动作。本例中的推料机构和压痕机构在空间上并无发生干涉的可能性，因此可以同步进行。假设$T_{M1} = T_{M2}$，则各自运动循环图可以设计成如图3-29所示，此时自动压痕机的工作循环周期$T_P = T_{M1} = T_{M2}$，生产率比之前提高了1倍。

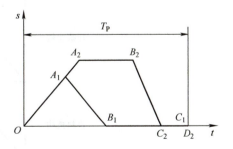

图3-29　推料机构和压痕机构的同步化设计

在该自动压痕机案例中，除了满足压痕头在工件上停留2s时间的工艺要求外，还可结合前述执行系统的运动方案设计，在保证产品运动性能的前提下，进一步提高生产率。例如，在保证压痕头到达压痕位置A_2前推杆将物料推送到工作位置（即在时间轴上，A_1始终

位于 A_2 左侧）的条件下，采用减少推料机构和压痕机构工作行程时间，缩短推料机构返回初始位置后的装料停留时间（即缩短图 3-29 所示的 B_1C_1 段），减少推料机构和压痕机构空回行程时间，缩短压痕头在压痕机构初始位置的停留时间（即缩短图 3-29 所示的 C_2D_2 段）等方法，均可提升生产率。

当各执行机构在空间上有发生干涉的可能性时，除了时间上的同步化设计外，还要考虑空间上的同步化。例如，图 3-30 所示为某粉料压片机执行系统的原理方案简图，其主要由上冲头加压机构、下冲头加压机构和送料机构组成。根据工艺要求，上冲头加压机构（连杆机构）驱动上冲头、下冲头加压机构（凸轮机构）驱动下冲头，完成对粉料的压片成形动作。在进行循环图的同步化设计时，除了在时间上尽量缩短总的工作循环周期外，还应保证上冲头在下降时，不能与料斗的工作行程和空回行程相撞，可以结合各执行机构的运动规律进行验证，必要时可调整执行机构的构型参数。

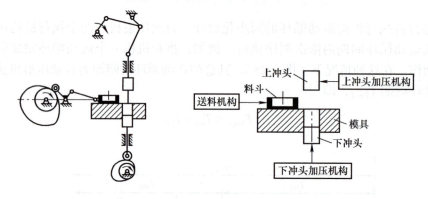

图 3-30 某粉料压片机执行系统的原理方案简图

（4）绘制执行系统的工作循环图　优化后，自动压痕机执行系统的工作循环图如图 3-31 所示。

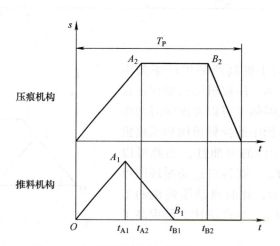

图 3-31 自动压痕机执行系统的工作循环图

在设计执行系统的工作循环图时，受产品总体布局和实际结构等因素（如运动精度、运动副间隙、构件变形以及安装误差等）的影响，执行机构所实现的运动规律与原方案可能不完全相同，此时应该根据执行构件的实际运动规律来修改执行系统的工作循环图，同时需要核算其是否能满足工艺要求，必要时需要考虑重新进行机构选型或构型参数设计。

3.4 机械传动系统设计

3.4.1 传动系统的功能、类型及设计要求

1. 机械传动系统的功能

由于驱动系统的运动及动力输出形式单一（如连续匀速回转、往复移动等），一般难以满足执行系统多种多样的运动及动力要求（如变速、低速或大负载等）。因此，需要通过传动系统将驱动系统的运动及动力变换成执行系统所需要的运动及动力，并传递给执行系统完成工作任务。传动系统是机械系统的重要组成部分，其主要功能如下。

1）变换驱动系统的速度，如加速、减速或变速。
2）变换驱动系统的运动形式，如由匀速旋转运动变换为往复直线运动。
3）变换驱动系统的动力，如增大力矩或力等。
4）实现多个运动及动力输出，以满足不同执行机构的不同工作要求。
5）满足驱动系统与执行系统在空间布局、安全操作以及性能提升等方面的要求。

2. 机械传动系统的类型

按照传动比是否变化，机械传动系统可以分为定比传动系统和变速传动系统两类。定比传动系统主要用于在某一确定的速度下工作的执行机构，如常见的齿轮减速机、谐波减速器、带传动、链传动等。变速传动系统主要用于能根据工作环境或条件变化可以调整速度的场合，如金属切削机床需要根据工件材料、硬度以及刀具类型选择合适的切削速度等。变速传动系统又可分为有级变速传动系统（如车床的主轴箱、手动档汽车变速器等）和无级变速传动系统（如各种钢球式、带式、摩擦轮式无级变速器等）。

按照驱动形式，机械传动系统可以分为独立驱动、集中驱动和联合驱动3种类型。独立驱动是指每个执行机构均由各自的动力源进行驱动，有利于简化传动结构，提高传动精度及传动系统刚度。例如，3轴联动数控机床中，每个坐标轴（如工作台的左右移动）的运动，均配置有伺服电动机和相应的减速器。集中驱动是指用一个动力源驱动多个执行机构。例如，卧式车床的主轴箱和进给箱传动系统，均由同一个电动机作为动力源，既可以实现工件的独立转动（如车削外圆操作），也可以使车床主轴和刀架按严格的传动比要求进行运动（如车削螺纹操作）。联合驱动是指由多个动力源驱动一个执行机构的传动系统，主要用于低速、重载、大功率及惯性大的场合。

3. 机械传动系统的设计要求

在进行机械传动系统设计时，应考虑如下要求。
（1）功能要求 满足执行机构的运动形式变换、运动和动力的变换及传递要求。
（2）性能要求 满足执行机构工作时所需要的运动、动力性能以及精度、刚度、稳定

性、惯量等要求。同时，尽量使驱动系统和执行系统的机械特性相匹配，并接近各自的最佳工况。

（3）经济要求　满足结构简单、传动链短、小型化、轻量化、工作可靠、制造容易和运维方便等要求，以便降低成本。

下面以常见智能机电系统中几种典型的机械传动系统为例（如齿轮传动、谐波传动、同步带传动和螺旋传动）来说明传动系统的设计与选型方法。

3.4.2 齿轮传动

1. 齿轮传动的类型

齿轮传动是机械传动系统中最为常见的一种形式，可以用来传递空间两任意轴之间的运动和动力。因它具有传动准确、平稳、效率高、传动功率和速度范围广以及使用寿命长等优点，被广泛应用于各类机电产品及仪器仪表中。齿轮传动的缺点是制造和安装精度要求高、成本较高且不适宜远距离两轴间的传动。

根据两齿轮轴线的相对位置，齿轮传动可分为平面齿轮传动和空间齿轮传动两大类。平面齿轮传动又可分为直齿圆柱齿轮传动、斜齿圆柱齿轮传动和人字圆柱齿轮传动，如图3-32所示。空间齿轮传动又可分为锥齿轮传动、交错轴斜齿轮传动和蜗杆传动，如图3-33所示。

　　　　a) 直齿圆柱齿轮传动　　　　　　　　b) 斜齿圆柱齿轮传动　　　c) 人字圆柱齿轮传动

图 3-32　平面齿轮传动

　　　　　　a) 锥齿轮传动　　　　　　　　　　b) 交错轴斜齿轮传动　　　c) 蜗杆传动

图 3-33　空间齿轮传动

上述由一对相啮合的齿轮构成的传动是齿轮传动中最简单的形式。在机械传动系统中，有时为了满足主动轴与从动轴较大的传动比或较远的距离，常常需要采用一系列相互啮合的齿轮所构成的系统进行传动，这一系列齿轮所组成的传动系统，称为轮系。根据轮系运转时各齿轮几何轴线在空间中的相对位置是否变动，可将轮系分为定轴轮系、周转轮系和混合轮系三种类型，如图3-34所示。周转轮系根据自由度的不同，又可分为行星轮系和差动轮系。

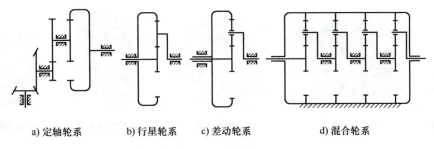

a) 定轴轮系　　b) 行星轮系　　c) 差动轮系　　d) 混合轮系

图 3-34　平面齿轮传动

轮系具有空间紧凑、传动比大、变速、换向容易以及可实现运动的合成与分解等优点，因而在汽车、航空、数控机床以及机器人领域得到了广泛应用，如汽车的变速器和后桥、飞机螺旋桨、数控机床和工业机器人所用的减速器等。

2. 传动比的确定

在机电产品中，为了实现驱动系统和执行系统转速和转矩的合理匹配，需要确定传动系统的传动比。图 3-35 所示为伺服电动机驱动齿轮传动系统和负载的计算模型。齿轮减速器作为伺服系统的一个组成部分，通常可根据负载角加速度最大原则来确定总传动比，以提高伺服系统的响应速度。最佳的传动比 i 为

$$i = \sqrt{\frac{J_L}{J_M}} \qquad (3\text{-}2)$$

式中，i 是齿轮减速器的总传动比；J_M 是伺服电动机转子的转动惯量，单位为 $kg \cdot m^2$；J_L 是负载的转动惯量，单位为 $kg \cdot m^2$。

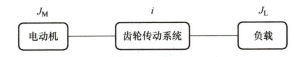

图 3-35　伺服电动机驱动齿轮传动系统和负载的计算模型

式（3-2）表明，齿轮传动系统总传动比 i 的最佳值就是将负载的转动惯量 J_L 换算到电动机轴上的转动惯量正好等于电动机转子的转动惯量 J_M，就能实现惯性负载和动力源的最佳匹配。

事实上，在智能机电系统开发过程中，齿轮减速器和伺服电动机均为外购，选用时很难得到传动比的最佳值，通常只要在规定的范围内即可。

3. 齿轮减速器产品及选用

（1）齿轮减速器的常见结构形式　根据齿轮减速器输入构件和输出构件的轴线相对位置关系，主要有同轴减速器（如行星减速器）、平行轴减速器（如圆柱齿轮减速器）、直角减速器（如锥齿轮减速器）和交错轴减速器（如蜗杆减速器）等。根据齿轮减速器输出构件的结构，通常有轴输出和法兰输出两种。图 3-36 所示为一些常见的齿轮减速器。

a）同轴减速器　　b）平行轴减速器　　c）直角减速器　　d）蜗杆减速器　　e）法兰输出减速器

图 3-36　一些常见的齿轮减速器

（2）齿轮减速器的选用步骤

1）结构形式的选择。在选择齿轮减速器的结构形式时，应结合产品的空间布局、执行系统的工作模式（如连续工作制或间歇工作制）、连接形式，以及减速器的传动比、转速及输出力矩范围等因素综合考虑。

2）传动比的选择。传动系统所需要的传动比为

$$i_c = \frac{n_{mA}}{n_{LA}} \tag{3-3}$$

式中，n_{mA} 是电动机的额定转速，单位为 r/min；n_{LA} 是执行系统的平均工作转速，单位为 r/min。

计算完成后，可根据计算结果 i_c，结合产品样本选择合适的齿轮减速器传动比 i。在满足执行系统工作转速要求的前提下，一般可取 i 稍大于 i_c，有利于动力端和执行端的特性匹配。

3）输出转矩的选择。齿轮减速器的额定输出转矩和最大加减速力矩应满足如下条件，即

$$\begin{cases} T_{GA} > K_S T_{WA} \\ T_{GB} > K_S T_{WB} \end{cases} \tag{3-4}$$

式中，T_{GA} 和 T_{GB} 分别是齿轮减速器的额定输出转矩和最大加减速力矩，单位为 N·m；T_{WA} 和 T_{WB} 分别是负载端的平均转矩和最大转矩，单位为 N·m；K_S 是负载系数，一般可根据实际工况选择。

4）输入转速的选择。一般情况下，齿轮减速器的额定输入转速 n_{GA}（单位为 r/min）和最大输入转速 n_{GB}（单位为 r/min）应分别大于电动机的额定转速 n_{mA}（单位为 r/min）和最大转速 n_{mB}（单位为 r/min）。

5）径向力和轴向力的选择。齿轮减速器输出端所能承受的最大径向力与轴向力和其内部轴系结构有关。因此，负载端所承受的径向力 F_r（单位为 N）和轴向力 F_a（单位为 N）应分别小于减速器输出端所容许的径向力 F_{rB}（单位为 N）与轴向力 F_{aB}（单位为 N）。

6）精度的选择。齿轮减速器的精度主要通过背隙来表征，通常有标准背隙、精密背隙和超精密背隙 3 种可供选择。背隙越小，精度越高，成本也越高。因此，应该根据执行系统的精度合理选择减速器的精度。

7)惯量比验算。惯量比 λ 是指负载的转动惯量与减速器的转动惯量换算到电动机轴上的转动惯量与电动机轴的转动惯量 J_M 之比,可按下式计算,即

$$\lambda = \frac{J_L/i^2 + J_G}{J_M} \tag{3-5}$$

式中,J_L、J_G 和 J_M 分别是负载、减速器及电动机轴的转动惯量,单位均为 $kg \cdot m^2$;i 是齿轮减速器的传动比。

惯量比表征了负载端和动力源的特性匹配情况,是动力源(如伺服电动机)的选用依据之一,应位于合理范围之内。

3.4.3 谐波齿轮传动

1. 工作原理及特点

如图 3-37a 所示,谐波齿轮传动装置主要由刚轮、柔轮和波发生器 3 个基本构件组成,其相当于少齿差行星齿轮传动,啮合原理如图 3-37b 所示。在波发生器(相当于行星架)的作用下,柔轮(相当于行星轮)产生弹性变形呈椭圆形,其长轴两端产生了柔轮与刚轮轮齿啮合的两个局部区域,短轴两端的轮齿与刚轮轮齿完全脱开,其余各处的轮齿则处于与刚轮啮合与脱开的过渡状态。

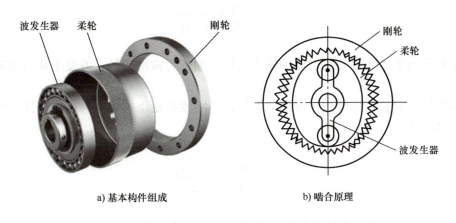

a) 基本构件组成   b) 啮合原理

图 3-37 谐波齿轮传动的基本构件组成及啮合原理

当波发生器连续转动时,柔轮与刚轮轮齿的啮合区也随之不断变化。一般情况下刚轮固定不动,由于刚轮和柔轮的齿数差为 $z_1 - z_2$(通常较小,工程应用中两齿差居多,因此也称为双波传动),当波发生器回转一周时,柔轮相对于刚轮沿相反方向转过 $z_1 - z_2$ 个齿的角度,从而达到传递运动的目的。

谐波齿轮传动装置是在行星齿轮传动的基础上发展起来的一种新型传动装置,具有结构简单、传动比大、体积小、重量轻、传动精度高、效率高、回程间隙小、传动平稳、承载力大、噪声小以及可靠性高等优点,目前已广泛应用于空间技术、机器人、机床装备、仪器仪表装置以及军事装备等多个领域。

2. 传动比计算

与行星轮系传动比计算类似，谐波齿轮传动的传动比计算公式为

$$i_{12}^3 = \frac{n_1 - n_3}{n_2 - n_3} = \frac{z_2}{z_1} \tag{3-6}$$

式中，n_1、n_2、n_3 分别是刚轮、柔轮和波发生器的转速，单位均为 r/min；z_1、z_2 分别是刚轮和柔轮的齿数。

谐波齿轮传动装置通常多用于减速，有如下两种用法。

1）刚轮固定，即 $n_1 = 0$ 时，有

$$i_{32} = \frac{n_3}{n_2} = -\frac{z_2}{z_1 - z_2} \tag{3-7}$$

在这种情况下，通常波发生器为输入构件，柔轮为输出构件，"–"表示波发生器和柔轮的转向相反。

2）柔轮固定，即 $n_2 = 0$ 时，有

$$i_{31} = \frac{n_3}{n_1} = \frac{z_1}{z_1 - z_2} \tag{3-8}$$

在这种情况下，通常波发生器为输入构件，刚轮为输出构件，波发生器和刚轮的转向相同。

谐波齿轮传动装置也可用于增速。例如，当刚轮固定，柔轮作为输入构件，波发生器作为输出构件时，有

$$i_{23} = \frac{n_2}{n_3} = -\frac{z_1 - z_2}{z_2} \tag{3-9}$$

当柔轮固定，刚轮作为输入构件，波发生器作为输出构件时，有：

$$i_{13} = \frac{n_1}{n_3} = \frac{z_1 - z_2}{z_1} \tag{3-10}$$

3. 谐波齿轮减速器产品及选用

为了提高谐波齿轮减速器的整体刚性和方便使用，谐波齿轮减速器通常采用整体式结构，即刚轮与柔轮之间采用滚动轴承支承，如图 3-38 所示。谐波齿轮减速器的选用方法及步骤与齿轮减速器基本相同，这里不再赘述。

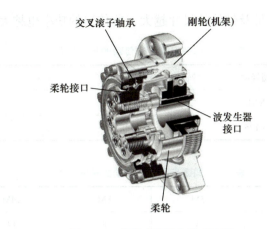

图 3-38　整体式谐波齿轮减速器

3.4.4　同步带传动

1. 同步带传动的特点及类型

如图 3-39 所示,同步带传动也称为啮合型带传动,主要是依靠同步带上的齿与带轮上的齿槽之间的啮合来传递运动和动力。

同步带传动兼具带传动、链传动和齿轮传动的优点,如传动比准确、传动平稳、传动效率高、功率传递和速比范围大、结构紧凑、噪声小、维护保养方便且费用低等,因而广泛用于传动比要求比较精确的

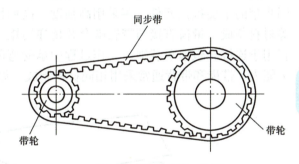

图 3-39　同步带传动的工作原理

场合,如打印机、绘图仪、录音机以及直线运动模组等精密装置。但是,同步带传动的缺点是安装精度要求较高、制造工艺复杂和成本高。

同步带传动按用途不同,可分为一般用途同步带传动、高转矩同步带传动以及特殊用途同步带传动。一般用途同步带传动采用梯形齿,多用于中、小功率传动,如各种仪器、3D 打印机以及轻工机械等。高转矩同步带传动采用圆弧齿,工作时应力分布状态较好,平缓了齿根区域的应力集中,提高了带齿的承载能力,适用于传递大功率的场合,如运输机械、石油机械、机床等。特殊用途同步带传动可以适应特殊的工作条件,如耐油、耐高温、高电阻、低噪声、特殊尺寸以及特殊规格等,如工业缝纫机、汽车发动机上使用的同步带传动。

按尺寸规格来分,同步带传动可分为模数制和节距制两种,其主要参数分别为带齿节距和模数。目前,为国际技术交流方便,同步带规格制度已逐渐统一为节距制。节距制是指采用带齿节距作为主要参数来确定相应的型号和结构参数。对于一般工业用(梯形齿)同步带传动,国家标准 GB/T 11616—2013 中按节距不同规定了 7 种型号的同步带及带轮规格,见表 3-4。对于圆弧齿同步带传动,机械行业标准 JB/T 7512—2014 中规定了 5 种型号,

见表 3-5。节距越大，同步带及带轮的尺寸越大，所传递的功率也越大。

表 3-4 梯形齿同步带传动的规格型号

名称	最轻型	超轻型	特轻型	轻型	重型	特重型	超重型
型号	MXL	XXL	XL	L	H	XH	XXH
节距/mm	2.032	3.175	5.08	9.525	12.7	22.225	31.75

表 3-5 圆弧齿同步带传动的规格型号

型号	3M	5M	8M	14M	20M
节距/mm	3	5	8	14	20

2. 同步带的结构及主要参数

如图 3-40 所示，同步带一般由带背、承载绳、包布层和带齿组成。在以氯丁橡胶为基体的同步带齿面上常会覆盖一层尼龙包布，可以增强带齿的耐磨性和抗拉强度。承载绳是同步带的主要抗拉元件，多采用高强度、高韧性、伸长率小的钢丝绳、尼龙绳或玻璃纤维等材料制成。带齿直接与带轮啮合并传递转矩，因此应具有较高的抗剪强度和耐磨性。带背用于连接和包覆承载绳，工作过程中承受弯曲应力，因此应具有良好的韧性和抗弯曲疲劳能力。带齿和带背通常采用相同材料制成，如氯丁橡胶、聚氨酯橡胶等。

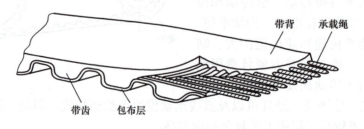

图 3-40 同步带的结构

如图 3-41 所示，同步带的主要参数有带齿节距 P_b 和节线长度 L_p。由于承载绳工作时的长度基本不变，因此承载绳的中心线被规定为同步带的节线，其长度 L_p 作为同步带的公称长度。带齿节距 P_b 是指同步带上相邻两齿的对应点沿节线度量的距离。

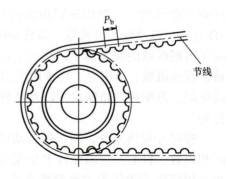

图 3-41 同步带的主要参数

3. 同步带轮的结构及主要参数

同步带轮的结构及主要参数如图 3-42 所示。按齿形可分为渐开线齿形和直边齿形两种，按带轮上挡圈数量可分为单边挡圈型、双边挡圈型和无挡圈型三种，一般采用钢、铝合金、灰铸铁、黄铜或工程塑料等材料制成，小功率、高速传动可采用铸铝或工程塑料。为防止工作过程中同步带脱落,一般情况下带轮上应安装挡圈。经常采用的方法是小带轮两侧安装挡圈,或大、小带轮的不同侧各安装单边挡圈。

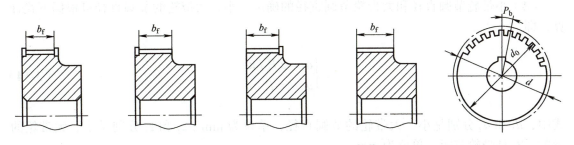

图 3-42 同步带轮的结构及主要参数

如图 3-42 所示,同步带轮的主要参数包括带轮的节圆直径 d、齿顶圆直径 d_0、带轮齿数 z、带轮节距 P_b 及带轮宽度 b_f。其中,带轮节距 P_b 是指在带轮节圆上度量的相邻两齿对应点之间的距离,其等同于同步带的带齿节距 P_b。带轮的节圆直径、齿数与节距之间的关系为

$$d = \frac{zP_b}{\pi} \quad (3\text{-}11)$$

式中,d 是带轮的节圆直径,单位为 mm;P_b 是带轮节距,单位为 mm;z 为带轮齿数。

4. 同步带传动的设计计算

下面以梯形齿同步带传动为例,来说明同步带传动的设计内容、步骤及选用方法。

(1)设计功率 P_d 的确定 同步带传动的设计功率 P_d(单位为 kW)可按下式计算,即

$$P_d = K_A P \quad (3\text{-}12)$$

式中,P 是负载功率,单位为 kW;K_A 是载荷修正系数,可根据动力源和工作机的类型、工作模式及环境等实际工况,参考相关资料(如国家标准 GB/T 11362—2021 中的表 B.3)选取。

(2)同步带类型和节距 P_b 的选择 同步带类型和节距可根据同步带传动的设计功率 P_d 和主动带轮(通常为小带轮)的转速 n_1,并对照同步带选型图来确定。同步带选型图可参考国家标准 GB/T 11362—2021 中的图 B.1,也可参考相关产品样本。

(3)小带轮齿数 z_1 和大带轮齿数 z_2 的选择 节距确定后,齿数决定了带轮的直径。直径过小会导致同步带曲率过大,影响同步带的抗弯曲性能。因此,设计时通常需要对小带轮的最小齿数进行限制,不得小于小带轮的最少许用齿数 $z_{\min}$,即 $z_1 \geq z_{\min}$。最少许用齿数 $z_{\min}$ 可根据小齿轮的转速 n_1,并参考国家标准 GB/T 11362—2021 中的表 B.6 或相关产品样本进行确定。

大齿轮的齿数 z_2 可由传动比和小带轮齿数 z_1 确定,即

$$z_2 = i z_1 \tag{3-13}$$

式中，i 是同步带传动的传动比；z_1 和 z_2 分别是小、大带轮的齿数。

（4）小带轮节圆直径和大带轮节圆直径的确定　小、大带轮的节圆直径可根据下式计算，即

$$\begin{cases} d_1 = z_1 P_b / \pi \\ d_2 = z_2 P_b / \pi \end{cases} \tag{3-14}$$

式中，d_1 和 d_2 分别是小、大带轮的节圆直径，单位为 mm；z_1 和 z_2 分别是小、大带轮的齿数；P_b 是带轮节距，单位为 mm。

（5）带速 v 的验算　不同规格的同步带，所允许的最大带速不同。因此，同步带传动过程中的带速应满足如下条件，即

$$v = \frac{\pi d_1 n_1}{60 \times 1000} < v_{\max} \tag{3-15}$$

式中，v 和 $v_{\max}$ 分别是同步带工作时的线速度和最大允许线速度，单位均为 m/s，可参考国家标准 GB/T 11362—2021 中的表 B.7 或相关产品样本进行验算；d_1 是小带轮的节圆直径，单位为 mm；n_1 是小带轮的转速，单位为 r/min。

（6）中心距和同步带节线长度的初步确定　同步带传动的中心距一般按照机械系统的结构要求确定，若无特殊要求，初定中心距 a_0（单位为 mm）可按下式计算，即

$$0.7(d_1 + d_2) \leq a_0 \leq 2(d_1 + d_2) \tag{3-16}$$

同步带的节线长度 L_{P0}（单位为 mm）可按下式近似计算，即

$$L_{P0} \approx 2a_0 \cos\phi + \frac{\pi(d_1 + d_2)}{2} + \frac{\pi\phi(d_2 - d_1)}{180} \tag{3-17}$$

式中，$\phi = \arcsin\left(\dfrac{d_2 - d_1}{2a_0}\right)$，单位为 rad。

根据初算节线长度 L_{P0} 的计算结果，参考国家标准 GB/T 11616—2013 中的表 3、表 4 或相关产品样本选择最接近的标准节线长度 L_P。

（7）实际中心距的确定　同步带传动的实际中心距 a（单位为 mm）可按下式计算，即

$$a = \frac{P_b(z_2 - z_1)}{2\pi \cos\theta} \tag{3-18}$$

式中，θ 可看成是小带轮包角的一半，单位为 rad，可按 $\mathrm{inv}\theta = \pi \dfrac{z_b - z_2}{z_2 - z_1}$ 进行计算（z_b 为带的

齿数），并用逐步逼近法或查渐开线函数表来确定。

（8）小带轮啮合齿数的验算　小带轮的啮合齿数 z_m 可按下式计算后并取整，即

$$z_m = \frac{z_1}{2} - \frac{P_b z_1}{2\pi^2 a}(z_2 - z_1) \tag{3-19}$$

式中，z_m 是小带轮的啮合齿数，同步带传动中一般应 $z_m \geq 6$；a 是同步带传动的实际中心距，单位为 mm；P_b 是带轮节距，单位为 mm。

（9）同步带宽 b_s 的验算　在同步带传动中，带宽可按下式计算，即

$$b_s \geq b_{s0}\left(\frac{P_d}{K_z P_0}\right)^{\frac{1}{1.14}} \tag{3-20}$$

式中，b_{s0} 是同步带的基准宽度，单位为 mm，可参考国家标准 GB/T 11362—2021 中的表 2 选取；K_z 是同步带传动的啮合齿数系数，当 $z_m \geq 6$ 时，可取 $K_z=1$；P_0 是同步带的基准额定功率，单位为 kW，可参考国家标准 GB/T 11362—2021 中的表 B.9～B.15 选取。

（10）工作能力的验算　所选同步带传动的额定功率 P 可按下式计算，应大于或等于设计功率 P_d，即

$$P = (K_z K_W T_a - \frac{b_s m v^2}{b_{s0}}) v \times 10^{-3} \geq P_d \tag{3-21}$$

式中，K_z 是同步带传动的啮合齿数系数，可按照式（3-20）选取；K_W 是同步带的宽度系数，可按 $K_W = \left(\frac{b_s}{b_{s0}}\right)^{1/1.14}$ 计算；T_a 是同步带的许用工作张力，单位为 N，可参考国家标准 GB/T 11362—2021 中的表 B.8 选取；m 是同步带单位长度的质量，单位为 kg/m。

3.4.5 滚动螺旋传动

1. 滚动螺旋传动的结构及特点

滚动螺旋传动是在螺杆和螺母的螺旋滚道间布置有适量滚动体，利用滚珠丝杠副来传递运动和动力的装置，可以实现旋转运动和直线运动之间的转换，主要由丝杠、螺母、滚珠以及滚珠循环返回装置（返向器）四部分组成，如图 3-43 所示。

按照滚珠在整个循环过程中与丝杠表面接触的情况，可分为内循环和外循环两种结构类型，如图 3-44 和图 3-45 所示。内循环结构中的滚珠在循环过程中始终与丝杠表面保持接触，

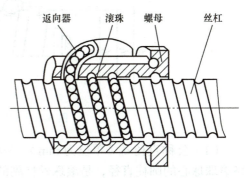

图 3-43　滚动螺旋传动结构示意图

螺母内部组装有连接相邻滚道的返向器，引导滚珠越过丝杠螺纹顶部进入相邻滚道，形成一个循环回路。内循环结构具有回路短、流畅性好、效率高、径向尺寸小等优点，缺点是返向器加工困难、装配调整不方便等。外循环结构中的滚珠在循环返向时离开丝杠螺纹滚道，在螺母体内或体外经由弯管、端盖槽、螺旋槽等结构形成循环回路。外循环结构具有结构简单、制造容易等优点。

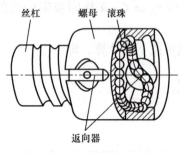

图 3-44　内循环结构

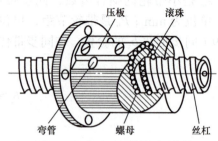

图 3-45　外循环结构

由于丝杠和螺母之间为滚动摩擦，滚动螺旋传动具有如下特点。
1）摩擦阻力小，低速时无爬行现象。
2）传动平稳，噪声小。
3）可获得大的力增益，传动能力强，传动效率高（可达 90% 以上）。
4）经调整和预紧后，可提高传动精度。
5）磨损小，使用寿命长。
6）结构复杂，制造较困难，抗冲击性能不如滑动螺旋传动。

因此，滚动螺旋机构在精密机械、数控机床、测量机械以及机器人等领域得到广泛应用。目前，滚动螺旋传动装置有很多已经产品化和系列化，给设计人员带来很大方便。

2. 滚动螺旋传动的主要尺寸参数

滚动螺旋传动的主要尺寸参数如图 3-46 所示，包括公称直径 d_0、导程 P_h、行程 l 等。

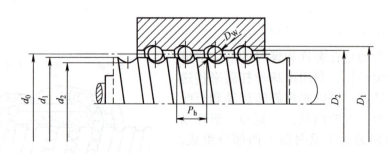

图 3-46　滚动螺旋传动的主要尺寸参数

（1）公称直径 d_0（单位为 mm）　公称直径是指滚珠与螺纹滚道在理论接触角状态时包络滚珠球心的圆柱直径，是滚珠丝杠副的特征尺寸。公称直径越大，承载能力和刚度越强。

（2）导程 P_h（单位为 mm）　导程是指丝杠相对于螺母旋转一转时，螺母上基准点的轴向位移。导程的选取与螺母移动速度、丝杠转速以及负载大小有关。

（3）行程 l 行程是指丝杠相对于螺母旋转任意角度时，螺母上基准点的轴向位移。行程、导程及丝杠转角之间的关系为

$$l = \frac{\varphi}{2\pi} P_h \quad (3\text{-}22)$$

式中，l 是滚动螺旋传动的行程，单位为 mm；φ 是丝杠的转角，单位为 rad；P_h 是丝杠的导程，单位为 mm。

此外，滚动螺旋传动的主要尺寸参数还包括丝杠大径 d_1、丝杠小径 d_2、螺母大径 D_1、螺母小径 D_2 以及滚珠直径 D_w 等。

3. 滚动螺旋传动轴向间隙的调整及预紧方式

因加工误差等原因，滚珠丝杠副一般会存在轴向间隙。滚珠丝杠副在承受载荷时，滚珠与滚道接触点产生的弹性变形也会使滚珠单侧存在轴向间隙。当传动换向时，轴向间隙会导致空回现象，从而直接影响滚珠螺旋传动的工作精度和系统的动态性能。因此，需要采取措施消除滚珠丝杠副的轴向间隙，还可以改善滚珠螺旋传动的刚性。在实际应用中，常采用如下几种预紧方法来控制其轴向间隙。

（1）双螺母垫片预紧 在图 3-47 所示的滚珠丝杠副中，通过调整垫片厚度，使两个螺母产生相反的轴向位移（压缩式预紧为互相靠近，拉伸式预紧为互相远离），以达到消除间隙和预紧的目的。该方法结构简单、拆卸方便、工作可靠、刚性好。不足之处是螺母长度尺寸大，导致在相同的工作行程下丝杠的总长度大。

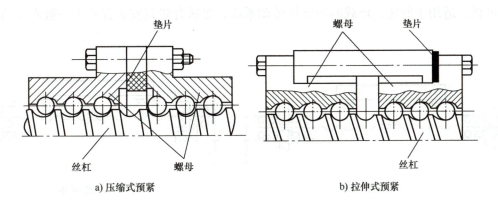

图 3-47 双螺母垫片预紧方式

（2）单螺母预紧 图 3-48a 所示为通过螺母内螺纹导程产生变位量 $\pm \Delta P_h$ 来消除间隙和实现预紧的，其预紧力的大小由 $\pm \Delta P_h$ 和径向间隙确定。该方法结构简单、尺寸紧凑、成本低，不足之处在于制造困难，且使用中不能调整。图 3-48b 所示为通过采用安装直径比正常值大几微米的滚珠进行预紧装配的方法，属于通过过盈量来消除间隙和实现预紧的，一般用于滚道截面为双圆弧形的滚珠丝杠副。该方法结构简单、尺寸紧凑，但不适用于预紧力过大的场合，且不可调整。

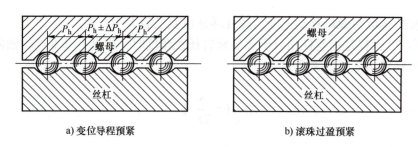

图 3-48　单螺母预紧方式

需要注意的是，过大的预紧力将造成摩擦扭矩的增大，随之而来的温升效应会导致滚珠丝杠副预期寿命的缩短。因此，针对不同使用场合，应合理选择预紧力的大小。

4. 滚动螺旋传动的支承形式

为了满足传动系统的精度、刚度要求，滚动螺旋传动装置在设计时还需要选择合理的支承结构。常用的支承形式有如下几种。

（1）两端固定（双推–双推）　如图 3-49a 所示，这种支承结构的特点是轴向刚度高，适宜高精度、高刚度和高负载场合。缺点是结构复杂，成本高，且随着温度的升高，两端支承的预紧力会增大。

（2）两端单向固定（单推–单推）　如图 3-49b 所示，这种支承结构的特点是轴向刚度较高，适宜中速、高精度场合。

（3）一端固定，一端游动（双推–简支）　如图 3-49c 所示，这种支承结构的特点是轴向刚度不高，适用于中速、较高精度的长丝杠传动系统。

（4）一端固定，一端自由（双推–自由）　如图 3-49d 所示，这种支承结构的特点是轴向刚度低，适用于低速、轻载的短丝杠传动系统，更适合竖直安装方式（一般固定端位于上方）。

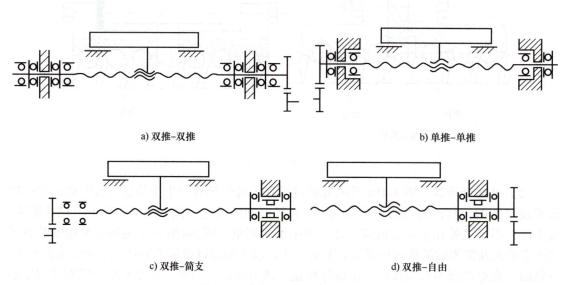

图 3-49　滚动螺旋传动的支承形式

5. 滚珠丝杠副的设计计算

滚珠丝杠副的设计步骤及方法如下。

（1）精度的选择　滚珠丝杠副的工作精度与制造工艺、导程误差、预紧程度、材料以及成本等因素密切相关。因此，在设计选用时，在满足使用要求的情况下，尽可能选用较低精度的滚珠丝杠副。具体选择时，可参考滚珠丝杠副相关国家标准 GB/T 17587.3—2017 或产品样本，并结合实际使用条件及相关参考资料，合理确定公差等级。

（2）导程的选择　滚珠丝杠的导程 P_h 可按下式计算，并根据产品样本进行选用，即

$$P_h \geqslant \frac{60 \times 1000 v_{max}}{n_{max}} \qquad (3-23)$$

式中，v_{max} 是工作台的最大移动速度，单位为 m/s；n_{max} 是丝杠的最大转速，单位为 r/min。

（3）丝杠螺纹长度的确定　滚珠丝杠的螺纹长度由工作台的实际行程、滚珠螺母长度决定，同时还要留有一定的安全长度。安全长度可视具体要求确定。例如，若行程两端需要安全限位开关，则需要考虑开关的响应位置、响应时间以及安全保护等因素。

（4）额定动载荷 C_m 的计算　当滚珠丝杠副无预紧时，预期的额定动载荷 C_{m1}（单位为 N）可按下式计算，即

$$C_{m1} = \frac{f_w F_m \sqrt[3]{60 n_m L_h}}{100 f_a f_c} \qquad (3-24)$$

式中，F_m 是当量轴向载荷，单位为 N；L_h 是预期工作寿命，单位为 h；n_m 是丝杠的当量转速，单位为 r/min；f_w 是载荷性质系数，可参考相关资料选取；f_a 是精度系数，可参考相关资料选取；f_c 是可靠性系数，可参考相关资料选取。

当滚珠丝杠副有预紧时，预期的额定动载荷 C_{m2}（单位为 N）可按下式计算，即

$$C_{m2} = f_e F_{max} \qquad (3-25)$$

式中，F_{max} 是最大轴向载荷，单位为 N；f_e 是预加载荷系数，可参考相关资料选取。

因此，滚珠丝杠副的预期额定动载荷可取 $C_m = \max\{C_{m1}, C_{m2}\}$。

（5）滚珠丝杠螺纹小径 d_2 的计算　滚珠丝杠螺纹小径 d_2 可按下式计算，即

$$d_2 \geqslant a \sqrt{\frac{\mu_0 WL}{\delta_m}} \qquad (3-26)$$

式中，W 是滚珠丝杠副拖动工作台的质量，单位为 kg；L 是滚珠丝杠副两轴承支点的距离，单位为 mm，常取 $L = 1.1 \times$ 行程 $+ (10 \sim 14) P_h$；δ_m 是滚珠丝杠最大允许轴向变形，单位为 μm，常取（1/4～1/3）重复定位精度和（1/5～1/4）定位精度中的较小值；a 是滚珠丝杠副的支承方式系数，可参考相关资料选取；μ_0 是导轨静摩擦系数，可参考相关资料选取。

（6）滚珠丝杠副规格型号的确定　结合具体使用要求，选择合适的滚珠循环类型、预紧方式、螺母形式、润滑方式及滚珠丝杠的长度尺寸等，并依据上述计算结果，按照相关

滚珠丝杠产品样本确定其规格型号。由于滚珠丝杠两端的支承结构会因具体要求的不同而不同，因此一般还应绘制滚珠丝杠副的工程图样，并依据图样对滚珠丝杠的两端结构进行定制加工。

3.5 机械结构设计

3.5.1 轴系支承结构的设计

1. 轴系支承结构的基本要求

轴系是指由轴、轴承以及安装在轴上的回转零件（如联轴器、齿轮、带轮）等组成的有机整体，其主要作用是传递转矩及精确的回转运动。在设计轴系支承结构时，通常需要考虑如下几方面的要求。

（1）旋转精度　旋转精度是指装配后在无负载及低速旋转条件下，轴前端的径向及轴向跳动量，其大小取决于轴系各组成零件及支承部件的加工精度和装配精度。在工作转速下，轴系的旋转精度即为运动精度，与轴系的转速、动平衡状态以及轴承性能有关。

（2）刚度　轴系的刚度反映了轴系组件抵抗静、动载荷变形的能力。例如，抗弯刚度和抗扭刚度分别是指在弯矩、转矩载荷下产生的挠度和扭转角。对于比较重要的轴系，除进行强度计算外，还需进行刚度验算。

（3）抗振性　轴系的振动通常表现为强迫振动和自激振动两种形式，其原因主要来自于轴承组件质量不均匀引起的不平衡、轴系的刚度以及外载荷。轴系的振动会直接影响轴系的旋转精度和寿命。对于高转速或高精度要求的轴系，必须通过提高刚度、增大阻尼比等措施来改善其抗振性。

（4）热变形　轴系的温度变化会导致轴发生热变形或使轴系零件间隙发生变化，从而影响整个传动系统的传动精度、旋转精度及位置精度。对于比较重要的场合，应采取增加散热面积、使用冷却液以及加装冷却装置等措施将轴系的温升控制在许用范围之内。

2. 轴系支承结构设计的一般步骤

当轴上回转零件已经确定时，轴系支承结构的设计主要是指轴的结构设计和滚动轴承的选用。由于滚动轴承是标准件，一方面可根据轴的结构尺寸及载荷性质进行合理选用，同时反过来也会作为设计与滚动轴承配合的轴颈尺寸的参考。因此，下面主要介绍轴结构设计的一般方法及步骤。

（1）轴上零件装配方案的制定　结构设计前，首先应该确定轴上零件的装配方案，即确定出轴上零件的装配方向、装配顺序和相互关系。图3-50a 所示为轴上零件的一种装配方案，即齿轮、套筒、右端轴承、右端轴承端盖和半联轴器依次从轴的右端向左安装，而左端轴承和左端轴承端盖则依次从左向右安装。图3-50b 所示为另一种装配方案。显然，装配方案不同，轴的结构也不同。通过对比可知，图3-50b 所示结构采用了一个用于轴向定位的长套筒，使轴系的零件增多、成本增加。因此，图3-50a 所示装配方案较为合理。

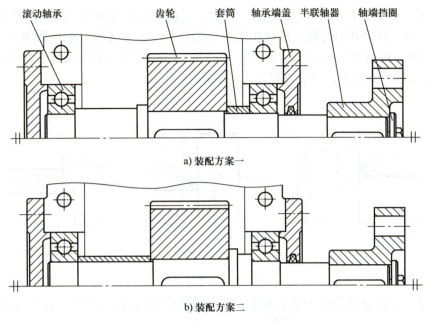

a) 装配方案一

b) 装配方案二

图 3-50 轴上零件的装配方案

（2）轴上零件的定位与固定　为保证轴上零件能正常工作，零件在轴上必须有准确的工作位置，而且应该保证轴上零件在承受载荷时不产生沿轴向或周向的相对运动，因此，轴上零件不但应具有准确的定位，而且固定还要可靠，以保证能传递要求的运动和动力。

1）轴向定位与固定。当选择轴上零件的轴向定位与固定方法时，主要应考虑轴向力的大小、轴的加工、轴上零件拆装的难易程度、对轴强度的影响以及工作可靠性等因素的影响。图 3-51 所示为常用的轴向定位与固定方法。下面对部分常用结构进行详细说明。

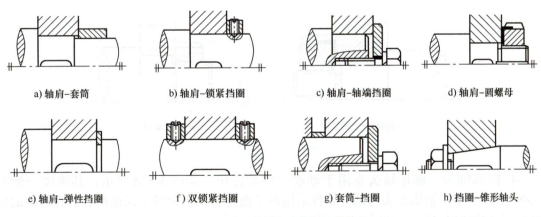

图 3-51 常用的轴向定位与固定方法

① 轴肩与轴环。由定位面和过渡圆角组成，如图 3-52 所示。轴肩与轴环结构简单、定位可靠，常用于轴向载荷较大的场合，其缺点是会加大轴的直径，并在截面变化处产生应力集中。在图 3-52a、b 中可以看出，为了保证零件能紧靠轴肩（或轴环）的定位面而使定位准确可靠，其过渡圆角半径 r 必须小于与之相配合的零件毂孔端部的圆角半径 R

（如滚动轴承）或倒角尺寸 C（如齿轮）。通常，定位轴肩（或轴环）的高度推荐值为：$h = (0.07 \sim 0.1)d$，其中 d 为与轴上零件相配合处的直径。轴环宽度一般可取为 $b \geq 1.4h$。除了定位轴肩外，还有非定位轴肩，如图 3-52c 所示，其轴径变化的目的仅是便于加工与装配，轴肩高度无严格规定，一般可取为 1~2mm。

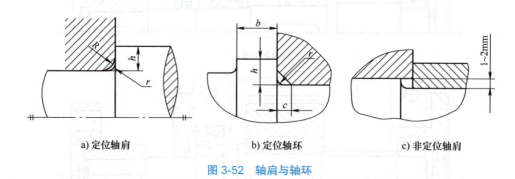

图 3-52 轴肩与轴环

② 套筒。套筒通常适用于轴上两个零件之间的定位与固定（图 3-51a）。它具有结构简单、定位可靠以及减少应力集中源等优点。由于套筒的两个端面为工作面，因此平行度和垂直度要求较高。当轴上两个零件相距较远时，不宜采用套筒定位，以避免增加轴系的质量和材料。此外，由于套筒与轴之间的配合为间隙配合，也不适用于轴高速旋转的情况。

③ 圆螺母。圆螺母常用于轴端零件的固定，也适用于轴上相距较远（不宜采用套筒定位）的两相邻零件间的定位与固定，如图 3-53 所示。使用时，常采用双圆螺母或圆螺母+止动垫片两种形式，可以防止连接松动，提高可靠性。圆螺母具有装拆方便、可承受较大轴向载荷等优点，但轴上螺纹处存在较大的应力集中，从而会降低轴的疲劳强度。因此，一般采用细牙螺纹以减小应力集中和对轴强度的影响。

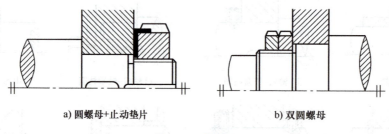

图 3-53 圆螺母

④ 锥形轴头。锥形轴头常用于轴端零件的定位，如图 3-51h 所示，其锥度一般取 1:30~1:8。由于锥形轴头与轴上零件采用圆锥面配合，因而易于保证两者具有较高的同轴度，并能同时起到一定的周向固定作用。

⑤ 轴端挡圈。轴端挡圈也称为轴端挡板，常用于轴端零件的固定，如图 3-54 所示，可承受较大的轴向载荷，而且具有简单可靠、装拆方便等优点。通常采用单螺钉+锁定圆柱销或双螺钉+止动垫片两种方法，使挡圈压紧轴上被固定零件的端面。

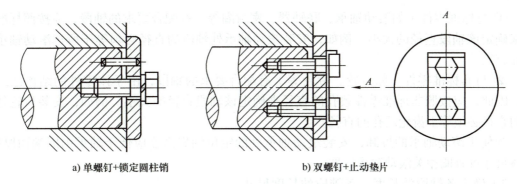

a) 单螺钉+锁定圆柱销   b) 双螺钉+止动垫片

图 3-54　轴端挡圈

⑥ 弹性挡圈。当轴向载荷较小时，可采用弹性挡圈实现固定，如图 3-55 所示。由于使用弹性挡圈时需要在轴上加工出环形槽，因此对轴的强度削弱较大。

⑦ 紧定螺钉。如图 3-51f 所示，紧定螺钉可单独使用，也可与锁紧挡圈配合使用，其优点是可同时起到轴向和周向固定的作用，但仅适用于轴向载荷较小的场合。

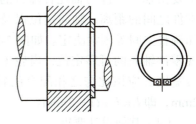

图 3-55　弹性挡圈

2）周向定位与固定。轴上零件要实现运动和动力的正确传递，就必须实现可靠的周向定位与固定，以限制轴上零件与轴之间的相对转动。常用的周向定位与固定方法有键、花键、销、胀紧套及紧定螺钉等。图 3-56 所示为几种常用的轴上零件的周向定位与固定方法。

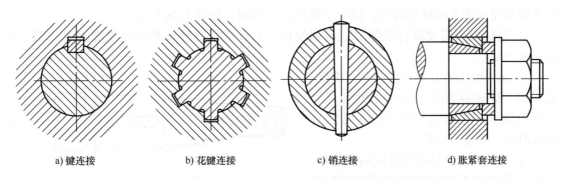

a) 键连接　　b) 花键连接　　c) 销连接　　d) 胀紧套连接

图 3-56　几种常用的轴上零件的周向定位与固定方法

周向定位与固定方法的选择，常受到载荷的大小与性质、轴与轮毂的对中性精度以及加工难易程度等因素的影响。例如，一般情况下的齿轮与轴之间可采用平键连接，需要传递的载荷较大且对中要求较高时，可采用花键连接，轻载时则可采用紧定螺钉连接等。

（3）轴几何尺寸的确定

1）确定各轴段的直径。由于阶梯轴的最小轴径通常在轴端，其大小可参考相关资料估算得到。然后就可以参考轴上零件的装配方案及定位与固定方法，来确定各轴段直径的大小。通常需要注意以下几点。

① 与标准零件（如滚动轴承、联轴器、密封圈等）有配合要求的轴段，应按照标准直径来确定该轴段直径的大小。例如，安装滚动轴承处轴段的直径必须等于所选滚动轴承的内孔直径。

② 与非标准零件（如齿轮、带轮等）有配合要求的轴段，由于该零件的结构已经确定，因此，应按照非标准零件毂孔的直径来确定该轴段直径的大小。例如，安装齿轮处轴段的直径必须等于齿轮毂孔的直径。

为便于滚动轴承的拆卸，安装滚动轴承处的定位轴肩高度应低于轴承内圈端面厚度，具体尺寸可查阅相关滚动轴承标准。

2）确定各轴段的长度。各轴段的长度尺寸，主要由轴上零件与轴配合部分的轴向尺寸、相邻零件之间的距离、轴向定位以及轴上零件的装配和调整空间等因素决定。如图 3-57 所示，为了实现零件轴向的可靠定位，齿轮（或联轴器）的轮毂宽度 l_1 应该比与之相配合的轴段长度 l_2 长 1～2mm，即 $l_1 = l_2 + (1～2)\text{mm}$。

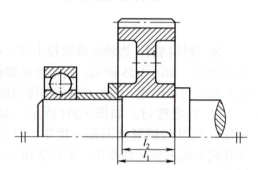

图 3-57 配合轴端的长度尺寸

（4）其他设计要点

1）轴的结构工艺性。在进行结构设计时，还应该保证轴具有良好的加工和装配工艺性，以达到提高生产率、降低成本等目的。轴结构设计时一般需要注意以下几点。

① 在满足要求的情况下，轴的结构应尽量简单，阶梯数尽可能少，以减少加工时间和减小应力集中。

② 同一轴有多个轴段上设有键槽时，键槽应开在轴的同一条母线上，以保证工件一次装夹即可完成多个键槽的加工，减少了辅助加工时间，如图 3-58 所示。

③ 当轴段上需要进行磨削加工或螺纹加工时，应留有砂轮越程槽或螺纹退刀槽，如图 3-59 所示。

④ 同一轴上所有的过渡圆角、倒角、退刀槽、砂轮越程槽以及中心孔等尺寸应尽可能统一，以减少所需刀具数目和换刀时间，并便于检验。

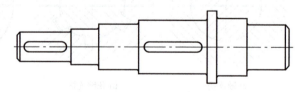

图 3-58 键槽的布置

⑤ 轴端及部分轴段端部应制成倒角，以防止锐棱或毛刺划伤轴上零件的配合表面，也便于装配。

⑥ 在满足要求的情况下，轴的加工精度应尽可能低，以降低加工成本。

⑦ 当轴与轴上零件采用过渡或过盈配合时，若配合轴段的装入端过长，则可采用非定位轴肩结构、同一轴段不同部位选用不同的尺寸公差或在装入端加工出导向圆锥面，如图 3-60 所示。

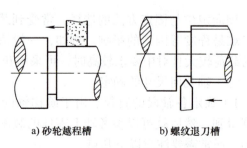

a) 砂轮越程槽　　b) 螺纹退刀槽

图 3-59 砂轮越程槽与螺纹退刀槽

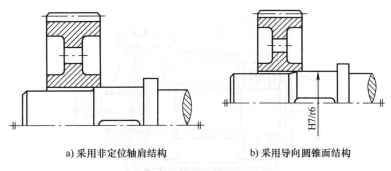

a) 采用非定位轴肩结构　　　　b) 采用导向圆锥面结构

图 3-60　过盈配合时轴上零件的装配

2）轴系的调整（间隙调整和位置调整）。轴结构在装配时，轴承的间隙、零件的位置均应合适、准确，才能保证轴系的工作性能。因此，设计时一般应考虑相应的调整措施。

图 3-61 所示为两种常用轴承间隙的调整方法，以保证因温升轴伸长时的热膨胀间隙，避免工作时摩擦阻力过大。图 3-61a 中是通过加减轴承端盖与机座之间的垫片进行调整。图 3-61b 中是通过螺钉带动轴承外圈压盖的轴向移动，来调整轴承的松紧程度。调整好后拧紧螺母，起防松作用。

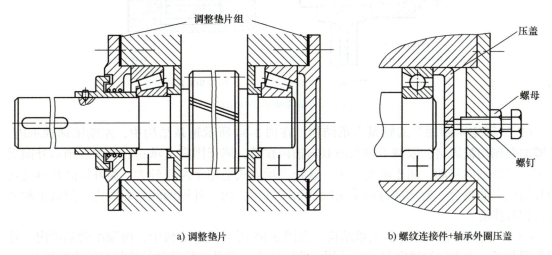

a) 调整垫片　　　　b) 螺纹连接件+轴承外圈压盖

图 3-61　两种常用轴承间隙的调整方法

图 3-62 所示为轴系位置的调整方法。通过轴系的左右移动，保证小锥齿轮和大锥齿轮（图 3-62 中未画出）处于正确的工作位置。通过调整套杯与机座之间垫片 1 的厚度来改变锥齿轮的轴向位置。垫片 2 用于调整轴承的间隙。

3. 常见轴系支承结构举例

（1）转动副的常见结构　转动副在执行机构中应用非常广泛。图 3-63 所示为转动副的两种结构，杆件 1 和杆件 2 可以相对转动。一般情况下，为了保证杆件相对转动的灵活性，两者沿轴向方向上需保留一定的间隙（可靠公差来保证），因此一般用于低速或精度不高的场合。

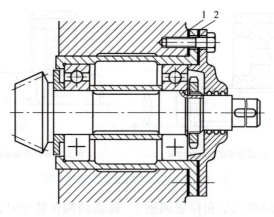

图 3-62 轴系位置的调整方法
1、2—垫片

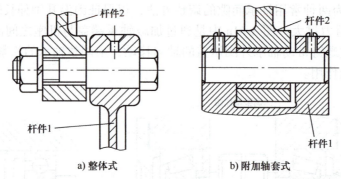

a) 整体式　　　　　　　　b) 附加轴套式

图 3-63 转动副的两种结构

（2）"固定 + 游动"的轴系支承结构　在图 3-64 所示轴系结构中，左端滚动轴承内、外圈的两侧均被固定，限制了轴系的双向轴向移动，属于固定支承；右端滚动轴承外圈无固定，可沿轴向移动，属于游动支承。这种支承方式适用于跨距较大、温升较高且轴受热伸长量较大的场合。游动端也可采用圆柱滚子轴承，内、外圈两侧均需固定，但滚子和外圈可相对移动。

（3）"单向固定"的轴系支承结构　在图 3-65 所示轴系结构中，两端滚动轴承内、外圈各限制了一个方向的轴向移动，适用于跨距较小、温升较低且轴的伸长量较小的场合。

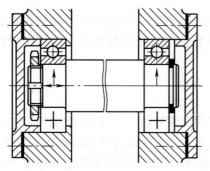
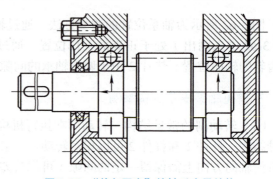

图 3-64 "固定 + 游动"的轴系支承结构　　　图 3-65 "单向固定"的轴系支承结构

（4）"固定+自由"的轴系支承结构　在图3-66所示轴系结构中，左端为固定支承，右端无支承，属自由端，适用于低速、轻载和竖直安装（固定端常位于上方，滚珠丝杠主要受拉力，工况条件好）的场合。

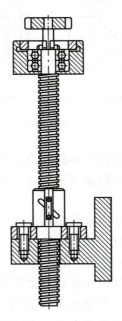

图3-66　"固定+自由"的轴系支承结构

3.5.2　移动支承结构的设计

1. 移动支承结构的基本要求

移动支承结构主要是用来支承和限制运动部件按照规定的运动方向和运动要求进行移动，一般由支承导轨（也称为静导轨）和运动导轨（也称为滑块）两部分组成，通常是指直线导轨副，如数控机床工作台、桁架式机器人的往复移动等。

根据导轨面间的摩擦性质，一般可分为滑动摩擦导轨副、滚动摩擦导轨副和流体摩擦导轨副。流体摩擦导轨副具有摩擦系数极小、磨损少、发热少、低速无爬行、工作稳定、精度高、使用寿命长等优点，但结构复杂、成本高，一般用于精密加工、精密测量及半导体制造等领域，如精密加工机床、三坐标测量机、干涉仪等。

根据导轨面的接触特点，一般可分为棱柱面接触式和圆柱面接触式两种，如图3-67所示。圆柱导轨副由于具有移动和转动两个自由度，通常需成对使用。

直线导轨副在智能机电系统中应用非常广泛，设计时一般应满足如下基本要求。

（1）导向精度　导向精度是指导轨副中运动导轨的实际运动轨迹与预设运动轨迹之间的准确程度，可通过直线度、平行度进行评价。

（2）耐磨性　耐磨性在一定程度上反映了直线导轨副在使用过程中保持导向精度的能力。由于导轨副在工作过程中磨损不可避免，因此，设计时应合理选择配对材料减少磨损，或增加调整装置进行间隙补偿。

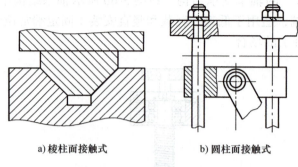

图 3-67　棱柱面接触式和圆柱面接触式直线导轨副

（3）刚度　刚度表征了导轨副抵抗变形的能力，影响导轨的导向精度及工作时零部件之间的相对位置。通常可通过加大导轨副规格尺寸、增加导轨副数量等措施来保证导轨副具有足够的刚度。

（4）精度保持性　精度保持性是决定导向精度能否长期保持的关键因素，主要与导轨副材料、导轨面摩擦性质、载荷状况、相对运动速度、润滑以及防护条件等因素有关。设计时应该从多方面综合考虑，保证在使用寿命内能满足导向精度要求。

（5）低速运动平稳性　运动部件低速运动或微量位移时，容易受摩擦系数变化和系统刚性不够等原因产生"爬行"现象，导致运动平稳性变差。设计时可考虑采取改善润滑、采用滚动导轨或贴塑导轨等措施减小摩擦系数，或减小接合面、改善结构、缩短传动链等方法提高系统刚度。

（6）结构工艺性　设计导轨时，应力求结构简单，制造容易，调整和维护方便，最大限度地降低生产成本。

2. 滑动导轨副

（1）滑动导轨副的截面形状及组合形式　根据导轨副的截面形状不同，可分为三角形、矩形、燕尾形、圆形等，每种又可分为凸形和凹形两类，见表3-6。三角形导轨副承载面与导向面重合，磨损量能自动补偿，导向精度较高。矩形导轨副承载面（顶面）和导向面（侧面）分开，精度保持性好，加工维修方便，但导向面磨损后不能自动补偿，适用于载荷较大但导向精度要求不高的场合。燕尾形导轨副承受倾覆力矩大，结构紧凑，间隙调整方便，但磨损后不能自动补偿，加工、检验、维修比较复杂，适用于受力小、要求间隙调整方便的场合。圆形导轨副制造精度高、工艺性好，但磨损后调整和间隙补偿困难，通常成对使用。

表 3-6　导轨副的截面形状

类型	对称三角形	不对称三角形	矩形	燕尾形	圆形
凸形	45°45°	90° 15°~30°		55° 55°	

(续)

类型	对称三角形	不对称三角形	矩形	燕尾形	圆形
凹形	90°~120°	65°~70° / 90°		55° 55°	

在需要高精度或大载荷的情况下，滑动导轨副也可组合使用，常用组合形式如下：

1）双矩形组合。如图 3-68 所示，导轨副的承载面和导向面分开，制造、调整简单，接触刚度低。导向面磨损后，间隙可通过镶条调整。设计时，导向面可以选择一个导轨副的两侧面，或两个导轨副各用一个侧面作为导向面。前者导向间距小（图 3-68），加工测量方便，可获得较高的平行度。后者导向间距大，承载能力大，但导向精度低。

2）双三角形组合。如图 3-69 所示，两条导轨同时起支承和导向作用，磨损均匀，可自动补偿垂直和水平方向的磨损，导向精度和精度保持性高，接触刚性好，但工艺性差、检验维修不便，常用于精度要求较高的设备，如坐标镗床等。

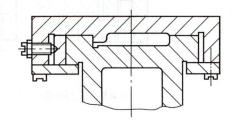

图 3-68 双矩形导轨副

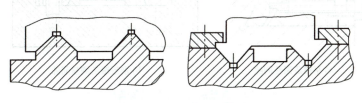

图 3-69 双三角形导轨副

3）"三角形+矩形"组合。如图 3-70a 所示，"三角形+矩形"组合导轨副兼有三角形导轨的导向精度高和矩形导轨制造方便、刚度高等优点。但由于两条导轨上的摩擦力和磨损量不同，影响其等高性和导向精度。因此，结构设计时，可通过载荷的非对称布置，使导轨的摩擦阻力合力与牵引力尽量在同一直线上，避免产生附加力矩。图 3-70b 所示 "三角形+平面"组合导轨副可看作是 "三角形+矩形"组合导轨副的一种特例，同样具有上述特点，由于无闭合导轨装置，主要适用于载荷向下的场合。

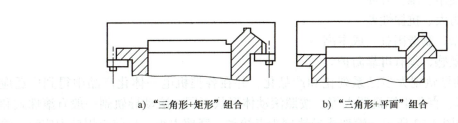

a)"三角形+矩形"组合　　　b)"三角形+平面"组合

图 3-70 "三角形+矩形"组合导轨副

（2）滑动导轨副的间隙调整　滑动导轨副在工作时，其导轨面之间应该保持适当的间隙。间隙过大，会降低导向精度和稳定性。间隙过小，会增加摩擦阻力和降低灵活性。若靠加工保证间隙，耗时多、成本高，而且导轨长期使用后都会因磨损导致间隙增加。因此，滑动导轨副在设计时通常需要考虑间隙调整措施。常用的间隙调整方法有压板法和镶条法两种。图 3-71 所示为矩形导轨副的间隙调整方法。图 3-72 所示为燕尾形导轨副的间隙调整方法。

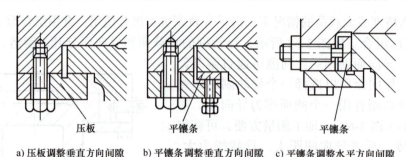

a）压板调整垂直方向间隙　　b）平镶条调整垂直方向间隙　　c）平镶条调整水平方向间隙

图 3-71　矩形导轨副的间隙调整方法

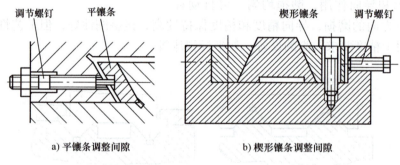

a）平镶条调整间隙　　　　　b）楔形镶条调整间隙

图 3-72　燕尾形导轨副的间隙调整方法

3. 滚动导轨副

（1）滚动导轨副的特点及类型　与滑动导轨副相比，滚动导轨副具有如下特点。

1）摩擦系数小（常为 0.003~0.005）、运动灵活，不易出现爬行现象。
2）移动速度和响应速度快。
3）可通过预紧提高刚性。
4）定位精度高、使用寿命长。
5）安装、使用、维护方便。
6）接触应力大、抗振性差。
7）结构复杂、制造困难、成本高。
8）对脏物敏感，须有可靠防护。

目前，滚动导轨副大多已系列化和产品化，并在各类机电一体化产品中得到广泛应用，如数控机床、直角坐标机器人等。按照滚动体形状不同，滚动导轨副一般有滚珠式和滚柱式两种，如图 3-73 所示。滚珠式导轨副为点接触，摩擦力小，目前应用较为广泛。滚柱式导轨副为线接触，承载能力强，但摩擦力大，加工、装配也相对复杂。

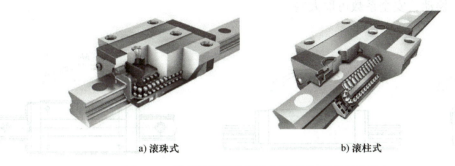

a) 滚珠式　　　　　　　　　b) 滚柱式

图 3-73　滚动导轨副的类型（按照滚动体形状分类）

按照导轨截面形状不同，通常可分为方形和圆形两种，如图 3-74 所示。方形导轨副运动精度高、承载能力强，目前应用最为广泛。圆形导轨副结构简单、成本低，但承载能力小、间隙大，常用于运动精度不高的场合。由于单根圆形导轨副滑块可自转，为实现直线移动，通常采用两组或以上组合使用。

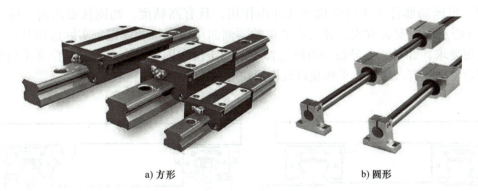

a) 方形　　　　　　　　　b) 圆形

图 3-74　滚动导轨副的类型（按照导轨截面形状分类）

（2）滚动导轨副的选用　滚动导轨副选型设计的主要任务是根据工作性能、使用环境等要求，选择滚动导轨副的型号、数量，并进行合理配置。由于滚动导轨副规格类型繁多，以下以直线导轨（也称为线性滑轨）为例，简要介绍其选用步骤。

1）选择直线导轨的精度和预紧程度。直线导轨的导向精度一般可分为普通精度、高精度、精密、超精密和超高精密共 5 级（不同产品分级略有不同），主要指标包括高度、宽度的尺寸精度以及平行度等，可参考产品样本或相关资料，并根据设备的精度需求选择合适的公差等级。

预紧程度一般可分为无预紧、中预紧和重预紧 3 个等级，可根据实际需求参考产品样本或相关资料选择。无预紧常用于精度要求低、载荷方向固定且工作平稳的场合，如物料搬运设备、自动包装机等。中预紧可用于高精度、负载不大的场合，如数控机床、工业机器人等。重预紧适用于设备有刚性要求且有振动、冲击的工作场合，如磨床、重型加工机床等。

2）确定直线导轨的许用力矩。直线导轨在工作过程中可以承受 3 个方向的力矩，如

图 3-75 所示。在选用时,应保证滑块绕 3 个方向所受的实际力矩分别小于 M_R、M_P 和 M_Y,且必须留有一定的裕量。安全系数可根据实际情况并参考相关资料或产品样本选择,工作时若有冲击、振动,安全系数可取大些。

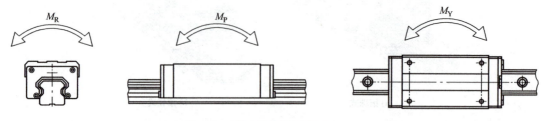

图 3-75 直线导轨许用力矩的定义

3)选择直线导轨的数量及配置安装方式。根据上述载荷计算结果,综合考虑工作条件、结构尺寸、运动方向等因素,选择合适的导轨数量和配置安装方式。一般可采用单导轨、双导轨等支承方式,其中双直线导轨应用最为广泛,如图 3-76 所示。一般工作条件下,可采用如图 3-76a 所示配置安装方式,导轨和滑块均单向定位即可,结构简单、安装方便。当运动部件工作时受振动及冲击作用,且有高精度、高刚性要求时,可采用如图 3-76b 所示配置安装方式,导轨和滑块的两侧面均需定位和固定。实际选用时,可根据具体使用要求,针对两个导轨和滑块选择不同的定位和固定组合方式。定位常采用台阶结构,固定可用螺钉、压板、平垫块以及楔形块等。

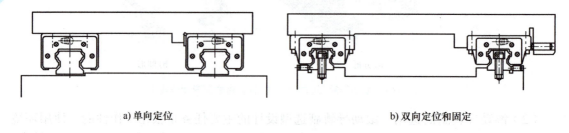

a) 单向定位　　　　　　　　b) 双向定位和固定

图 3-76 直线导轨的配置安装方式

4)选择直线导轨的润滑方式。润滑具有减少摩擦、降低磨损、防锈、冷却和延长寿命等作用。直线导轨一般有脂润滑和油润滑两种方式,脂润滑常用于速度不高且对冷却无要求的场合,油润滑可用于各种负载及速度、温度不高的场合。一般根据使用及维护要求,定期将润滑油或润滑脂沿油嘴注入即可。

(3)滚动导轨副的防护　当工作环境比较恶劣时(如切削加工过程中的切屑、线切割加工中的粉尘及切削液),如果导轨副没有做好防护,导轨副接触面容易被划伤或受到腐蚀,从而影响导轨副的工作性能及使用寿命。常用的导轨副防护零部件有防尘片、刮板和防护罩等。图 3-77 所示为防尘片和刮板的组合使用。金属刮板主要用于刮除尺寸稍大的切屑等物体,非金属刮板(如毛毡)主要用于隔离粉尘类微小物体。为了提高防护效果,两者可组合使用,两者之间可通过金属隔板隔开(图 3-77b)。直线导轨副的防护方式大多已产品化,可根据使用工作环境及要求直接选用即可。

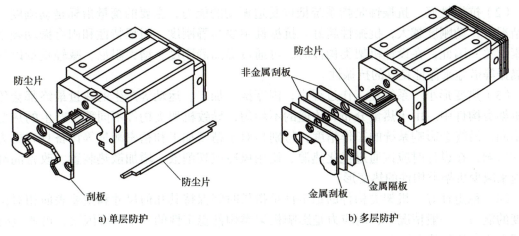

图 3-77 防尘片和刮板的组合使用

图 3-78 所示为叠层式和风琴式防护罩。叠层式防护罩主体材料多为金属,主要用于刮除尺寸稍大的切屑等物体。风琴式防护罩主体材料多为非金属,主要用于隔离粉尘类微小物体。防护罩除了可以防护导轨副外,通常还可以通过合理的结构设计,实现直动移动部件(如滚珠丝杠+直线导轨组合)的一体化防护,如数控机床中工作台的移动防护。

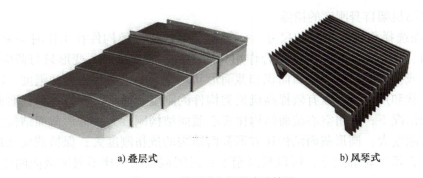

图 3-78 叠层式和风琴式防护罩

3.5.3 机架类结构的设计

机架类构件通常是指机电一体化设备中的底座、立柱、横梁、箱体、工作台以及床身等用以支承运动部件的基础构件,其主要作用是承受其他零部件的重量和工作载荷,确定各零部件之间的相对位置和相对运动精度,以保证整台设备的总体性能。机架类构件具有尺寸和质量较大、结构复杂、加工面多、几何精度和相对位置精度要求较高等特点,其结构的优劣将直接影响产品的工作性能和质量。

1. 机架类结构设计的基本要求

(1) 静刚度高 机架类构件的静刚度反映了其在载荷作用下抵抗变形的能力。若刚性不足,机架类构件就会在重力、夹紧力、摩擦力、惯性力以及工作载荷等的作用下产生过大变形、振动或爬行现象,从而影响整机的精度和工作性能。因此,机架类构件应该具有足够的刚度。

（2）抗振性好　抗振性是指系统抵抗受迫振动的能力，主要的衡量指标是动刚度。一般情况下，动刚度越大，抗振性越好。抗振性主要与静刚度、阻尼特性和固有振动频率等因素有关。因此，在设计机架类构件时，可通过提高静刚度、增大阻尼、减轻重量以及增加隔振等措施来保证良好的抗振性。

（3）热变形小　系统在工作过程中，因摩擦、加工、运动等产生的热量最终都会传递到机架类构件中。由于热量分布、传递的不均匀，导致机架类构件不同部位产生的热变形也不同，最终会影响系统的工作精度，特别是对于精密加工和精密测量等设备具有更为重要的影响，在设计时应该通过优化热源、使用风冷或切削液、增加散热装置、改善润滑等措施来减少机架类构件的热变形。

（4）稳定性好　机架类构件的稳定性是指长时间保持其几何尺寸和主要表面相对位置精度的能力。一般情况下，内应力是影响机架类构件稳定性的一个重要因素，可通过时效处理方法来消除其内应力。

（5）结构工艺性好　设计机架类构件结构时，应考虑毛坯制造、加工、装配、吊装以及排屑等因素，使其具有好的结构工艺性。

此外，还应根据产品的使用需求，综合考虑经济性以及人机工程等方面的要求。

2. 机架类结构的设计要点

（1）提高机架自身刚度的措施

1）合理选择截面的形状和尺寸。一般情况下，机架类构件在工作时主要承受拉伸、压缩、弯曲、扭转或几种载荷的综合作用。当受拉、压作用时，变形只与截面面积有关。但当受弯曲或扭转载荷时，截面面积和截面形状均会影响机架类构件的刚度。因此，合理选择截面形状和尺寸，可以有效提高机架类构件的刚度。通常，在材料和截面面积相同而形状不同的情况下，封闭空心截面结构比实心截面结构刚度大；方形截面结构比圆形截面结构的抗弯刚度大；圆形截面结构比方形截面结构的抗扭刚度大；保持截面面积不变，适当减小壁厚，增加轮廓尺寸，可以提高刚度；封闭截面结构比不封闭截面的刚度大得多，特别是抗扭刚度。

图3-79所示为机床床身的截面结构，均为空心矩形截面。其中，图3-79a所示为车床类床身的截面结构，由于需要留出较大空间排除大量切屑和切削液，上下面不封闭，工作时主要承受弯曲和扭转载荷。图3-79b所示为镗床、龙门刨床类床身的截面结构，不需要从床身排除切屑，因此顶面常采用封闭结构，工作时主要承受弯曲载荷。图3-79c所示为大型或重型机床类床身的截面结构，具有较高的刚度和承载能力，中间的壁板可以根据实际需求设置为1个、2个或更多。

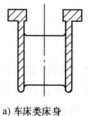
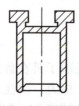
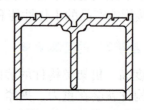

a) 车床类床身　　b) 镗床、龙门刨床类床身　　c) 大型或重型机床类床身

图3-79　机床床身的截面结构

2）合理布置肋板。肋板是指用于连接机架内壁之间的隔板。它能使机架各壁板同时承受外部载荷，是提高机架整体刚性的有效途径之一，比单纯增加壁厚更为有效。合理布置肋板可以提高机架的弯曲刚度和扭转刚度。例如，为排屑方便，车床床身通常采用四周封闭但上下不封闭的结构，因此可采用肋板来连接前后壁板以提高刚度。图3-80所示为车床类床身的肋板常用布置形式。

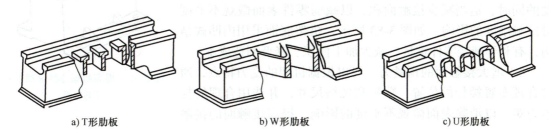

a) T形肋板　　　　　b) W形肋板　　　　　c) U形肋板

图3-80　车床类床身的肋板常用布置形式

（2）提高机架局部刚度的措施　对于机架承受应力较大的部位，可通过合理布置加强肋板、优化肋板结构等方式改善机架的薄弱环节，提高其局部刚度。图3-81所示为机架类构件连接部位的几种结构形式，图3-81c、d所示的结构复杂，但相对连接刚度最高，承受载荷效果更好。

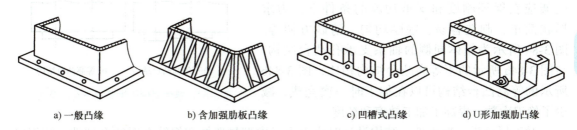

a) 一般凸缘　　　b) 含加强肋板凸缘　　　c) 凹槽式凸缘　　　d) U形加强肋凸缘

图3-81　机架类构件连接部位的几种结构形式

图3-82a、b所示为两种布置加强肋板提高床身与导轨连接处局部刚度的结构形式，图3-82c所示为布置加强肋板提高机架轴承座处局部刚度的结构形式。

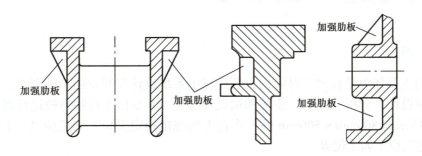

a) 床身外侧布置加强肋板　　b) 床身内侧布置加强肋板　　c) 轴承座外侧布置加强肋板

图3-82　机架类构件布置加强肋板的结构形式

（3）提高机架接触刚度的措施　受零件表面微观不平度的影响，两个平面接触时，实际接触的只是凸起部分。当受外力作用时，接触点压力增加，所产生的变形称为接触变形。

接触刚度表征了机架抵抗接触变形的能力。接触刚度过低会影响执行末端件的位置精度和机械系统的工作性能。提高机架接触刚度的主要措施如下。

1) 增大接触面的有效接触面积。一方面可以通过配刮或配磨等精密加工方法提高接触面的接触精度，但成本高、效率低，常用于精度要求高的场合。另一方面可在提高加工精度的同时，适当减少接触面积，以减弱零件表面微观不平度对接触刚度的影响。如图3-83所示，机架底面采用内凹式结构，有利于减轻零件重量、减少加工面积、降低制造成本。

2) 增大接触面的预紧力。可以根据机架的受力特点，通过合理布置螺栓的位置、数量和规格尺寸，并选用合理的拧紧力矩，以消除表面微观不平度的影响，提高接触面的接触刚度。

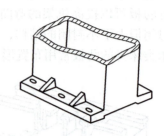

图 3-83 提高机架连接面局部刚度的结构

(4) 提高结构工艺性的途径　机架类构件一般体积较大、结构复杂、成本高，在满足使用要求的前提下，应尽量便于加工、装配、维护、吊装和运输等，即应具有良好的结构工艺性，也可以大大降低机架类构件的成本。例如，铸造类机架应在保证刚度和支承功能的条件下，力求形状简单、制造容易、壁厚均匀、清砂方便等。图3-84所示为箱体同侧的轴系支承孔凸台结构，与图3-84a所示的不等高凸台结构相比，图3-84b所示的等高凸台结构可以在加工时一次完成，减少了换刀次数、提高了加工效率和精度。

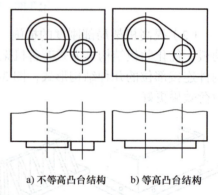

a) 不等高凸台结构　b) 等高凸台结构

图 3-84 箱体同侧的轴系支承孔凸台结构

对于焊接类机架零件，结构设计时应着重考虑型材选择和焊缝布置的合理性、施焊操作的便利性以及焊接变形小等要求，具体可参考结构设计相关资料。

3.6　物料搬运机器人项目设计实践

3.6.1　任务描述

该案例的主要任务是在规定时间内，利用机电系统设计与开发的基础理论、技术与方法，通过创新设计、分析、加工、装配和调试等过程，开发出1台物料搬运机器人，可以在如图3-85所示的800mm×500mm的工作台上实现把指定工位（如工位A）上的物料搬到另一个指定工位（如工位B）。

其中，物料的形状、外形尺寸、重量及搬运要求如下。

1) 物料的形状：圆柱形。
2) 物料的外形尺寸：不大于$\phi 50mm \times 80mm$。
3) 物料的重量：不大于100g。

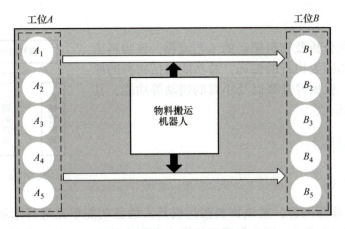

图 3-85 物料搬运机器人的任务说明

4)物料的搬运要求。左侧圆形区域上第 i 个工位 A_i 上的物料搬运至右侧圆形区域相对应的第 i 个工位 B_i 上。

3.6.2 设计规划

1. 需求分析

根据如上任务描述,该物料搬运机器人的功能、性能等方面的需求分析见表 3-7。

表 3-7 物料搬运机器人的功能、性能等方面的需求分析

序号	项目名称	技术指标、约束条件或功能描述
1	功能	圆柱形物料的自动抓取、移动及放置等
2	性能	搬运效率要求:每个物料的搬运时间不大于 30s 放置精度要求:物料放置误差不大于 ±1mm 工作可靠性要求:连续搬运 5 次无故障
3	其他	总重量要求:不大于 6kg 接口(底座)尺寸要求:不大于 300mm×250mm A、B 两组工位的间距:700mm 开发成本要求:不高于 2000 元 开发周期要求:不超过 6 个月 使用要求:操作简单、使用方便 外观要求:外形美观 具有远程起动/停止功能

在产品机械系统的需求分析与设计中,一方面,需要根据产品设计任务书,确保功能、性能以及其他方面的需求符合产品开发要求;另一方面,还可以充分发挥创造性思维,积极拓展新的需求,不断提升产品竞争力。例如,上述物料搬运机器人可增加物料的颜色识别功能、不同形状物料的抓取功能以及搬运路径的自主规划功能等,也可进一步降低成本、缩短开发周期等。

2. 功能分析

通过如上需求分析及物料搬运的工艺流程,该物料搬运机器人的核心功能为物料的搬运,总功能包括物料的抓放、机械臂回转、机械臂升降以及小臂的摆动等功能,其功能树如图3-86所示。

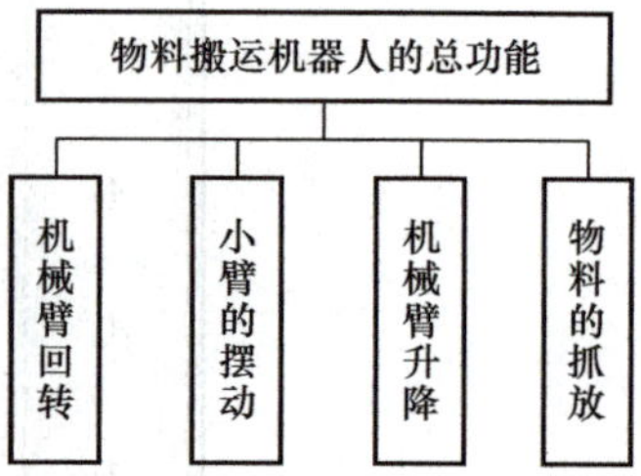

3.6.3 执行系统设计

1. 原理方案设计

图 3-86 物料搬运机器人的功能树

参考3.3.2节部分内容,对该物料搬运机器人的各功能单元进行求解,形成执行系统原理方案,如图3-87所示。该物料搬运机器人主要由基座、立柱、大臂、小臂和末端执行器组成,大臂、小臂及末端执行器组成机械臂,可以沿立柱上下移动,同时也可以连同立柱一起绕基座回转。大臂只能沿立柱上下移动。小臂左侧与大臂连接,可绕大臂水平摆动,右侧与末端执行器的底座固连。末端执行器的手爪可做开合运动,完成对物料的抓放动作。

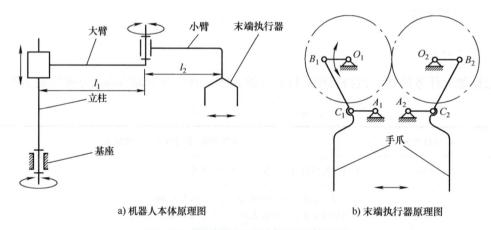

a) 机器人本体原理图　　　　b) 末端执行器原理图

图 3-87　物料搬运机器人的原理方案简图

因此,该物料搬运机器人的执行系统由机械臂回转机构、机械臂升降机构、小臂摆动机构和手爪开合机构组成。其中,机械臂回转机构和小臂摆动机构均为最简单的转动机构。机械臂升降机构可采用螺旋机构实现。这三个机构的主要功能是通过联合运动,实现手爪在工位 A 和工位 B 相应位置的定位及两工位之间的运动,从而实现物料的搬运。如图3-87b所示,手爪开合机构(即末端执行器)由一个齿轮机构和两个平行四边形机构组合而成,可实现两个手爪的平动开合,实现对物料的抓取和放置。

2. 运动方案设计

(1) 工作流程设计

在物料搬运过程中,机器人应该从初始位置开始,先带动手爪运动到适合物料抓取的位置(可从侧面或上面进入抓取位置,本案例选取手爪从上向下运动进入抓取位置方案),手爪闭合夹紧物料。然后,手爪带动物料运动到目标位置,下降至指定位置,松开手爪释放物料。最后，机器人返回初始位置，完成一次物料搬运。因此，物料搬运机器人的工作流程设计如图 3-88 所示。

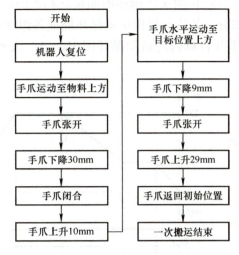

图 3-88　物料搬运机器人的工作流程设计

（2）执行机构主要构型参数　根据前述设计思路与方法，物料搬运机器人各执行机构的主要构型参数见表 3-8。

表 3-8　物料搬运机器人各执行机构的主要构型参数

执行机构名称	主要构型参数
机械臂回转机构	机械臂回转运动范围：-110°~250°
机械臂升降机构	机械臂升降运动范围：0~100mm 大臂长度 l_1：230mm
小臂摆动机构	小臂水平摆动角度范围：0°~60° 小臂长度 l_2：200mm
手爪开合机构	齿轮机构中心距（$l_{O_1O_2}$）：42mm 曲柄长度（$l_{OB}=l_{AC}$）：12mm 连杆长度（$l_{BC}=l_{OA}$）：28mm 曲柄固定铰链点 A_1、A_2 间距（$l_{A_1A_2}$）：16mm 手爪开合范围：48~56mm

3. 工作循环图设计

根据物料搬运的效率要求，每个物料的搬运时间不大于 30s，参考前述运动循环图和工作循环图的设计思路与方法，以图 3-85 所示 A_3 工位上的物料搬运至 B_3 目标位置为例，该物料搬运机器人执行系统的工作循环图如图 3-89 所示。

在图 3-89 中，机械臂回转机构的运动循环周期包括回转至工位 A 区域的时间、抓取停歇时间、回转至工位 B 区域的时间和返回初始位置的时间共 4 部分。小臂摆动机构的运动循环周期包括摆动至工位 A 区域的时间、抓取及搬运停歇时间和返回初始位置的时间共 3 部分。机械臂升降机构的运动循环周期包括初始停歇时间、手爪下降至物料抓取位置的时间、手爪闭合等待时间、手爪上升至搬运高度的时间、搬运等待时间、手爪下降至物料放置位置的时间、手爪打开等待时间、手爪返回初始高度的时间以及机器人返回初始位置的等待时间共 9 部分。手爪开合机构的运动循环周期包括初始停歇时间、手爪闭合停歇时间和手爪打开停歇时间共 3 部分。各执行机构运动循环周期各组成区段所用时间如图 3-89 中横坐标所示。此外，在手爪开合机构的运动循环图中，"1"表示手爪处于闭合状态，"0"表示手爪处于打开状态。

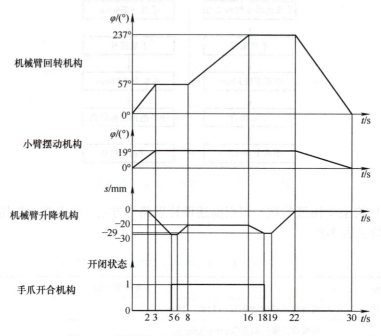

图 3-89　物料搬运机器人执行系统的工作循环图

3.6.4　传动系统设计

由物料搬运机器人原理方案可知，其执行系统所包含的 4 个执行机构均为单自由度机构，因此共需要 4 个原动件。其中，手爪开合机构和小臂摆动机构的原动件（如舵机）可直接与各自执行机构连接，无须传动系统。机械臂回转机构和升降机构由于负载较大，通常需要传动系统。例如，机械臂回转机构可采用蜗杆减速器，升降机构可采用螺旋传动。鉴于当前传动元件大多已系列化和产品化，给传动系统的设计带来很大方便。下面就以两种传动元件为例说明其选用思路。

1. 机械臂回转机构传动元件的选用

本案例中机械臂回转机构所选用的电动旋转台，如图 3-90 所示。它的优点在于不但包含了传动元件（蜗杆机构），而且模块化和集成化程度也高。

例如，驱动元件（如步进电动机）接口和负

图 3-90　电动旋转台

载接口（旋转输出圆盘）均集成到了电动旋转台中，使得该产品安装了驱动元件和负载（如本案例中的立柱及机械臂，可设计一非标接口零件实现立柱与旋转输出圆盘的连接），就直接可作为机械臂回转机构进行使用。该电动旋转台还有角度可自动调整、可自动控制、可任意正反转、可内置零位开关以及精度高、承载大、寿命长等特点，其主要技术参数指标见表3-9。

表3-9 电动旋转台的主要技术参数指标

参数名称	技术参数指标	参数名称	技术参数指标
台面直径	60mm	重复定位精度	0.05°
角度范围	360°	定位精度	0.01°
传动比	90∶1	回程间隙	0.005°
中心负载	30kg	最大旋转速度	50°/s
重量	1.2kg	偏心误差	5μm

在选用传动元件时，不但要考虑其负载、运动范围、工作速度、精度等要求，还需综合考虑驱动元件特性及工况等。

2. 机械臂升降机构传动元件的选用

机械臂升降机构所选用的滚珠丝杠滑台模组如图3-91所示，其传动为滚珠丝杠传动，可以将电动机的旋转运动通过螺旋传动转化为滑台的直线运动，从而带动机械臂沿立柱升降。与上述电动旋转台类似，将滚珠丝杠副和滚动导轨副组合起来，并集成驱动元件接口（如步进电动机）和基座接口（可设计一非标接口零件实现基座与上述旋转台的输出圆盘的刚性连接），可直接作为机械臂升降机构进行使用。

图3-91 滚珠丝杠滑台模组

这种滚珠丝杠滑台模组具有精度高、承载能力大、工作平稳、模块化和集成度高、安装使用方便、可配置零位及行程限位开关等，因而在机电系统中应用非常广泛。由于其类型、规格、型号繁多，选择时应综合考虑使用场合、安装方式（本案例中为竖直安装）、载荷大小、速度范围以及精度等因素。表3-10列出了物料搬运机器人升降机构选用的滚珠丝杠滑台模组的主要技术参数指标。

表3-10 滚珠丝杠滑台模组的主要技术参数指标

参数名称	技术参数指标	参数名称	技术参数指标
丝杠直径	12mm	负载	水平≤50kg，竖直≤20kg
丝杠导程	4mm	运行速度	0～100mm/s
丝杠精度	±0.03mm	有效行程	100mm

3.6.5 结构设计

物料搬运机器人的结构设计主要包括非标零件（如手爪、齿轮、安装基座、转接零件、轴等）的结构设计、标准件（如螺钉、轴承等）的选用、外购件（如电动机、联轴器等）的安装接口设计以及所有零、部件的装配等任务。由于本案例所设计物料搬运机器人中非标零件、标准件及外购件种类多、数量多，限于篇幅，这里就不一一列举，仅给出物料搬运机器人的3D装配模型，如图3-92所示。

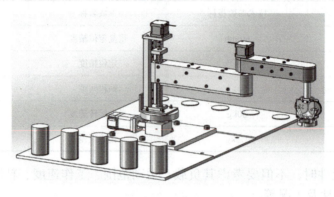

图3-92 物料搬运机器人的3D装配模型

思考题与习题

1. 试以某六自由度关节型工业机器人为例，进行其功能目标的描述。

2. 试以某扫地机器人为例，进行功能分析，并以功能树表示。

3. 试设计一种物料智能分拣系统的执行系统方案。已知物料为 $\phi 30\text{mm} \times 20\text{mm}$ 的实心圆柱形物体，有铝合金（银白色）、尼龙（黄色）、木材（红色）3种不同材质和颜色。具体要求如下。

1）分拣前有物料存储装置，随机放置。

2）分拣后按类存放，拿取方便。

4. 试进行题3中执行系统的工作循环图设计。

5. 现有一水平移动工作台，拟选用滚珠丝杠副进行驱动。已知工作台的最大负载（含工作台自重）为8000N，往复移动行程为500mm，最大移动速度为0.1m/s，定位精度为0.05mm，丝杠的最大转速为300r/min，工作平稳，温度变化不大。试合理选择该滚珠丝杠副的规格型号（可参考某一产品样本），并设计滚珠丝杠副两端的轴系支承结构。

第 4 章 驱动系统设计与开发

4.1 概述

4.1.1 驱动系统的组成和基本要求

1. 驱动系统的组成

驱动系统是工业机器人、数控机床等智能机电系统中连接控制系统和被控对象的能量转换系统。数控机床各坐标轴的运动以及工业机器人手臂升降、回转和伸缩等运动都要用到驱动系统。它能接收控制系统的输出指令,将各种形式的输入能量转换为被控对象运动所需的机械能,使驱动系统输出的转矩、速度和位置等能够满足被控对象的作业要求。

根据所使用的能源形式不同,驱动系统可分为气动式、液压式和电动式三大类,可分别将空气能、液压能和电能转换为机械能,其中,电驱动系统是智能机电系统中最常用的驱动系统,其主要组成如图 4-1 所示。

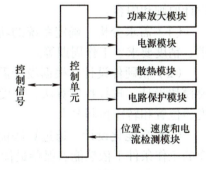

图 4-1 电驱动系统主要组成

控制单元通常是一个微控制器或数字信号处理器(DSP),用于执行控制算法,如 PID 控制,PWM 控制、矢量控制、直接转矩控制和滑模控制等。

功率放大模块主要包括功率晶体管,负责接收控制信号并将其转换为足够驱动电动机的电流和电压。

电源模块主要用于对输入电源进行整流、滤波等,为伺服驱动系统提供稳定且干净的电源。

散热模块包括风扇、散热片等,用于保持伺服驱动系统在适宜的温度下运行。

电路保护模块包括过载、过热、过电压等保护机制,作用是防止系统损坏。

位置、速度和电流检测模块常存在于闭环、半闭环的驱动系统中,用于监测转子的位置、速度和流经电动机的电流,实现位置、速度闭环控制和电流控制与保护等。

2. 驱动系统的基本要求

在智能机电系统中，驱动系统作为实现机械运动能量转换的关键部分，其基本要求可以概括为以下几点。

（1）精度高　驱动系统必须具备高精度控制能力，以实现对机械运动的精确控制，保证系统的稳定性和重复性。

（2）稳定性好　驱动系统应具有良好的稳定性，能够在各种工作条件下保持性能的一致性，避免因外部干扰或内部变化导致的性能波动。

（3）响应快　响应速度是伺服驱动系统动态品质的重要指标，涉及系统的跟踪精度。

（4）调速范围宽　驱动系统需要宽调速范围以适应不同的工作条件和负载变化。

（5）低速大转矩　驱动系统需要低速大转矩以在起动和低速运行时提供足够的动力和稳定性。

（6）可靠性高　驱动系统应具有高可靠性和长寿命，以减少维护成本。

（7）经济性好　驱动系统应具有较高的成本效益和能源效率，以增强系统的市场竞争力。

（8）集成性高　驱动系统应易于与控制系统及其他机电组件集成，形成统一协调的智能机电系统，简化设计和调试过程。

4.1.2 驱动系统设计的原则和内容

不同能源的驱动系统都有其特点和适用场景，下面以电动驱动系统为例，介绍其主要设计原则和内容。

（1）需求分析　确定系统的功能需求、性能指标和使用环境，包括负载特性、速度要求、精度要求、工作周期等。

（2）软硬件设计　根据设计需求，选择合适的电力电子元件，进行功率放大模块等主要模块设计，选择控制算法，开发控制软件，以实现对电动机的精确控制，满足系统的速度、位置和转矩控制要求。

（3）智能化设计　通过算法优化提升系统性能，使其具有自适应学习能力，以便在多变的工作条件下依然能够保持最优运作状态。

（4）接口设计　设计驱动系统与机电系统中主控单元、检测元件等其他部分的接口，包括电气接口、通信协议等，便于驱动系统与其进行有效集成。

（5）标准化与模块化设计　在设计中应采用标准化和模块化的方法，提高系统的互换性和扩展性，降低成本，便于升级和替换。

（6）电磁兼容性　设计的驱动系统应满足电磁环境中的兼容性，减少对其他设备的干扰，同时保证自身不受外部电磁干扰的影响。

（7）法规和标准遵循　驱动系统一般属于高压元件，使用不当可能会对人体造成伤害，设计过程中要遵循相关的行业标准和法规要求，如电气安全标准、电磁兼容性标准等。

（8）可靠性与维护性　设计时考虑系统的可靠性与维护性，确保系统长期稳定运行，并便于日常维护和故障排除。

（9）测试与验证　设计完成后，进行充分的测试与验证，确保驱动系统满足所有设计要求，并在实际应用中表现稳定可靠。

此外，驱动系统的设计过程中还需关注能效优化、成本控制和环境适应性，针对温度、湿度、振动等环境因素设计相应的防护措施，使系统能在恶劣环境下稳定运行。

4.2 常用驱动系统分类

根据系统中是否存在反馈及反馈控制方式的不同，驱动系统可分为开环系统和半闭环/闭环系统。开环系统仅根据输入信号进行控制，没有反馈，适用于对精度要求不高的场合。半闭环/闭环系统中都引入了反馈元件，利用输入信号和反馈信号的偏差来控制被控对象，可以减少或抵消由于负载变化或传动误差引起的偏差。半闭环/闭环系统之间的区别是：半闭环系统是间接反馈被控参数，如通过在直线运动单元的电动机轴或减速器上增加位置反馈元件，这样既可提高直线运动单元的位置精度，又能避免把机械系统的非线性误差引入进来，提高了稳定性，广泛适用于多数自动化应用；闭环系统是直接反馈被控参数，如将位置反馈元件直接加在直线运动单元的滑台上，可以实现更高的控制精度，但容易把机械系统的非线性误差引入进来，使系统的稳定性调试变得困难，在精密和高精密制造领域有广泛的应用。

根据所使用的能源形式不同，驱动系统可分为气动式、液压式和电动式三大类。气动式驱动系统以压缩气体作为能源，其元件主要包括气缸、气动马达等，具有结构简单、价格便宜、响应快、本质安全防爆等优点。但气动系统涉及气压泵、管道、阀门和气压元件等多个组件，增加了系统的复杂性，能源效率低，排气过程伴有噪声，而且由于空气具有压缩性，难以用在定位精度较高的场合，主要用于实现各种自动化装置的动作控制，如气动夹爪可以实现物料的抓取、移动和放置。液压式驱动系统以液压油作为能源，其元件主要包括液压缸、液压马达等，具有输出转矩大、控制精度高、能承受冲击负载的优点，但液压系统也涉及液压泵、管道、阀门和液压元件等多个组件而使系统设计和维护较为复杂，并且液压油存在泄漏，会对环境造成污染，主要应用于需要大工作力和大输出转矩的重型设备上。电动式驱动系统将电能作为能源，与气动式驱动系统和液压式驱动系统相比，具有效率高、体积小、控制灵活、控制精度高、适用性广泛等优点，在智能机电系统中获得了更广泛的应用。本书主要介绍电动式驱动系统。

根据力的产生原理不同，电动驱动系统的元件分为电磁型和非电磁型两种。电磁型驱动元件利用电流在磁场中产生的力来实现运动，运行原理基于电磁感应定律和电磁力定律。如图 4-2a 所示，若将导体 *ab* 置于 U 形永久磁铁内的光滑导轨上，当电源开关合上时，*ab* 中会有电流 *I* 流过，并产生感应磁场，感应磁场与永久磁铁相互作用，产生电磁力 *F*，使 *ab* 沿着光滑导轨移动。若在永久磁铁的 N、S 磁极内放置一个矩形线圈（图 4-2b），通电后线圈的两条边上的电流方向相反，受力的方向也相反，因此产生转矩，导致矩形线圈旋转。

常用的电磁型驱动元件包括电动机、电磁铁、继电器等。根据运动方式的不同，电磁型驱动元件又可以分为旋转型和直线型两种。旋转型驱动元件一般称为旋转电动机，包括直流电动机和交流电动机。旋转电动机与运动转换机构相结合，可以得到直线、回转、往复等多种运动形式。在机电系统中经常使用两类旋转电动机：一类为动力用电动机，可以直接接工业电源，在给定电源下（如三相380V交流电）以特定转速连续旋转，但无法实现定位控制；另一类为控制用电动机，一般不直接接工业电源，而是通过电子电路进行驱动和控制，可以实现转矩、转速和位置等的自由控制。智能机电系统大多都有定位控制要求，因此主要选用控制用电动机，控制用电动机也称为伺服电动机，本书主要介绍控制用电动机的工作原理和选用等。

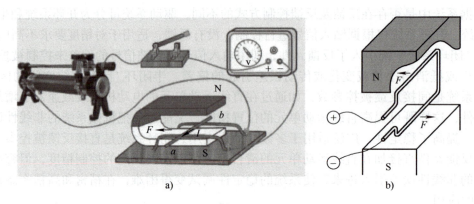

图 4-2　通电导线在磁场中受力

控制用电动机按照控制原理可以分为步进电动机、直流伺服电动机，交流伺服电动机，其中步进电动机又分为永磁式、混合式和可变磁阻式，直流伺服电动机又分为有刷型和无刷型，交流伺服电动机又分为永磁同步型和感应型。

非电磁型驱动系统包括压电式、磁致伸缩式、静电式等多种。它们在某些特定的领域中发挥着重要作用，但是从目前工业领域的实用情况来看，电磁型驱动元件还是占绝大多数。图 4-3 所示为智能机电系统常用驱动系统。

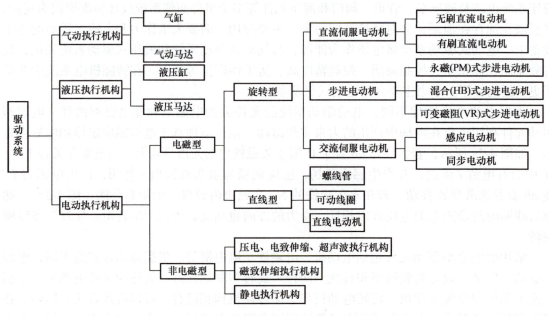

图 4-3　智能机电系统常用驱动系统

4.3 步进电动机驱动系统原理及选用

步进电动机是一种用电脉冲信号进行控制,并将电脉冲信号转换成相应角位移的控制电动机。因此,步进电动机又称为脉冲电动机。一般电动机都是连续旋转的,而步进电动机则是一步一步转动的,每输入一个控制脉冲,电动机就转过一个角度。图 4-4 所示为步进电动机的外形及动作过程。它的旋转角度与输入脉冲的数量成正比,且转速与输入脉冲的频率成正比。

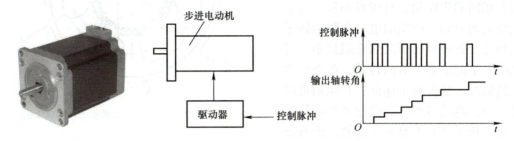

图 4-4 步进电动机的外形及动作过程

由于受脉冲信号控制,步进电动机可以直接将数字信号转换成角位移。因此,它通过简单的开环控制就可以构成速度位置控制系统,很适合用作智能机电系统的驱动元件,在数控机床、3D 打印机、机器人、医疗设备、扫描仪、打印机以及线性定位系统等领域获得了广泛的应用。

步进电动机具有以下特点。

1)在步进电动机的负载能力范围内,步进电动机的工作状态不易受各种干扰因素(如电源电压的波动、电流的大小与波形的变化、温度等)的影响,只要它们的变化未引起步进电动机产生"丢步",就不影响其正常工作。

2)步进电动机的步距角有误差,转子转过一定步数以后也会出现累积误差,但转子转过 1 转以后,其累积误差变为"零",因此不会长期积累。

3)控制性能好,通过改变脉冲频率的高低就可以在很大范围内调节步进电动机的转速,并能快速起动、制动和反转。

4)带负载惯量的能力不强,低速运行时可能会出现振动或共振现象,在高速运行时可能会失步。

5)制造成本较低,但无法适应高精度、高性能的应用场合。

4.3.1 步进电动机结构和工作原理

步进电动机的定子绕组一般分为几个不同的相,在每相绕组以特定模式顺序切换流过的电流时,转子就会以某个特定的旋转角度旋转和停止。转子转动 1 周所需的电流切换次数因电动机而异。

按工作原理,步进电动机可以分为可变磁阻(Variable Reluctance,VR)式、永磁(Permanent Magnet,PM)式、混合(Hybrid,HB)式 3 种,其中,混合式是由可变磁阻式和永磁式综合而来。

1. 可变磁阻式

图 4-5 所示为三相可变磁阻式步进电动机，定子与转子由铁心构成，没有永久磁铁。定子磁极上嵌有沿径向分相的 3 组控制绕组，相对的两个绕组组成一相，定子磁极的极弧上开有小齿。转子沿圆周上也有均匀分布的小齿，其与定子极弧上的小齿有相同的齿距角，且齿形相似。定子某相绕组通电时，产生的电磁力吸引转子朝该相定子磁极与转子之间磁阻最小（可变磁阻名字的由来）方向转动。此类电动机制造简便，精度易于保证；步距角可以做得较小，容易得到较高的起动和运行频率。由于转子铁心不是永久磁铁，没有极

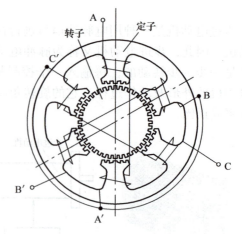

图 4-5 三相可变磁阻式步进电动机（A 相通电时的位置）

性，故通电时不需改变通电绕组的电流极性，为单极性励磁，但功率消耗较大，断电时无定位转矩。当电动机的直径较小、相数又较多时，沿径向分相较为困难时，可采用沿轴向分相的结构。

为了说明三相可变磁阻式步进电动机工作原理，对图 4-5 进行简化，假设定子极弧上只有 1 个齿，转子上只有 4 个均匀分布的齿（齿距角为 90°），如图 4-6 所示。

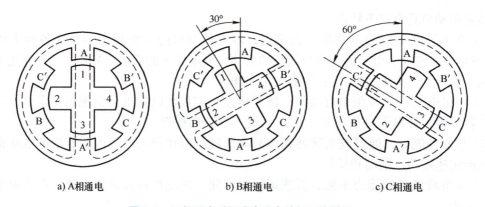

a) A 相通电 b) B 相通电 c) C 相通电

图 4-6 三相可变磁阻式步进电动机工作原理

当 A 相控制绕组通电时，产生的气隙磁场轴线与 A 相绕组轴线重合，在电磁力的作用下，将使转子齿 1、3 的轴线与定子 A 极轴线对齐，如图 4-6a 所示，此时定子磁极与转子间的磁阻最小。当 A 相断电、B 相通电时，转子便沿逆时针方向转过 30°，使转子齿 2、4 的轴线与定子 B 极轴线对齐，如图 4-6b 所示。当使 B 相断电、C 相通电时，则转子继续沿逆时针方向转过 30°，使转子齿 1、3 的轴线与定子 C 极轴线对齐，如图 4-6c 所示。如此循环往复，当定子绕组按 A→B→C→A 的顺序持续通电时，转子便沿逆时针方向一步一步地连续转动。步进电动机的转速取决于控制绕组通断电的频率。若定子绕组按 A→C→B→A 的顺序通电，则步进电动机将反向转动。

定子绕组从一相通电换接到另一相通电称为一拍,每一拍转子转动的角度是一个步距角。图 4-6 所示的步进电动机,三相励磁绕组依次单独通电运行,换接三次完成一个通电循环,称为三相单三拍通电方式,步距角为 30°。在该通电方式下,步进电动机的控制绕组在断电、通电的间断期,转子磁极因"失磁"而失去"自锁"能力,易出现失步现象,解决的办法是采用双三拍或单/双六拍的控制方式。在双三拍通电方式下,控制绕组按 AB → BC → CA → AB 顺序通电,或按 AB → CA → BC → AB 顺序通电,即每拍同时有两相绕组同时通电,三拍为一个循环,步距角仍然为 30°,如图 4-7 所示。

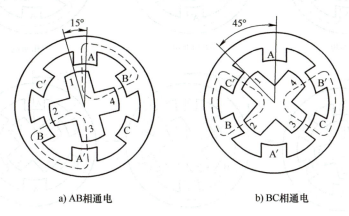

a) AB 相通电　　　　　　b) BC 相通电

图 4-7　三相双三拍通电方式的工作原理

单/双六拍通电方式的工作原理如图 4-8 所示,其控制绕组按 A → AB → B → BC → C → CA → A 顺序通电,或按 A → AC → C → BC → B → BA → A 顺序通电,六拍为一个循环,步距角变为 15°。

步距角 α 的大小与通电方式和转子齿数有关,可用下式计算,即

$$\alpha = \frac{360°}{mz} \qquad (4\text{-}1)$$

式中,z 是转子齿数;m 是运行拍数。

单/双六拍通电方式实际上是把三相单三拍通电方式和三相双三拍通电方式交错连接在一起,因此步距角变成原来的 1/2 了。

2. 永磁式

永磁式步进电动机的定子为凸极式,定子上有两相或多相绕组,转子采用永久磁铁,转子的极数与定子每相的极数相同,定子绕组通电时建立的磁场与永久磁铁的恒定磁场相互吸引与排斥产生转矩。图 4-9 所示为两相永磁式步进电动机,定子为两相集中绕组 A 和 B,每相为两对极,转子也是两对极。A 相包括定子的上、下、左、右磁极,其余磁极组成 B 相。通电时每相绕组相对的两个磁极极性相同,并与相邻的两个磁极极性相反。由于转子具有极性,因此,定子绕组需要供给正、反电流,驱动电路通常做成双极性驱动。

永磁式步进电动机制造成本低,消耗的功率比可变磁阻式步进电动机小,在断电情况下也能保持一定转矩,有较强的内阻尼力矩,但是它步距角大(常见的有 7.5°、15°、22.5°、30°、45°、90° 等),起动和运行频率低(通常为几十到几百赫兹)。

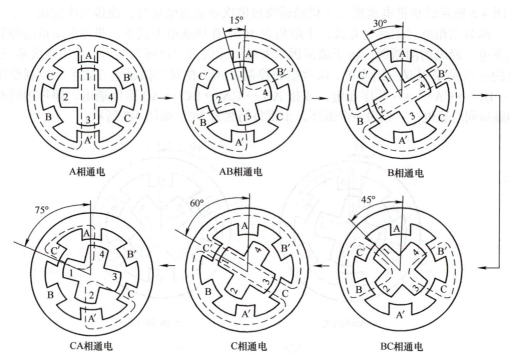

图 4-8 单/双六拍通电方式的工作原理

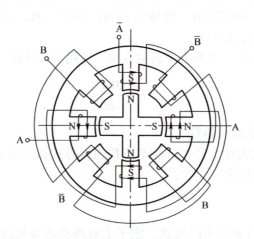

图 4-9 两相永磁式步进电动机

在图 4-9 中，当 A 相定子绕组按图示方向通入电流时，定子上形成上下 S、左右 N 的四个磁极，按同性相斥、异性相吸原理，转子必为上下 N、左右 S。当绕组按 A→B→$\overline{A}$→$\overline{B}$→A 两相单四拍的次序通电时，转子便沿顺时针方向依次转过 45°。此外也可以按 AB→B$\overline{A}$→$\overline{A}\overline{B}$→$\overline{B}$A→AB 两相双四拍的次序通电，或按 A→AB→B→B$\overline{A}$→$\overline{A}$→$\overline{A}\overline{B}$→$\overline{B}$→$\overline{B}$A 的单/双相八拍的次序通电，八拍通电时步距角为四拍通电时的一半，即 22.5°。

3. 混合式

混合式步进电动机是将永磁式和可变磁阻式相结合的一种形式，其结构如图4-10所示。转子沿轴向方向两两互相间隔些许距离排列，有若干对铁心（图4-10所示为一对铁心，大转矩的步进电动机往往是在轴向上顺序安装两三对铁心），铁心外周制有小齿，每对铁心之间的间隙中会插入磁化方向为轴向的圆盘形强磁体，使得每对铁心中一个被磁化为N极，另一个被磁化为S极。安装时将铁心N极和S极的小齿交错排列，即一方的齿顶正对另一方的齿谷，这样可以使转子齿数变为2倍，定子结构跟可变磁阻式相似，定子磁极上会有4~6个小齿。由于转子具有极性，因此，定子绕组仍然需要双极性驱动。混合式步进电动机既有可变磁阻式步进电动机步距角小的特点，又有永磁式步进电动机效率高、绕组电感小的特点，是应用最为广泛的步进电动机。

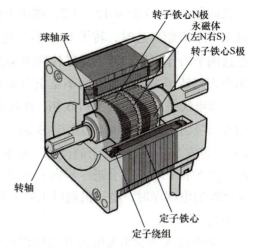

图4-10 混合式步进电动机的结构

下面以两相混合式步进电动机为例，介绍其工作原理。两相混合式步进电动机的定子绕组分布与两相永磁式步进电动机一样，上下左右4个磁极构成A相，其余磁极构成B相。设定子磁极上小齿数为5，当铁心外周齿数为50时，步距角为360°/50 = 7.2°。为了便于说明问题，将定子磁极和转子沿着径向切开后展开成平面，再以永磁体为界，向轴的两端翻转，如图4-11所示。

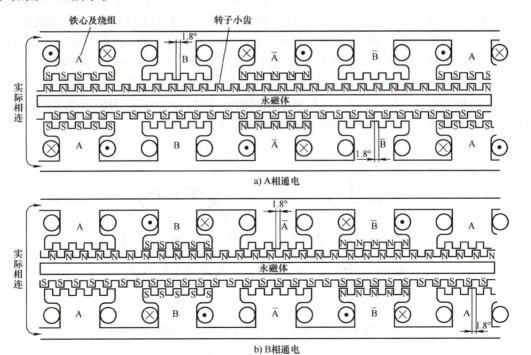

图4-11 两相混合式步进电动机的工作原理

图 4-11a 所示为 A 相绕组通电时磁极分布情况，A 磁化为 S 极，$\overline{A}$ 磁化为 N 极，A 与 $\overline{A}$ 之间相差 90°/7.2° = 12 + 1/2，即半个齿距，同时，铁心 N 极和 S 极的小齿也是交错的，也差半个齿距。这时，转子 N 极小齿受 A 的 S 极吸引，转子 S 极小齿受 $\overline{A}$ 的 N 极吸引，在这两个力作用下，转子刚好转到图 4-11a 所示的位置。转子在此位置时，定子 B 相和 $\overline{B}$ 相小齿与转子上的小齿之间不是正对关系，两者错开了 1/4 齿距（45°/7.2° = 6 + 1/4）。接着，通电绕组由 A 相切换到 B 相，B 被磁化为 S 极，$\overline{B}$ 被磁化为 N 极，转子 N 极小齿受 B 的 S 极吸引，转子 S 极小齿则受 $\overline{B}$ 的 N 极吸引，转子从当前位置向右移动 1/4 步距角，即 1.8°，停在如图 4-11b 所示的位置。接下来，给 A 相绕组一个反向电流，磁极 $\overline{A}$ 变为 S 极、A 变为 N 极，转子就会进一步向右转动 1/4 步距角并停止。按 A→B→$\overline{A}$→$\overline{B}$→A 不断切换绕组通电次序时，电动机就以 1.8° 步距角连续旋转，按反向次序通电，电动机就以 1.8° 步距角反转。

如果在 A 相绕组通电向 B 相绕组通电切换之前，插入一个 AB 相绕组通以同样大小电流（比如都是额定电流 $\sqrt{2}/2$ 倍）的状态，转子的步距角也减为一半，即 1.8°/2 = 0.9°。如果在 A 相通电和 AB 相通电之间再增加一个 A 相电流大于 $\sqrt{2}/2$ 倍额定电流、B 相电流小于倍 $\sqrt{2}/2$ 额定电流的状态，可以将 0.9° 的步距角进一步细分，这就是细分控制（也称为微步步进）的基本思想。即每次换相时，断电绕组的电流不是一次切断，而是由满额按阶梯逐渐减小，通电绕组的电流也不是一次给到满额，而是由零按阶梯逐渐增加。电流分了多少个阶梯，步距角就细分了多少步。当切换不同绕组通电状态时，为了避免转子转矩产生较大脉动，需要对多相绕组通电时各相绕组电流进行准确计算和控制。

转矩矢量图可以很好地解释这个问题，如果将步距角 7.2° 看成电气角 360°，则绕组 A、B、$\overline{A}$、$\overline{B}$ 依次通电时，产生的转矩矢量（与电流矢量是线性比例关系）相位依次错开 1/4 步距角，对应的电气角为 90°，如图 4-12a 所示。两相绕组通电时，按照叠加原理，可以得到合成的转矩矢量。为了使合成转矩矢量保持恒定，应使其末端分布在平面圆上。图 4-12b 所示为将步距角细分四等份的转矩矢量图，由图上的几何关系可以很容易地计算出不同状态下各相绕组的电流。例如，A、B 相通以相同的电流时，大小都应为额定电流的 $\sqrt{2}/2$ 倍。两相混合式步进电动机四细分驱动电流波形图如图 4-13 所示。

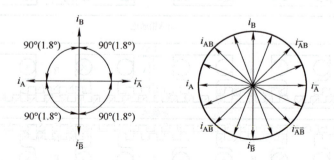

a) 单相通电的转矩矢量图　　b) 将步距角细分四等份的转矩矢量图

图 4-12　两相混合式步进电动机的转矩矢量图

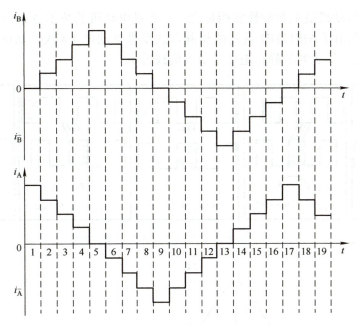

图 4-13 两相混合式步进电动机四细分驱动电流波形图

细分驱动可使步进电动机运行平稳性提高，低频特性得到改善，负载能力也有所增加，但因为要产生变化的电流，所以驱动电路不可避免地变得复杂。目前的细分驱动技术已经可以将原步距角细分为数百份。

4.3.2 步进电动机的特性

步进电动机的特性包括静态特性和动态特性。

1. 静态特性

静态特性是指通电状态不变，电动机处于稳定状态时的特性。当控制脉冲不断按照一定顺序轮流送入步进电动机各相绕组时，其转子就一步一步地转动。当控制脉冲停止时，如果某些相绕组仍通以恒定不变的电流，则转子将固定于某一位置上保持不动，处于静止状态（简称为静态）。空载时，转子处在小齿中心线与定子齿中心线相重合位置，转子上没有转矩输出，此时的转子位置称为初始稳定平衡位置。如果在电动机转子轴上加一负载转矩 T_L，则转子齿中心线与定子齿中心线将错过一个电角度 θ_e（1 个转子齿距对应 2π 电角度），才能重新稳定下来。此时转子上的电磁转矩 T_j 与负载转矩 T_L 相等。T_j 为静态转矩，θ_e 为失调角。当 $\theta_e = \pm\pi/2$ 时，静态转矩达到最大值 T_{jmax}，当 $\theta_e = 0$ 或 $\pm\pi$ 时，静态转矩等于零。静态转矩 T_j 随失调角 θ_e 的变化过程如图 4-14 所示，这里假设顺时针的角度和电磁转矩为负值，逆时针的角度和电磁转矩为正值。T_j 与 θ_e 之间的关系大致为一条正弦曲线，如图 4-15 所示。该曲线称为矩角特性曲线。

当失调角 θ_e 在 $-\pi \sim \pi$ 的范围内时，若去掉负载转矩 T_L，转子仍能回到初始稳定平衡位置。因此，$-\pi < \theta_e < \pi$ 的区域称为步进电动机的静态稳定区。矩角特性曲线上的静态转矩最大值表示步进电动机承受负载的能力，与磁路结构、绕组匝数和通入的电流大小等因

素有关，是步进电动机最主要的性能指标之一。步进电动机的技术数据中都会给出最大静态转矩。表 4-1 列出了 MS17HD 系列两相混合式步进电动机（4 线，基座 42mm，步距角 1.8°）的技术数据，第 5 列的静转矩就是最大负载转矩。

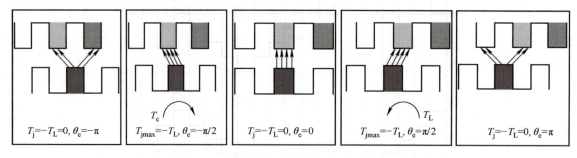

图 4-14　静态转矩 T_j 随失调角 θ_e 的变化过程

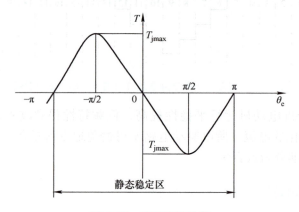

图 4-15　矩角特性曲线

表 4-1　MS17HD 系列两相混合式步进电动机的技术数据表

电动机长度	电动机型号 单出轴	电动机接口 P=插座	额定电流 /A	静转矩 /N·m	绕组电阻（20℃时）/Ω	绕组电感 /mH	定位力矩 /mN·m	转子惯量 /g·cm²	电动机质量 /kg
25.3mm	MS17HD5P4027	P	0.27	0.20	42	50	5	20	0.15
	MS17HD5P4070	P	0.7	0.21	6.2	8.3			
	MS17HD5P4100	P	1	0.21	3.1	4			
	MS17HD5P4150	P	1.5	0.20	1.25	1.56			
34.3mm	MS17HD4P4040	P	0.4	0.34	30	51	12	38	0.21
	MS17HD4P4065	P	0.65	0.32	8.7	15.4			
	MS17HD4P4100	P	1	0.33	4.2	7.5			
	MS17HD4P4150	P	1.5	0.32	1.7	2.9			
39.8mm	MS17HD2P4040	P	0.4	0.48	24	56	15	57	0.28
	MS17HD2P4100	P	1	0.48	3.9	8.9			
	MS17HD2P4150	P	1.5	0.50	1.98	4.3			
	MS17HD2P4200	P	2	0.48	1.04	2.2			

（续）

电动机长度	电动机型号 单出轴	电动机接口 P=插座	额定电流 /A	静转矩 /N·m	绕组电阻（20℃时）/Ω	绕组电感 /mH	定位力矩 /mN·m	转子惯量 /g·cm²	电动机质量 /kg
48.3mm	MS17HD6P4050	P	0.5	0.67	24	53	25	82	0.36
	MS17HD6P4100	P	1	0.63	4.9	11.5			
	MS17HD6P4150	P	1.5	0.62	2.2	4.9			
	MS17HD6P4200	P	2	0.63	1.3	2.9			
62.8mm	MS17HDBP4100	P	1	0.82	5.6	14.6	30	123	0.6
	MS17HDBP4150	P	1.5	0.88	3	7.7			
	MS17HDBP4200	P	2	0.83	1.49	3.8			

初选电动机时通常依据最大静态转矩来选择。最大静态转矩较大的电动机，可以带动较大的负载转矩。因为步进电动机为开环驱动控制，为了保证电动机稳定可靠运行，最大静态转矩要留有裕度，负载转矩和最大静态转矩的比值通常取为 0.3~0.5。

在实际工作时，步进电动机总处于动态情况下运行，但是静态特性是分析步进电动机运行性能的基础。

2. 动态特性

动态特性是指步进电动机在运行过程中的特性。它直接影响系统工作的可靠性和系统的快速反应，包括单步运行状态和连续运行状态。这种特性受驱动电路特性的影响，因此，步进电动机一般跟驱动器配对使用，以获得最佳的动态特性。

（1）单步运行状态　单步运行状态是指步进电动机在单相或多相通电状态下，仅改变一次通电状态的运行状态，或输入脉冲频率非常低，以致加第二个脉冲前，前一步已经走完，转子运行已经停止的运行状态。

设步进电动机初始状态时的矩角特性如图 4-16 中曲线"0"所示。若电动机空载，则转子处于稳定平衡点 O_0 处。输入一个脉冲，使其控制绕组通电状态改变，矩角特性向前跃移一个步距角 θ_{se}，矩角特性变为曲线"1"，转子稳定平衡点也由 O_0 变为 O_1。在改变通电状态时，只有当转子起始位置位于 ab 之间才能使它向 O_1 点运动，达到该稳定平衡位置。步进电动机的相数越多，单步运行时越容易到达新的稳定位置，运行稳定性也越好。

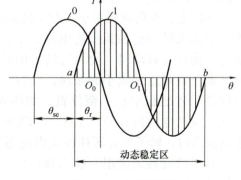

图 4-16　动态稳定区

步进电动机在单步运行时所能带动的最大负载可由相邻两条矩角特性交点所对应的电磁转矩 T_{st} 来确定，如图 4-17 所示。设步进电动机带恒定负载，当负载转矩为 T_{L1}，且 $T_{L1} < T_{st}$ 时，若 A 相控制绕组通电，则转子的稳定平衡位置为图 4-17a 所示曲线 A 上的 O'_A 点，这一点的电磁转矩正好与负载转矩相平衡。当输入 1 个控制脉冲信号，通电状态由 A 相改变为 B 相，在改变通电状态的瞬间，矩角特性

跃变为曲线 B。对应于角度 θ_a 的电磁转矩 T'_a 大于负载转矩 T_{L1}，电动机在该转矩的作用下，沿曲线 B 向前转过 1 个步距角，到达新的稳定平衡点 O'_B。这样每切换 1 次脉冲，转子便转过 1 个步距角。

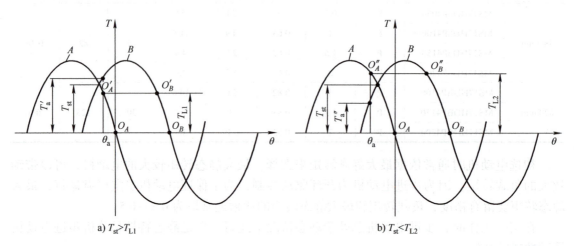

图 4-17 最大负载转矩的确定

但是如果负载转矩增大为 T_{L2}，且 $T_{L2} > T_{st}$，如图 4-17b 所示，则初始平衡位置为 O''_A 点，在改变通电状态的瞬间，矩角特性跃变为曲线 B。对应于角度 θ_a 的电磁转矩 T''_a 小于负载转矩 T_{L2}，所以转子不能到达新的稳定平衡位置 O''_B 点，而是向失调角 θ 减小的方向滑动，也就是说电动机不能带动负载做步进运行，这时步进电动机实际上是处于失控状态。

由此可见，只有负载转矩小于相邻两个矩角特性的交点所对应的电磁转矩 T_{st}，才能保证电动机正常的步进运行，因此 T_{st} 是步进电动机做单步运行所能带动的极限负载，所以把 T_{st} 称为最大负载能力，也称为起动转矩，当然它比最大静转矩 T_{jmax} 要小。

实际上，在负载转矩小于起动转矩的条件下，当一个输入脉冲施加到步进电动机上，电动机向新的平衡位置移动时，会因为转子的转动惯量而在平衡位置附近做微小的振荡，经过一定的稳定时间之后才能稳定在平衡位置，如图 4-18 所示。因此，步进电动机容易产生振动和噪声。当脉冲连续输入时，转子的旋转往往会出现超前或滞后。如果转子的旋转无法跟上输入脉冲信号，就会出现失步现象。

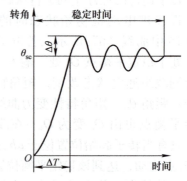

图 4-18 单步运行动态过程
ΔT—上升时间 $\Delta \theta$—超调量

（2）连续运行状态　当步进电动机在输入脉冲频率较高，其周期比转子振荡过渡过程时间还短时，转子做连续旋转运动，这种运行状态称为连续运行状态。

在步进电动机的连续运行过程中，振荡和失步是一种普遍存在的现象。当控制脉冲频率极低，低到它的脉冲持续时间大于转子衰减振荡的时间。在这种情况下，下一个控制脉冲尚未到来时，转子已经处在某稳定平衡位置。此时，步进电动机的每一步都和单步运行一样，具有明显的步进特征。当加大控制脉冲的频率，使脉冲持续的时间比转子衰减振荡的时间短，即当转子还未稳定在平衡位置时，下一个控制脉冲就到来了，此时，若控制脉冲的频率等于或接近步进电动机的振荡频率，电动机就会出现强烈振荡，甚至会出现无论经过多少通电循环，转子始终处在原来的位置不动或来回振荡的情况，此时电动机完全失控，这个现象称为低频共振。进一步加大控制脉冲的频率，使电动机转子尚未到达第一次振荡的幅值，甚至还没到达新的稳定平衡位置，下一个脉冲就到来。这时电动机的运行可由步进变成连续平滑的转动，转速也比较稳定。

当控制脉冲频率达到一定数值之后，频率再升高，步进电动机的负载能力便下降，当频率太高时，也会产生失步，甚至还会产生高频振荡。一方面，受定子绕组电感的影响使电流的波形由低频时的近似矩形波变为高频时的近似三角波，降低了其幅值和平均值，导致动态转矩下降；另一方面，控制脉冲频率升高使得步进电动机铁心中的涡流迅速增加，其热损耗和阻转矩也使输出功率和动态转矩下降。可见动态转矩是电源脉冲频率的函数，其与脉冲频率的关系称为转矩-频率特性，简称为矩频特性曲线。它是一条随频率增加电磁转矩下降的曲线。步进电动机的矩频特性曲线包括起动转矩-频率特性曲线（简称为起动矩频特性曲线）和起动后的运行转矩-频率特性曲线（简称为运行矩频特性曲线），跟驱动电源有关。步进电动机生产厂家通常通过实验对步进电动机在不同驱动电压下的矩频特性进行测试后得到矩频特性曲线，用户根据这些曲线可以判断所选电动机的转矩转速性能是否符合要求。图4-19所示为MS17HD2P4200步进电动机在不同驱动电压下的运行矩频特性曲线。

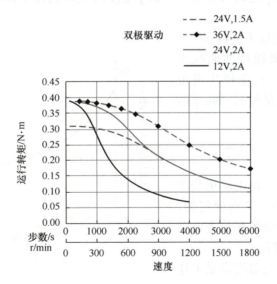

图4-19 MS17HD2P4200步进电动机在不同驱动电压下的运行矩频特性曲线

同一步进电动机的起动矩频特性曲线通常低于运行矩频特性曲线，因为在起动过程中，电动机及惯性负载会带来惯性转矩，因此，在同等负载条件下，起动频率要低于运行频率。图4-20所示为步进电动机的起动矩频特性曲线和运行矩频特性曲线。图中起动矩频特性曲线包围的区域称为自起动区域。在这个区域内，步进电动机可以正反转起动运行。在起动矩频特性曲线与运行矩频特性曲线之间的区域称为运行区域，电动机在此区域内可带相应负载连续运行。负载转矩超出运行矩频特性曲线，电动机将不能连续运行，出现失步现象。

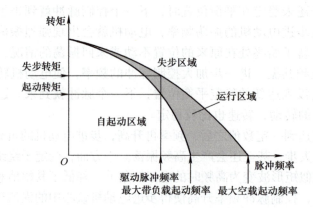

图 4-20　步进电动机的起动矩频特性曲线和运行矩频特性曲线

此外，步进电动机在带惯性负载快速起动时，随着负载惯量的增加，起动频率也会下降。最大起动频率与负载惯量的关系为

$$P_L = \frac{P_s}{\sqrt{1+J_L/J_R}} \qquad (4-2)$$

式中，J_L 是负载惯量；P_L 是最大起动频率；J_R 是步进电动机转子惯量；P_s 是步进电动机的最大空载起动频率。

J_R 和 P_s 可由产品的技术资料获得。

上述关系可以用惯频特性曲线来描述，如图 4-21 所示。在选择步进电动机时也要考虑负载惯量与起动频率的关系。

4.3.3　步进电动机驱动原理

步进电动机的性能是由电动机和驱动电源（也称为驱动器）共同确定的，因此步进电动机的驱动电源在步进电动机中占有相当重要的位置。

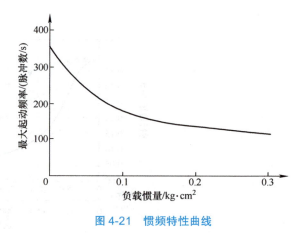

图 4-21　惯频特性曲线

步进电动机的驱动电源应满足下述要求。

1）驱动电源的相数、通电方式、电压和电流都应满足步进电动机的控制要求。
2）驱动电源要满足起动频率和运行频率的要求。
3）能在较宽的频率范围内实现对步进电动机的控制。
4）能最大限度地抑制步进电动机的振荡。
5）工作可靠，对工业现场的各种干扰有较强的抑制作用。

6）成本低、效率高，安装和维护方便。

驱动电源由脉冲分配器、功率放大器等组成，如图 4-22 所示。驱动电源是将来自控制系统或变频信号源送来的脉冲信号及方向信号按要求的分配方式自动地循环供给电动机各相绕组，以驱动电动机转子正反向旋转。只要控制输入电脉冲的数量及频率就可精确控制步进电动机的转角及转速。

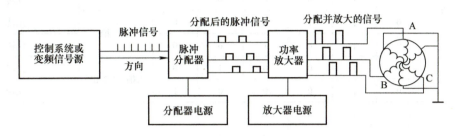

图 4-22　步进电动机驱动电源组成

1. 脉冲分配器

脉冲分配器（也称为环形分配器）的主要作用是根据运行指令把脉冲信号按一定的逻辑关系分配到步进电动机每一相的功率放大器上，使步进电动机按设定的运行方式工作，实现正、反转控制和定位，通常分为硬件环分和软件环分。硬件环分是由数字逻辑电路构成，一般放在驱动器的内部，其优点是分配脉冲速度快、不占用 CPU 的时间，缺点是不易实现变拍驱动、增加的硬件电路降低了驱动器的可靠性。软件环分是由控制系统用软件编程来实现，能降低硬件成本，提高系统的可靠性，易于实现变拍驱动，尤其是对多相的脉冲分配具有更大的优点。但由于软件环分占用计算机的运行时间，易影响步进电动机的运行速度。

（1）硬件环分　硬件环分的种类很多，通常由专用集成芯片或通用可编程序逻辑器件组成。CH250 是国产三相可变磁阻式步进电动机环形分配器的专用芯片，其引脚图与三相六拍接线图如图 4-23 所示，工作状态见表 4-2。

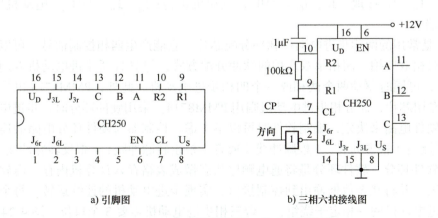

a) 引脚图　　　　　　　b) 三相六拍接线图

图 4-23　CH250 的引脚图与三相六拍接线图

表 4-2 CH250 的工作状态

R1	R2	CL	EN	J$_{3r}$	J$_{3L}$	J$_{6r}$	J$_{6L}$	功能	
0	0	↑	1	1	0	0	0	双三拍	正转
		↑	1	0	1	0	0		反转
		↑	1	0	0	1	0	六拍（1-2 相）	正转
		↑	1	0	0	0	1		反转
		0	↓	1	0	0	0	双三拍	正转
		0	↓	0	1	0	0		反转
		0	↓	0	0	1	0	六拍（1-2 相）	正转
		0	↓	0	0	0	1		反转
0	0	↓	1	×	×	×	×	不变	
		×	0	×	×	×	×		
		0	↑	×	×	×	×		
		1	×	×	×	×	×		
1	0	×	×	×	×	×	×	复位时 A = 1，B = 0，C = 0，A 相通电	
0	1	×	×	×	×	×	×	复位时 A = 1，B = 1，C = 0，A、B 相通电	

图 4-23 所示 CH250 主要引脚的作用如下。

A、B、C—三相输出端，接对应绕组的功率放大器；

R1、R2—复位状态的通电绕组。若为"10"，则 A 相通电；若为"01"，则 A、B 相通电。环形分配器工作时应为"00"状态。

CL、EN—进给脉冲输入端。若 EN=1，则进给脉冲接 CL，脉冲的上升沿使环形分配器工作；若 CL=0，则进给脉冲接 EN，脉冲的下降沿使环形分配器工作。不符合上述规定时，环形分配器的状态锁定（保持）。

J$_{3r}$、J$_{3L}$、J$_{6r}$、J$_{6L}$—分别为三相双三拍、三相六拍工作方式的控制端。三相双三拍工作时，J$_{6r}$、J$_{6L}$ 接地，J$_{3r}$、J$_{3L}$ = "10"，电动机正转；J$_{3r}$、J$_{3L}$ = "01"，电动机反转。三相六拍工作时，J$_{3r}$、J$_{3L}$ 接地，J$_{6r}$、J$_{6L}$ = "10"，电动机正转；J$_{6r}$、J$_{6L}$ = "01"，电动机反转；U$_D$、U$_S$—电源端。

L297 是常用的两相步进电动机脉冲分配芯片。它能产生四相控制信号，可以实现单相单四拍、双相双四拍、四相单双八拍的脉冲分配方式，与双 H 桥步进电动机专用驱动芯片 L298 配合，可同时驱动两个两相或一个四相步进电动机。此外，PMM8713 也是两相步进电动机的专用芯片，而五相步进电动机则用 PMM8714。采用硬件环分时，步进电动机的通电节拍由硬件电路来决定，编制软件时可以不考虑。控制器与硬件环分电路的连接主要包括 2 根信号线：1 根方向线、1 根脉冲线（或者 1 根正转脉冲线、1 根反转脉冲线）。

（2）软件环分 软件环分是将通电顺序状态做成表格存入计算机内存，由软件通过指针方式查表，并将状态数据输出到控制接口，实现步进电动机的连续运转。每个控制接口位连接步进电动机的一相定子绕组，一台三相步进电动机需要 3 个口位。图 4-24 所示为控制系统通过 8255A 接口与三相步进电动机的连接示意图。假设绕组通电时控制接口位输出为"1",三相步进电动机按三相六拍顺序通电的脉冲分配表见表4-3,按三相双三拍顺序通电的脉冲分配表见表4-4。在控制过程中,软件中设置一个指针寄存器,初始化时使指针指向分配表的表首。步进电动机需要正向运行一步时,指针下移一行,同时输出该行的状态,当指针超出分配表表尾时自动回到表首;步进电动机反向运行时,指针上移一行,并输出该行的状态,当指针超出表首时又自动回到表尾。通过软件顺次在数据表中提取数据并通过输出接口输出即可。通过正向顺序读取和反向顺序读取可控制电动机进行正反转。通过控制读取一次数据的时间间隔可控制电动机的转速。

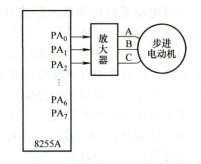

图 4-24 控制系统通过 8255A 接口与三相步进电动机的连接示意图

表 4-3 三相步进电动机按三相六拍顺序通电的脉冲分配表

节拍	通电绕组	控制接口位			控制字	方向
		PA_2	PA_1	PA_0		
1	A	0	0	1	01H	正转 ↓ ↑ 反转
2	AB	0	1	1	03H	
3	B	0	1	0	02H	
4	BC	1	1	0	06H	
5	C	1	0	0	04H	
6	CA	1	0	1	05H	

表 4-4 三相步进电动机按三相双三拍顺序通电的脉冲分配表

节拍	通电绕组	控制接口位			控制字	方向
		PA_2	PA_1	PA_0		
1	AB	0	1	1	03H	正转 ↓ ↑ 反转
2	BC	1	1	0	06H	
3	CA	1	0	1	05H	

从上面的分析可以看出,采用软件来分配步进电动机的各相脉冲时,对于每台电动机,控制系统需要的硬件输出口线数目取决于步进电动机的相数,至于节拍的分配方式,则要根据使用要求来决定。由于采用了软件环分,只需改变部分程序,即可实现变拍驱动。

2. 功率放大器

由于脉冲分配器输出的电流只有几毫安,而步进电动机的驱动电流较大,如 CH250 脉冲分配器的输出电流大约为 200～400μA,鸣志 42mm 基座电动机 MS17HD5P4100-000 每相绕组额定电流为 1A。因此,脉冲分配器输出的电流必须经功率放大器将脉冲电流进行放大才能驱动步进电动机。

步进电动机的功率放大形式有很多，按供电方式来分，有单电压型、高低压切换型、电流控制型和细分电路型等；按绕组电流方向是否变化来分，有单极性和双极性两种。

（1）单电压功率放大电路　图 4-25 所示为三相可变磁阻式步进电动机的单电压功率放大电路，U 为外加直流电源，通常为十几伏到几十伏，A、B、C 分别为步进电动机的三相绕组，每相由一组放大电路驱动，控制脉冲用 P_A、P_B 和 P_C 表示。每组放大电路结构一样，都由两级功率晶体管放大，第一级用 3DK4 中功率管，第二级用 3DD15 大功率管，与绕组 W 串联的电阻 R 为限流电阻，限制通过绕组的电流以免超过其额定值，使电动机发热严重被烧坏。R 的阻值一般在 5～20Ω 范围内选取，随所配电动机不同而异。放大器的脉冲输入端与环形脉冲分配器相连。在没有脉冲输入时，3DK4 和 3DD15 均截止，绕组 W 中无电流通过，电动机不转。当 A 相得电时，电动机转动 1 步。当脉冲依次加到 A、B、C 输入端时，3 组放大器分别驱动不同的绕组，使电动机一步一步地转动。电路中与绕组并联的二极管 VD 起续流作用，因为电动机各相绕组都是绕在铁心上的线圈，所以电感较大，绕组断电时，绕组中已有的电流不能突变，在大功率管截止时，通过二极管形成续流回路，使储存在绕组中的能量尽快释放，从而保护大功率晶体管。

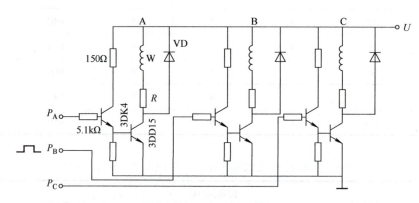

图 4-25　三相可变磁阻式步进电动机的单电压功率放大电路

单电压型功率放大器的电路结构简单，但绕组通电时，受电感限制，电流上升较慢，绕组断电时，电流下降也较慢，如图 4-26 所示。电流 i 按下式的指数规律上升，即

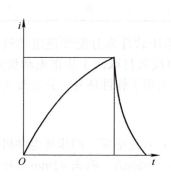

图 4-26　单电压型功率放大器输出电流波形

$$i = \frac{U}{R}(1 - e^{-t/T}) \quad (4\text{-}3)$$

式中，U 是加在绕组上的电压，单位为 V；R 是限流电阻，单位为 Ω；$T = L/R$ 是时间常数，单位为 s；L 是绕组电感，单位为 H。

电流输出波形差，输出功率低。为了减小时间常数 T，只能减小绕组电感 L 或增加回路电阻 R。在实际应用时，绕组电感 L 由电动机生产商确定，无法减小，只能增加 R，这直接导致绕组导通回路功耗增加，电路的驱动效率大为下降，且电动机在高频运行时，因为绕组中平均电流变小，导致电动机产生的平均转矩大大下降，从而使电动机的负载能力也随之下降。

为了改善单电压驱动中存在效率低、功耗大、高频响应差的问题，科研人员又研发了高低压切换型驱动技术、斩波恒流驱动技术、调频调压驱动技术和细分驱动技术。

（2）高低压切换型功率放大电路 一相绕组的高低压切换型功率放大电路如图 4-27a 所示，图中低压电源 U_L 一般为步进电动机的额定电压，高压电源 U_H 一般比低压电源大几倍。刚开始输入控制脉冲信号时，功率管 VT_1、VT_2 都导通，二极管 VD_1 由于承受反向电压处于截止状态，U_L 不起作用，U_H 加在绕组上，控制绕组中的电流迅速升高，使电流波形前沿变陡。当电流上升到额定值或比额定值稍高时，利用定时电路或电流检测电路，使功率管 VT_1 截止，VT_2 仍然导通，二极管 VD_1 由截止变为导通，绕组由 U_L 供电，维持其额定稳态电流。当输入信号为零时，功率管 VT_2 截止，绕组中的电流通过二极管 VD_2 续流，向高压电源 U_H 放电，绕组中的电流迅速减小。电阻 R_{f1} 的阻值很小，目的是为了调节相绕组中的电流，使各相电流平衡。这种电路效率较高，起动和运行频率也比单一电压型电路要高。但受电动机运行时产生反向电动势的影响，绕组电流的波形在高压模式和低压模式的衔接处出现凹陷，如图 4-27b 所示，这将导致电动机的输出转矩下降。

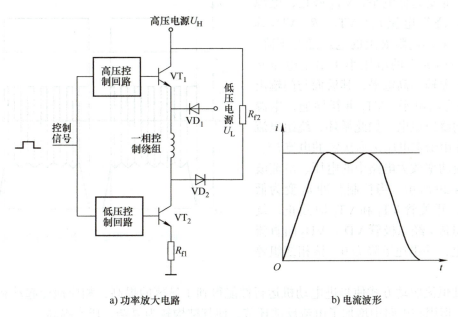

图 4-27 高低压切换型功率放大电路

以上两种功率放大电路均属于电流开环控制类型，因此无法实现绕组电流的恒定，为了解决这个问题，可以采用带有电流反馈的闭环控制型。

（3）斩波恒流功率放大电路　图 4-28 所示步进电动机斩波恒流功率放大电路属于电流闭环控制型，图中绕组电流的通断由开关管 VT_1、VT_2 共同控制，VT_2 的发射极接采样电阻 R，其上电压与绕组电流大小成正比，绕组的控制电压为 u_1。

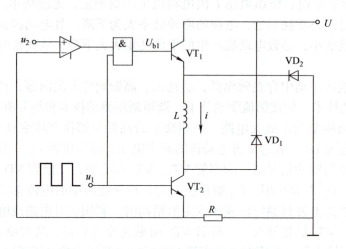

图 4-28　步进电动机斩波恒流功率放大电路

当控制脉冲 u_1 为高电平时，开关管 VT_1 和 VT_2 均导通，电源 U 向该相绕组供电，产生电流 i。由于绕组电感的影响，采样电阻 R 上的电压逐渐升高，当超过给定电压 u_2 时，比较器输出低电平，使其后面与门的输出信号 U_{b1} 也变为低电平，VT_1 截止，电源被切断，绕组电流 i 经 VT_2、R、VD_2 续流衰减，采样电阻 R 上的电压随之下降。当采样电阻 R 上的电压小于给定电压 u_2 时，比较器输出高电平，其后面与门输出 U_{b1} 也变为高电平，VT_1 重新导通，电源又开始向绕组供电。如此循环，绕组电流就稳定在由给定电压 u_2 所决定的电流 i 上。斩波恒流功率放大电路中的电压、电流波形如图 4-29 所示。当控制脉冲 u_1 变为低电平时，开关管 VT_1 和 VT_2 均截止，绕组中的电流 i 经二极管 VD_1、VD_2 向直流电源放电，并迅速下降为 0，该相绕组停止工作。

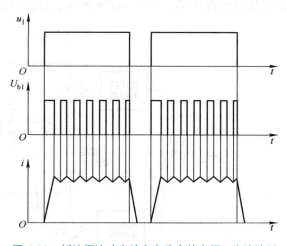

图 4-29　斩波恒流功率放大电路中的电压、电流波形

斩波恒流驱动方式使步进电动机运行性能得到了显著的提高，相应地使起动和运行频率提高。但因在电路中增加了电流反馈环节，使其结构较为复杂，成本提高。

以上 3 种功率放大电路中，电动机绕组电流只能沿着一个方向流动，只适用于单极性驱动的步进电动机，如可变磁阻式步进电动机，对永磁式或混合式步进电动机，需采用电流方向可变的双极性功率放大电路。

（4）双极性功率放大电路　永磁式和混合式步进电动机工作时定子磁极的极性是交变的，因此要求绕组电流能正、反向流动。一种方法是在电动机绕组中间抽头，将绕组分成两部分，每部分绕组的电流方向是固定的，但两部分绕组电流的流向是相反的，这样可以对每部分绕组采用上述的单极性电源驱动。图 4-30a 所示为利用四个单极性功率放大电路实现两相混合式步进电动机绕组双向电流驱动，若 VT_1 导通时 A 相绕组电流为正，则 VT_2 导通时 A 相绕组电流为负，同样 VT_3 和 VT_4 控制 B 相绕组的正反电流流向。但是这种方法每次通电只利用了一半的绕组，因此绕组利用率低，电动机的体积和成本都增大，输出转矩下降。

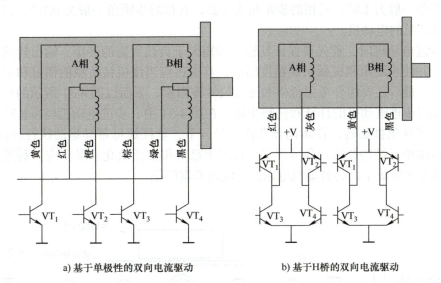

a) 基于单极性的双向电流驱动　　b) 基于H桥的双向电流驱动

图 4-30　双极性功率放大电路

另一种方法是用全桥式驱动电路（又称为 H 桥驱动电路）实现绕组的双极性驱动，典型 H 桥驱动电路由 4 个开关器件（通常是晶体管或 MOSFET）组成，分别分布在 4 个角落，而电动机绕组就处在 4 个开关器件中间，形如"H"。H 桥驱动电路允许电流在绕组中沿着正、反方向移动，一个 H 桥驱动电路可以驱动一相绕组，两相步进电动机需要两个 H 桥驱动电路，如图 4-30b 所示，每个 H 桥对角线上的两个开关管 VT_1 和 VT_4、VT_2 和 VT_3 分别为一组，控制电流正向或反向流动。若 VT_2、VT_3 导通提供正向电流，则 VT_1、VT_4 导通提供反向电流。可见电流在控制绕组中可以双向流动。H 桥驱动电路结构较为复杂，过去仅用于大功率步进电动机，目前，市场上已经出现了集成化的双极性驱动芯片，如 L298 芯片，这是意法半导体在 20 世纪推出的一款集成了双 H 桥驱动电路的驱动芯片，其最高驱动电压为 46V，每个 H 桥的驱动能力为 2A，适合驱动步进电动机、继电器、线圈、直流电动机等感性负载。

4.3.4　步进电动机选用

不同类型步进电动机的特点见表 4-5。

表 4-5　不同类型步进电动机的特点

步进电动机类型	PM 型	HB 型	VR 型
常用步距角	7.5° 或 15°	1.8°	1.5°
转矩	小	大	中～大
时间常数	小～中	小	大
价格	低	高	高

PM 型步进电动机一般为两相，转矩和体积较小，步距角一般为 7.5° 或 15°，多半用于价格低廉的消费产品；VR 型步进电动机一般为三相，可实现大转矩输出，步距角一般为 1.5°，但噪声和振动都很大，已逐渐被淘汰；HB 型步进电动机有两相的、三相的和五相的，两相的步距角一般为 1.8°，三相的步距角为 1.2°，五相的步距角一般为 0.72°，是工业运动控制应用最常见的电动机。

选择步进电动机时，首先要保证其输出转矩大于负载所需的转矩，输出转速大于负载所需转速，并使步距角和机械系统精度匹配，其次还应当使机械负载的惯量和电动机转子惯量相匹配，最后还要综合考虑价格和外形尺寸等因素。下面以图 4-31 所示的直线运动单元为例，介绍步进电动机的计算和选型步骤。在图 4-31 中，步进电动机经齿轮减速后带动两端支承的滚珠丝杠旋转，在运动导向件的导向下，丝杠螺母带动运动执行件往复运动。这种直线运动单元结构紧凑，集成度高，市场上已有很多模块化产品供应。利用直线运动单元可以快速组装成不同的智能机电系统，应用非常广泛。

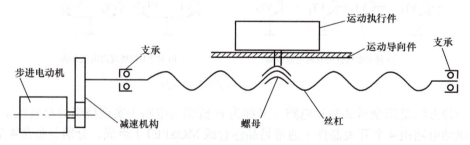

图 4-31　步进电动机驱动的直线运动单元

步进电动机的计算和选型步骤如下。
1）根据丝杠导程，步进电动机的步距角、脉冲当量等运动参数，计算减速比 i。
2）根据机械系统结构，计算加在步进电动机转轴上的总转动惯量 J_{eq}。
3）计算不同工况下加在步进电动机转轴上的等效转矩 T_{eq}。
4）取其中最大的等效负载转矩，作为确定步进电动机最大静态转矩的依据，初选步进电动机。
5）根据运行矩频特性、起动惯频特性等，对初选的步进电动机进行校核。

1. 齿轮减速比 i 的计算

$$i = (\alpha l)/360°\delta \tag{4-4}$$

式中，α 是步进电动机的步距角，单位为 °，在没有选定步进电动机之前，按照常用的步距角初选一个；l 是丝杠导程，单位为 mm；δ 是脉冲当量，单位为 mm。

使用齿轮减速可以提高输出转矩，减小脉冲当量，但因为增加了传动链，降低了系统的刚度。当 $1<i\leqslant 2$ 时，一般采用一级齿轮减速；当 $2<i<4$ 时，一般采用二级齿轮减速，当 $i>4$ 时，一般采用行星减速器或谐波减速器来减速。

2. 加在步进电动机转轴上的总转动惯量 J_{eq} 的计算

加在步进电动机转轴上的总转动惯量 J_{eq} 对选择电动机具有重要意义。J_{eq} 主要包括电动机转子的转动惯量、传动系统（包括减速装置与滚珠丝杠等）等效到电动机轴上的转动惯量和移动部件等效到电动机转轴上的转动惯量之和。

3. 加在步进电动机转轴上的等效转矩 T_{eq} 的计算

步进电动机转轴所承受的负载转矩在不同工况下是不同的。通常考虑以下几种情况：快进时的空载加速运行（快速起动）和空载快速运行，工进时带负载加速运行和带负载快速运行。显然空载加速运行或带负载加速运行所需转矩较大，因此应按这两者中的最大值来初选步进电动机，并对其进行校核。设快进的最大速度为 V_{max1}(mm/min)，工进的最大速度为 V_{max2}(mm/min)。

空载加速起动时的负载转矩 T_{eq1} 为

$$T_{eq1}=T_{a1}+T_f=J_{eq}\frac{\omega_{max1}}{\Delta t}+T_f=J_{eq}\frac{2\pi V_{max1}}{60l\Delta ti}+T_f \tag{4-5}$$

带负载加速运行时的负载转矩 T_{eq2} 为

$$T_{eq2}=T_{a2}+T_f+T_L=J_{eq}\frac{\omega_{max2}}{\Delta t}+T_f+T_L=J_{eq}\frac{2\pi V_{max2}}{60l\Delta ti}+T_f+T_L \tag{4-6}$$

$$T_{eq}=\max\{T_{eq1},T_{eq2}\} \tag{4-7}$$

式中，T_{a1}、T_{a2} 是等效到电动机转轴上的惯性转矩，单位为 N·m；T_f 是等效到电动机转轴上的摩擦转矩，单位为 N·m；T_L 是等效到电动机轴上的外加负载转矩，单位为 N·m；ω_{max1}、ω_{max2} 是电动机空载和工进需要达到的最高转速，单位为 rad/s；Δt 是电动机加速所需时间，单位为 s，一般在 0.1~1s 之间选取。

4. 初选步进电动机

根据式（4-7）确定的 T_{eq}，再考虑一定裕量的基础上，按式（4-8）计算出最大静态转矩，并根据产品样本或网站上提供的技术数据，初选步进电动机。

$$(0.3\sim0.5)T_{jmax}>T_{eq} \tag{4-8}$$

5. 校核所选步进电动机

对于初选好的步进电动机，还需要按以下步骤进行校核。

（1）考虑电动机转子惯量的负载转矩校核　在选定电动机之前，电动机转子的转动惯量是不知道的，所以式（4-5）中的 T_{a1} 和式（4-6）中的 T_{a2} 就缺少电动机转子引起的惯性转矩，根据初选的电动机技术数据，重新计算 T_{a1}、T_{a2} 和 T_{eq}，如果计算的 T_{eq} 仍然符合式（4-8），就接着进行其他性能指标的校核，否则，重选一个稍大一点的电动机直至满足要求为止。

（2）空载快速运行时电动机性能校核　电动机在空载快速运行时对应的运行频率 $f_{max1}=\dfrac{V_{max1}}{60\delta}$，如果运行矩频特性曲线上的最高运行频率大于 f_{max1}，且与最高运行频率 f_{max1} 对应电磁转矩大于 T_f，则满足要求；否则，需要重新选择电动机。

（3）工进快速运行时电动机性能校核　电动机在工进快速运行时对应的运行频率 $f_{max2}=\dfrac{V_{max2}}{60\delta}$，如果运行矩频特性曲线上的最高运行频率大于 f_{max2}，且与最高运行频率 f_{max2} 对应电磁转矩大于 T_f+T_L，则满足要求；否则，需要重新选择电动机。

（4）空载起动频率的校核　由 4.3.2 节内容可知，步进电动机的起动频率随其轴上负载转动惯量的增加而下降，所以需要根据初选出的步进电动机的起动惯频特性曲线，找出电动机转轴上总转动惯量 J_{eq} 所对应的起动频率 f_L。要想保证步进电动机起动时不失步，任何时候的起动频率都必须低于 f_L。

（5）带负载起动频率的校核　步进电动机带负载的起动频率小于空载起动频率，如果起动矩频特性曲线上与 f_{max2} 对应的转矩大于 T_{eq2}，则满足要求；否则，需要重新选择电动机。

除了以上主要指标，若系统有特殊要求，还要考虑温度、散热、安装等，可参考产品说明书选择。

一般步进电动机也跟配套的驱动器一起应用，驱动器内部通常包含脉冲分配器和功率放大器，因此，使用配套步进电动机驱动器的步进电动机控制系统通常采用硬环分的控制方式。图 4-32a 所示为其实物图，图 4-32b 所示为其控制信号连接图。控制器（上位计算机）发出的位置和方向信号输入到驱动器（根据控制器发出的位置和方向信号形式不同，可以采用不同的接线方法），驱动器内部经过脉冲分配和功率放大，将直流电压加到电动机绕组上。驱动器上有一些微动开关，可以设置细分数和最大峰值电流。

a）实物图

图 4-32　步进电动机及驱动器

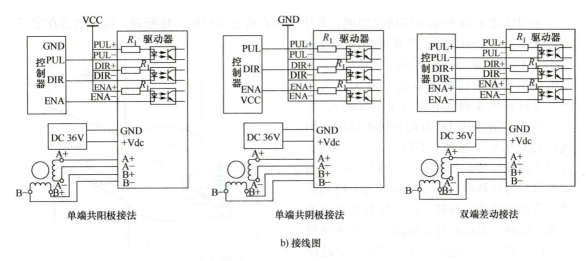

b) 接线图

图 4-32 步进电动机及驱动器（续）

4.4 直流电动机伺服驱动系统原理及选用

直流伺服驱动系统包括直流伺服电动机和配套的驱动器。直流伺服电动机的工作原理与普通直流电动机相同，仍然基于电磁感应定律和电磁力定律这两个基本定律。

4.4.1 有刷直流电动机结构和工作原理

图 4-33a 所示为有刷直流电动机（DC）基本结构，主要包括外壳、永磁体（定子）、缠绕在铁心上的绕组转子（也称为电枢）、电刷和换向器。当在电刷两端的接线端子上通以直流电压时，转子就连续地旋转。铁心上的多圈绕组是为了增大电磁转矩，并减少其波动。由励磁线圈代替永磁体的有刷直流电动机是他励型的，通常用于大功率的工业设备中。一般的智能机电系统属于中小功率范畴，通常采用永磁体作为定子，两者工作原理类似，本书主要介绍永磁体的有刷直流电动机。图 4-33b 所示为应用在机器人、航模上的微型有刷直流电动机。

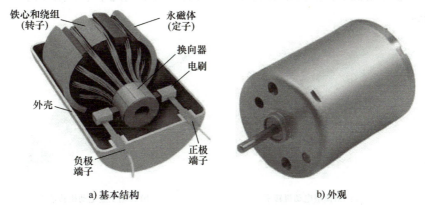

a) 基本结构　　　　　　　　　　b) 外观

图 4-33 有刷直流电动机

下面以图 4-34 所示单圈绕组为例，介绍有刷直流电动机的工作原理，线圈放置在定子永磁体产生的磁场之间，当在电刷两端施加大小为 U_a 的直流电压，给线圈通以图示方向电流时（靠近磁极 N 侧的电流为流入方向，靠近磁极 S 侧的电流为流出方向），就会产生让线圈沿逆时针方向旋转的转矩，当线圈转到水平位置时，不管电流是何流向，线圈上的瞬时转矩都为零，线圈在惯性作用下继续逆时针转过一个角度后，为了使其继续沿着逆时针方向旋转，需要使其靠近磁极 N 侧（此时，图示靠近 S 极的导线变为靠近 N 极的导线了）的电流为流入方向，靠近磁极 S 侧的电流为流出方向，这说明在线圈旋转过程中，电流方向要发生变化，这个变化

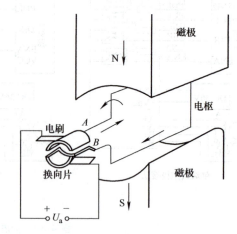

图 4-34　单圈绕组有刷直流电动机工作原理

是靠电刷和换向器保证的。由于电刷和换向器之间是机械接触的，容易磨损，因此，有刷直流电动机的维护性较差。

利用电刷和换向器控制线圈中的电流，实际上将线圈变成了一个两极的电磁铁。永久磁铁和线圈电磁铁之间的相对角度为 90° 时，产生的转矩最大（图 4-34 所示的状态），相对角度不到或超过 90° 时，转矩会减小；相对角度接近 0° 或 180° 时，转矩接近 0（图 4-34 所示线圈转到水平位置的状态），转矩会产生脉动。因此，在旋转过程中始终保持相对角度为 90° 的状态是最理想的。要达到这个目的，就要增加绕组线圈和换向片的数量。

有刷直流电动机按电枢结构可以分为有槽型、无槽型、空心杯（无铁心）型和盘型等。

1. 有槽型

将电枢线圈缠绕在铁心绕组槽内，绕组槽数最少为 3 个，槽数越多，电动机运转越平稳，但转子结构会越复杂。在模型电动机中，最常见的是 3 槽电枢，其次有 5 槽、7 槽、9 槽电枢。在工业电动机中，绕组槽数较多，通常有十几个到几十个。图 4-35 所示为 3 槽和 12 槽的电枢。

a) 3 槽模型电动机转子　　　　　　b) 12 槽工业电动机转子

图 4-35　3 槽和 12 槽的电枢

2. 无槽型

为了减少齿槽转矩脉动，这种电动机直接放弃了槽结构，而是选择了直接将电枢线圈缠绕在平滑的铁心表面，用环氧树脂固化成型并与铁心黏结在一起，因为线圈需要承受施加于它的电磁力和旋转时自然产生的离心力，所以对缠绕的强度有一定要求。

3. 空心杯型

在无槽型电枢中，线圈固定在电枢铁心的表面，铁心和线圈作为整体一起旋转。但铁心只是用来稳定和加大磁通量的，实际上可以固定铁心，只旋转线圈。这种旋转的线圈往往被绕成杯状，因此，这种电动机又称为空心杯电动机。由于铁心不转，所以转子转动惯量较小。图 4-36 所示为空心杯型电动机的线圈。

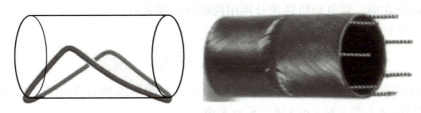

图 4-36 空心杯型电动机的线圈

4. 盘型

盘型电枢的特点是电枢的直径远大于长度，电枢有效导体沿径向排列，定转子间的气隙为轴向平面气隙，主磁通沿轴向通过气隙，如图 4-37 所示。圆盘中电枢绕组可以是印制绕组或绕线式绕组，后者功率比前者大。

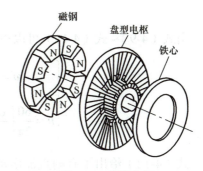

图 4-37 盘型电枢

4.4.2 有刷直流电动机的特性

1. 等效电路

有刷直流电动机的等效电路，如图 4-38 所示。

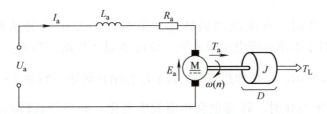

图 4-38 有刷直流电动机的等效电路

有刷直流电动机的电枢在磁场中转动时中会产生感应电动势 E_a，其方向与电流 I_a 或外加电枢电压 U_a 的方向相反，所以称为反电动势。在稳定状态下，直流电动机电刷间的电压平衡方程可表示为

$$U_a = E_a + I_a R_a \tag{4-9}$$

式中，I_a 是电枢电流，单位为 A；R_a 是电枢电阻，单位为 Ω；E_a 是反电势，单位为 V。

反电势 E_a 又可以表示为

$$E_a = K_e \Phi \omega = K_E \omega = K_E \frac{2n\pi}{60} \tag{4-10}$$

式中，Φ 是气隙磁通，单位为 Wb；n 是电枢转速，单位为 r/min；ω 是电枢转速，单位为 rad/s；K_e、K_E 是与电动机结构有关的常数，单位分别为 (V·s)/(Wb·rad) 和 (V·s)/rad，$K_E = K_e \Phi$。

由于电动机的转速经常用工程单位或国际单位表示，因此，在式（4-10）及后面带有电动机转速的公式中，对电动机转速分别用两种单位制表示。

电动机产生的电磁转矩为

$$T_a = K_t \Phi I_a = K_T I_a \tag{4-11}$$

式中，T_a 是电磁转矩，单位为 N·m；K_t、K_T 是与电动机结构有关的常数，单位分别为 (N·m)/(Wb·A) 和 (N·m)/A，$K_T = K_t \Phi$。

有刷直流电动机的转矩跟电枢电流成正比，根据电机学的分析，K_e 和 K_t 存在以下关系，即

$$K_t = K_e$$

由式（4-9）~式（4-11）可以得到

$$\begin{cases} \omega = \dfrac{U_a}{K_E} - \dfrac{R_a}{K_E} I_a = \dfrac{U_a}{K_E} - \dfrac{R_a}{K_E K_T} T_a \\ n = \dfrac{60}{2\pi}\left(\dfrac{U_a}{K_E} - \dfrac{R_a}{K_E} I_a\right) = \dfrac{60}{2\pi}\left(\dfrac{U_a}{K_E} - \dfrac{R_a}{K_E K_T} T_a\right) \end{cases} \tag{4-12}$$

式（4-12）给出了有刷直流电动机的稳态转速与电枢电压、外加磁场（他励直流电动机）和外加负载的关系。

2. 机械特性

当电枢电压不变时，直流电动机转速随负载转矩变化的关系称为机械特性。由式（4-12）可知，对于永磁直流电动机来说，磁通 Φ 是不变的，当 U_a 不变时，n 和 T 呈线性关系。如图 4-39a 所示，n_0 是理想空载转速；T_d 是堵转转矩；斜率 $k = -\dfrac{60}{2\pi}\dfrac{R_a}{K_E K_T}$。可见，当电动机的负载转矩变化时，转速也会相应发生变化，如当负载转矩由 T_1 增大到 T_2 时，转速由 n_A 降低到 n_B。k 的绝对值大小表示电动机转矩变化所引起的转速变化程度。k 的绝对值越大，电动机的机械特性越软，即对应于同样的转矩变化，转速变化就越大；反之机械特性就硬。在智能机电系统的控制系统中，为了保证产品的工作性能，总希望电动机的转速尽量保持恒定，即机械特性越硬越好。

以上讨论的是在某一电枢电压 U_a 时电动机的机械特性。对于不同的电枢电压，电动机的机械特性是相互平行的斜线。图 4-39b 所示为电动机在 3 个不同电压下的机械特性曲线族，当外加转矩变化时，如果希望电动机转速保持不变，就需要不断改变电枢电压。例如，电动机工作在 A 点时，外加电压为 U_{a3}，外加负载转矩为 T_1，当负载增加到 T_2 时，如果希望转速保持不变，就需要增加电枢电压到 U_{a2}，使电动机由工作点 C 转移到工作点 B。

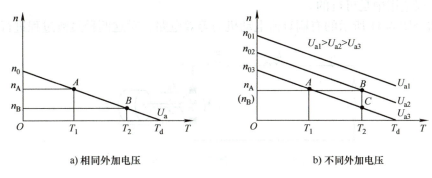

a）相同外加电压　　b）不同外加电压

图 4-39　直流电动机的机械特性

3. 调节特性

当外加负载不变时，直流电动机转速随电枢电压变化的关系称为调节特性。图 4-40a 所示为负载转矩等于 T_a 时，转速与电枢电压的关系；图 4-40b 所示为对应不同负载转矩时，直流电动机的调节特性曲线族，可见，直流电动机的调节特性也呈线性。当负载发生变化时，通过改变电枢电压，可以使电动机转速保持稳定。

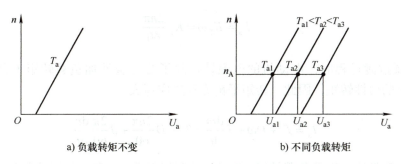

a）负载转矩不变　　b）不同负载转矩

图 4-40　直流电动机的调节特性

4. 动态特性

直流电动机的动态特性是指在电枢控制条件下，在电枢绕组上加阶跃电压时，电动机转速 n 和电枢电流 I_a 随时间变化的规律。当电动机的运行工况发生变化时，它就会经历一个过渡过程，这个过程需要一定的时间来完成。

过渡过程的产生主要归因于电动机内部的两种惯性：机械惯性和电磁惯性。在机械方面，因为电动机本身和负载存在转动惯量，当电枢电压发生突变时，电动机转速不能立即改变，需要经过一个逐渐变化的过程才能达到新的稳态。因此，转动惯量是导致机械过渡过程的关键因素。在电磁方面，由于电枢绕组具有电感，当电枢电压突变时，电枢电流也不能突变，也需要经过一个逐渐变化的过程才能达到新的稳态，所以电感是造成电磁过渡过程的主要因素。

机械过渡过程和电磁过渡过程相互影响并共同构成了电动机的总过渡过程，但通常情况下，直流电动机的电磁过渡过程所需时间远小于机械过渡过程。因此，在许多情况下，为了简化分析和解决问题，可以只考虑机械过渡过程，而忽略电磁过渡过程。这种简化方法在许多工程应用中是可行的。

下面结合图 4-41 所示的有刷直流电动机的等效电路，对这两种过渡过程进行分析。

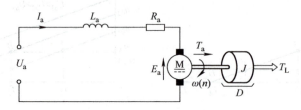

图 4-41　有刷直流电动机的等效电路

考虑电磁过渡过程时，式（4-9）所列的电压平衡方程变为如下所示的动态电压平衡方程，即

$$U_a = L_a \frac{dI_a}{dt} + I_a R_a + E_a \quad (4\text{-}13)$$

式中，L_a 是电枢绕组电感，单位为 H；I_a 是电枢电流，单位为 A；R_a 是电枢电阻，单位为 Ω；E_a 是反电势，单位为 V。

$$E_a = K_E \omega = K_E \frac{2n\pi}{60} \quad (4\text{-}14)$$

考虑机械过渡过程时，电动机的电磁转矩除了要克服外加负载转矩（含摩擦转矩），还要克服轴上的惯性转矩，因此，转矩平衡方程式应写成

$$T_a = T_L + D\omega + J\frac{d\omega}{dt} = T_L + D\frac{2n\pi}{60} + J\frac{2\pi}{60}\frac{dn}{dt} \quad (4\text{-}15)$$

式中，T_a 是电磁转矩；T_L 是负载转矩；D 是黏性阻尼系数；ω 和 n 分别是电动机的角速度和转速；J 是负载转动惯量。

过渡过程主要由机械惯性引起，因此，为了推导方便，假定电动机在空载状态下完成过渡过程，即 $T_L = 0$，并忽略黏性摩擦，这样有

$$T_a = J\frac{d\omega}{dt} = J\frac{2\pi}{60}\frac{dn}{dt}$$

因为

$$T_a = K_T I_a \quad (4\text{-}16)$$

所以可得

$$I_a = \frac{J}{K_T}\frac{d\omega}{dt} = \frac{J}{K_T}\frac{2\pi}{60}\frac{dn}{dt} \qquad (4-17)$$

把式（4-14）和式（4-17）带入式（4-13），并用 K_E 去除每一项，则得到

$$\frac{U_a}{K_E} = L_a\frac{J}{K_E K_T}\frac{d^2\omega}{dt^2} + \frac{JR_a}{K_E K_T}\frac{d\omega}{dt} + \omega = L_a\frac{J}{K_E K_T}\frac{2\pi}{60}\frac{d^2 n}{dt^2} + \frac{JR_a}{K_E K_T}\frac{2\pi}{60}\frac{dn}{dt} + \frac{2n\pi}{60} \qquad (4-18)$$

令

$$\tau_j = \frac{R_a J}{K_E K_T}, \quad \tau_d = \frac{L_a}{R_a}, \quad \omega_{0L} = \frac{U_a}{K_E}, \quad n_{0L} = \frac{60}{2\pi}\frac{U_a}{K_E}$$

则式（4-18）写成

$$\begin{cases} \omega_{0L} = \tau_j \tau_d \dfrac{d^2\omega}{dt^2} + \tau_j \dfrac{d\omega}{dt} + \omega \\ n_{0L} = \tau_j \tau_d \dfrac{d^2 n}{dt^2} + \tau_j \dfrac{dn}{dt} + n \end{cases} \qquad (4-19)$$

式中，τ_j 是机电时间常数；τ_d 是电磁时间常数；ω_{0L} 和 n_{0L} 分别是理想空载角速度和转速，对已经制成的电动机而言，这些都是常数，因此，式（4-19）为转速的二阶常微分方程。

用同样的方法，可以得到过渡过程中电枢电流 I_a 随时间变化的规律。

图 4-42 所示为直流电动机的电磁、机械过渡过程。当 $4\tau_d \leqslant \tau_j$ 时，即电动机电枢电感 L_a 比较小、电枢电阻 R_a 比较大以及电动机负载转动惯量 J 较大时，其过渡过程如图 4-42a 所示，这时电动机的转速、电流的过渡过程都是非周期的过渡过程。当 $4\tau_d > \tau_j$ 时，即电枢电阻 R_a、转动惯量 J 很小，而电枢电感 L_a 很大时，其过渡过程如图 4-42b 所示，这时电动机的转速、电流的过渡过程可能出现振荡现象。

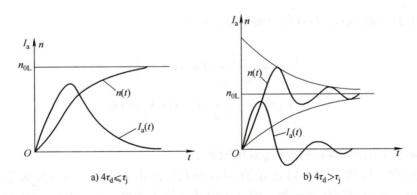

图 4-42　直流电动机的电磁、机械过渡过程

一般直流电动机的 τ_d 通常为 1ms 左右，τ_j 大约在十几毫秒到几十毫秒之间，低惯量直流伺服电动机的机电时间常数通常在 10ms 以下，其中空心杯电枢永磁直流伺服电动机的机电时间常数可小到 2～3ms。当 $\tau_d \ll \tau_j$ 时，τ_d 可以忽略不计，于是式（4-19）可以简化为一阶微分方程

$$\begin{cases} \omega_{0L} = \tau_j \dfrac{d\omega}{dt} + \omega \\ n_{0L} = \tau_j \dfrac{dn}{dt} + n \end{cases} \quad (4\text{-}20)$$

在此条件下，电枢电流 I_a 的过渡过程也可以用一阶微分方程表示，此时直流电动机的电磁、机械过渡过程如图 4-43 所示。

微分方程用时间域的方式描述系统输入和输出变量之间的关系，尽管可以直观地描述输入和输出变量随时间的变化，但不便于分析系统结构或参数变化对性能的影响，且求解过程比较烦琐。而传递函数将微分方程变换为代数方程，在研究系统结构或参数变化对性能影响方面非常方便，是描述线性系统动态特性的重要数学工具之一。传递函数是指零初始条件下线性系统响应（即输出量）的拉普拉斯变换（或 z 变换）与激励（即输入量）的拉普拉斯变换（简称为拉氏变换）之比。

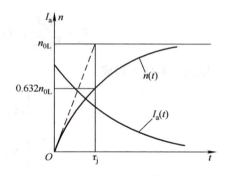

图 4-43 直流电动机在 $\tau_d \ll \tau_j$ 时的过渡过程

对式（4-13）~式（4-16）进行拉氏变换，可得

$$\begin{cases} U_a(s) = sL_aI_a(s) + R_aI_a(s) + E_a(s) \\ E_a(s) = K_E\omega(s) \\ T_a(s) = T_L(s) + D\omega(s) + sJ\omega(s) \\ T_a(s) = K_TI_a(s) \end{cases} \quad (4\text{-}21)$$

将式（4-21）的 $\omega(s)$、$I_a(s)$ 作为输出量，可得

$$\begin{cases} \omega(s) = \dfrac{1}{sJ + D}[T_a(s) - T_L(s)] \\ I_a(s) = \dfrac{1}{sL_a + R_a}[U_a(s) - K_E\omega(s)] \end{cases} \quad (4\text{-}22)$$

将式（4-22）用图 4-44 所示的等效框图表示。

按照线性叠加原理，图 4-44 所示的 $\omega(s)$ 和 $I_a(s)$ 均由 $U_a(s)$ 和 $T_L(s)$ 两部分输入引起的输出叠加而成，可以根据传递函数方便地求解转速拉氏变换 $\omega(s)$ 和电流拉氏变换 $I_a(s)$，进一步对 $\omega(s)$ 和 $I_a(s)$ 进行反拉氏变换可以方便地得到 $\omega(t)$ 和 $I_a(t)$，空载状态下，跟式（4-19）所列的二阶微分方程求解结果一样。

如前所述，通常系统黏性阻尼系数 D 较小，电感 L_a 相对于电枢电阻 R_a 较小，可以将其忽略，简化等效框图如图 4-45 所示。

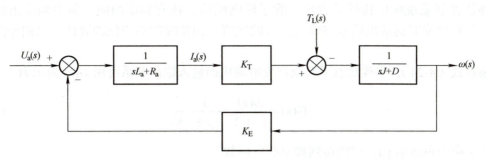

图 4-44　有刷直流电动机的等效框图

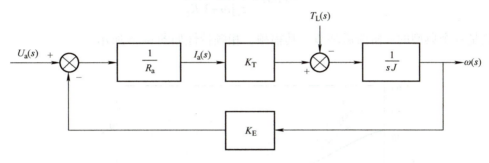

图 4-45　有刷直流电动机的简化等效框图

由图 4-45 可知，$\omega(s)$ 可以表示为

$$\omega(s)=\frac{1}{\dfrac{R_aJ}{K_EK_T}s+1}\left[\frac{1}{K_E}U_a(s)-\frac{R_a}{K_EK_T}T_L(s)\right] \quad (4\text{-}23)$$

式中，$\tau_j=\dfrac{R_aJ}{K_EK_T}$ 仍然是机电时间常数。

令

$$K_L=\frac{R_a}{K_EK_T}$$

式中，K_L 是表示负载转矩引起的电动机转速变化程度，即直流电动机机械特性曲线的下垂程度，K_L 越小，机械特性越硬，曲线下垂越轻。

$\omega(s)$ 可以用 τ_j 和 K_L 表示为

$$\omega(s)=\frac{1}{\tau_js+1}\left[\frac{1}{K_E}U_a(s)-K_LT_L(s)\right] \quad (4\text{-}24)$$

空载状态下，对式（4-24）进行反拉氏变换得到的 $\omega(t)$ 跟式（4-20）计算的 $\omega(t)$ 一样。当 $U_a(t)$ 为阶跃信号时，$\omega(t)$ 相对于 $U_a(t)$ 呈现一阶滞后特性。

同理可以得到，电流 $I_a(t)$ 相对于 $U_a(t)$ 也呈现一阶滞后特性。

评估控制系统响应特性的方法，除了阶跃响应，还有频率响应。频率响应求的是改变输入信号频率时的输出信号与输入信号的幅值、相位随频率变化的规律，以伯德图表示结果。

根据式（4-24），空载状态下有刷直流电动机的输入输出关系可用 $G(s)$ 表示为

$$G(s) = \frac{\omega(s)}{U_a(s)} = \frac{1}{\tau_j s + 1} \frac{1}{K_E} \quad (4\text{-}25)$$

将 s 换为角频率 $j\omega$，就能得到频率响应函数

$$G(j\omega) = \frac{1}{\tau_j j\omega + 1} \frac{1}{K_E} \quad (4\text{-}26)$$

这是一个典型的一阶滞后环节，其幅频、相频特性如图 4-46 所示。

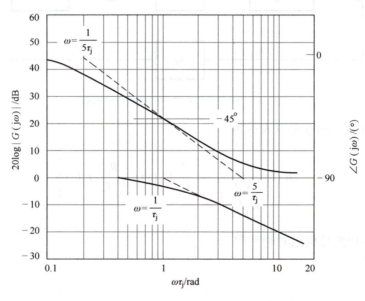

图 4-46 有刷直流电动机简化后的伯德图

4.4.3 有刷直流伺服电动机驱动原理

有刷直流电动机，虽然施加电压就可以旋转，但智能机电系统经常要实现起动/停止、加速/减速、正转/反转、定速/变速等十分精细的运转，这就需要对外加电压的大小和方向进行实时控制。具有控制功能的直流电动机称为直流伺服电动机，其通常需要与驱动电路（驱动器）配合使用。

中小功率的有刷直流电动机通常使用 PWM 改变加在电枢上的电压来进行控制，PWM（Pulse Width Modulation，脉冲宽度调制）通过对一系列脉冲的宽度进行调制，来等效地获得所需要波形（含形状和幅值），它的理论基础是面积等效原理。

1. 面积等效原理

面积等效原理是指冲量相等而形状不同的窄脉冲加在具有惯性的环节上时，其效果基本相同。冲量是指窄脉冲的面积；效果基本相同是指环节的输出响应波形基本相同，尤其在低频段非常接近，仅在高频段略有差异。

分别将如图 4-47a 所示的电压窄脉冲加在如图 4-47b 所示的一阶惯性环节（R-L 电路）上，输出转速和电流对不同窄脉冲的响应波形非常接近。脉冲越窄，响应波形的差异也越小。如果周期性地施加上述脉冲，则响应也是周期性的。如果脉冲频率较高，周期较短，实际响应结果就像有一个恒定电压一直加在电路上的响应结果一样。

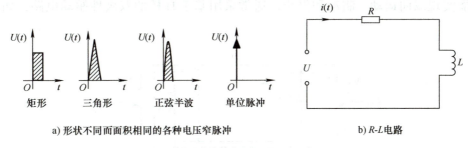

a) 形状不同而面积相同的各种电压窄脉冲   b) R-L 电路

图 4-47　面积等效原理

由前述分析可知，有刷直流电动机可近似为一阶惯性环节。当在电动机上加以频率较高的 PWM 方波电压时，也适用于面积等效原理。

2. 转速开环控制

下面先来分析通过在电动机绕组上施加 PWM 方波电压驱动电动机旋转的转速开环控制，如图 4-48 所示。图 4-48a 所示为主电路，直流电压 U 加在直流电动机 DC 绕组两端，晶体管 T 串联在供电电路中，VD 为续流二极管。

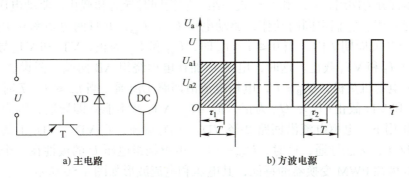

a) 主电路   b) 方波电源

图 4-48　直流伺服电动机的 PWM 控制原理

当在晶体管的基级输入一个如图 4-48b 所示的周期为 T、导通时间为 τ_1、占空比为 μ_1（$\mu_1 = \tau_1/T$）的高频控制电压时，电动机绕组上就可得到同样占空比的方波电压。占空比为 μ_1 的方波电压与左侧阴影部分的面积相同，按照面积等效原理，其作用效果也相同。当多个占空比为 μ_1 的方波电压加在电动机绕组上时，等效于在电动机绕组上持续施加 U_{a1} 的平均电压；同样，当占空比变为 μ_2 时，等效于在电动机绕组上持续施加 U_{a2} 的平均电压。平

均电压按下列公式计算，即

$$U_a = \frac{1}{T}\int_0^\tau U \mathrm{d}t = \frac{\tau}{T}U = \mu U \tag{4-27}$$

可见，当 T 不变时，在 $0 \sim T$ 内连续地改变 τ，可以得到 $0 \sim 1$ 的 μ，进一步使平均电压 U 由 0 变化到 U，从而达到连续改变电动机转速的目的。通常 PWM 的频率范围在 $10 \sim 20\mathrm{kHz}$。PWM 信号可通过单片机输出，大部分通用型单片机都集成了 PWM 模块，并可通过简单的寄存器配置或调取相关库函数轻松实现 PWM 输出功能。

采用图 4-48 所示的方案，伺服电动机只能实现单向运动、制动和停止。为了使伺服电动机能实现双向运动、制动和停止，通常采用基于 H 桥的双极性驱动电路，如图 4-49 所示。

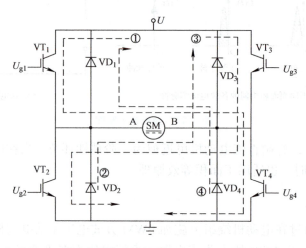

图 4-49　直流伺服电动机的基于 H 桥的双极性驱动电路

4 个晶体管分为两组，VT_1 和 VT_4 是一组，它们同时导通和截止，驱动电压 $U_{g1} = U_{g4}$；VT_2 和 VT_3 是一组，它们也同时动作，驱动电压 $U_{g2} = U_{g3}$，并且两组功率开关交替导通和截止。在一个开关周期 T 内，当 $0 \leq t < t_{on}$ 时，U_{g1} 和 U_{g4} 为正，VT_1 和 VT_4 导通；而 U_{g2} 和 U_{g3} 为 0，VT_2 和 VT_3 截止。这时，电源 U 加在电枢绕组 AB 两端，假设 A 端为电动机正极，B 端为电动机负极，$U_{AB} = U$，电枢电流沿回路①流通。当 $t_{on} \leq t < T$ 时，U_{g1} 和 U_{g4} 变为 0，VT_1 和 VT_4 截止；U_{g2}、U_{g3} 为正，但 VT_2、VT_3 并不能立即导通，因为在电枢电感释放储能的作用下，电枢电流沿回路②经 VD_2、VD_3 续流，在 VD_2、VD_3 上的压降使 VT_2 和 VT_3 承受反压，无法导通，这时，$U_{AB} = -U$。电枢绕组电压 U 的极性在一个周期内正负相间，这是双极性 PWM 变换器的特征，其电压和电流波形如图 4-50 所示。

由于电枢电压 U_{AB} 的正负变化，使电流波形存在两种情况，如图 4-50 中 i_{d1} 和 i_{d2} 所示。当电动机负载较大时，平均负载电流大，在续流阶段电流仍维持正方向（i_{d1}），电动机始终工作在电动状态。当负载很轻时，平均电流小，在续流阶段电流很快衰减到零，于是 VT_2 和 VT_3 的两端失去反压而导通，电枢电流反向，沿回路③流通（i_{d2}），此时电动机处于制动状态。与此相仿，当负载很轻时，在 $0 \leq t < t_{on}$ 期间，电流也有一次反向沿回路④流通（i_{d2}）。图 4-50 所示的电压、电流波形都是在电动机正转时的情况。

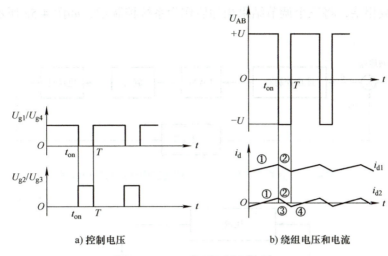

图 4-50　双极性 H 桥 PWM 变换器电压和电流波形

电枢两端平均电压为

$$U_d = \frac{t_{on}}{T}U - \frac{T-t_{on}}{T}U = \left(\frac{2t_{on}}{T}-1\right)U = (2\mu-1)U \quad (4-28)$$

令

$$\gamma = 2\mu - 1$$

当 $\mu \in [0,1)$ 时，$\gamma \in [-1,1)$。当正脉冲较宽时，$t_{on} > T/2$，$\gamma > 0$ 时，则电枢两端的平均电压为正，在电动运行时电动机正转；当正脉冲较窄时，$t_{on} < T/2$，$\gamma < 0$ 时，平均电压为负，电动机反转；如果正负脉冲宽度相等，即 $t_{on} = T/2$，$\gamma = 0$，平均电压为零，则电动机停止。t_{on} 取决于控制电压，控制电压最大时，$t_{on} = T$，$\gamma = 1$；控制电压最小时，$t_{on} = 0$，$\gamma = -1$；控制电压为中间值时，$t_{on} = 0.5$，$\gamma = 0$，可见，控制电压与 γ 成正比，进一步与 U_d 也成正比。

上述控制方法，可以由控制电压改变有刷直流伺服电动机转速，但电动机转速并不能反向影响控制电压，因此，它属于开环控制。智能机电系统工作过程中，即使加在电动机上控制电压不变，电动机转速仍然会随负载变化而变化。为了保证电动机转速稳定，要通过控制系统实时检测电动机转速的变化，并根据转速变化产生相应的控制信号，改变其电枢电压，这就是有刷直流伺服电动机的转速闭环控制。

3. 转速闭环控制

闭环控制可以利用负反馈产生的偏差信号，通过控制器对被控对象进行实时地修正调节，并使系统输出量与给定量保持一致，即使出现内部或外部的扰动，系统输出量偏离其给定量时，系统可以通过自动调节使输出量再次维持在给定量附近。有刷直流伺服电动机的转速闭环控制系统框图如图 4-51 所示。其中，输入转速 v_{ref} 为电动机给定转速，反馈量 v_{fb} 为测速模块获得的电动机实际转速，两者偏差为 e，速度控制器常使用经典的 PID（Proportional-Integral-Derivative）算法，PID 控制属于简单有效的线性控制方法，在工程应用中非常常见。它将控制系统中的给定输入量和实际输出量的偏差 e 分别与一定的比例、积分和微分常数相乘,将三个调节结果相加后作为系统控制量,如图4-52所示。

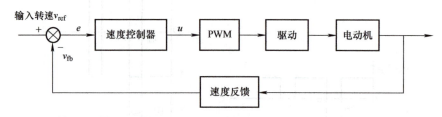

图 4-51　有刷直流伺服电动机的转速闭环控制系统框图

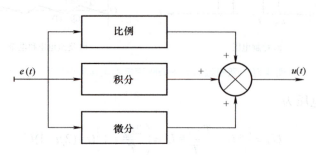

图 4-52　PID 控制器原理图

$$u(t) = K_p \left[e(t) + \frac{1}{T_i} \int_0^t e(t) \mathrm{d}t + T_d \frac{\mathrm{d}e(t)}{\mathrm{d}t} \right] \quad (4\text{-}29)$$

式中,K_p 是控制器的比例系数;T_i 是控制器的积分时间,也称为积分系数;T_d 是控制器的微分时间,也称为微分系数。

比例环节在控制系统中对偏差做出即时反应,控制器迅速产生作用以减少偏差。比例系数 K_p 决定控制作用的强度,其值越大,响应越快,但也可能引起振荡。积分环节通过不断积累偏差来消除静态误差,但可能降低响应速度并增加超调。积分系数 T_i 影响积分作用的强弱,系数越大,系统稳定性越高,但消除误差的速度减慢。微分环节通过预测偏差变化趋势来提前纠正,有助于减少超调和振荡,提高系统稳定性,但其对噪声敏感,需要滤波处理。微分系数 T_d 决定了微分作用的强度。

PID 控制器参数整定旨在优化系统动态和静态性能,通过调整比例、积分、微分系数使控制器特性与过程特性相匹配。整定方法分为理论计算整定法和工程整定法。理论计算整定法依赖于数学模型,而工程整定法如凑试法、经验法等,更侧重于现场调整,简便易行。选择合适的整定方法以实现最佳控制效果是关键,但具体方法需根据实际应用和系统特性来确定。

PID 控制器在实际使用时可以选择其中的一个或几个环节组合,如 P 控制、PI 控制、PD 控制、PID 控制等。控制器的输出用于产生对应占空比的 PWM 信号,进一步控制驱动电路带动有刷直流伺服电动机旋转。

有刷直流伺服电动机的转速闭环控制系统框图如图 4-53a 所示,将 K_E 的输出点前移变换后的系统框图如图 4-53b 所示。

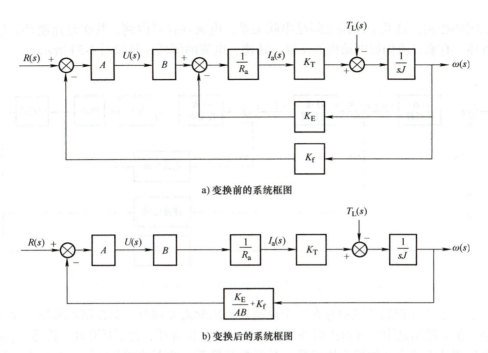

图 4-53 有刷直流伺服电动机的转速闭环控制系统框图

在图 4-53 中，$R(s)$ 是转速的指令值；$U(s)$ 是 PWM 电路控制电压；A 是速度控制器放大系数（这里以采用 P 控制为例）；B 是 PWM 和驱动电路的放大系数；K_f 是速度反馈系数。

根据图 4-53，可以得到

$$\omega(s) = \frac{1}{\dfrac{t_j}{\dfrac{ABK_f}{K_E}+1}s+1}\left[\frac{R(s)}{\dfrac{K_E}{AB}+K_f} - \frac{K_L}{\dfrac{ABK_f}{K_E}+1}T_L(s)\right]$$

$$= \frac{1}{\tau_{jf}s+1}\left[\frac{R(s)}{\dfrac{K_E}{AB}+K_f} - K_{Lf}T_L(s)\right] \quad (4\text{-}30)$$

式中，

$$\tau_{jf} = \frac{\tau_j}{\dfrac{ABK_f}{K_E}+1}, \quad K_{Lf} = \frac{K_L}{\dfrac{ABK_f}{K_E}+1}$$

同式（4-23）相比，有刷直流伺服电动机在带有转速闭环控制时，机电时间常数和机械特性下垂程度均是不带转速闭环的 $1\Big/\left(\dfrac{ABK_f}{K_E}+1\right)$，动态响应特性和负载特性都得到了改善。

实际使用的直流伺服电动机除了可以实现转速闭环控制，还可以根据需要实现电流和位置的闭环控制,这几个环路之间是串联关系,电流环在最内侧,其次是速度环,最外侧是位置环。有刷直流伺服电动机的位置、转速、电流的闭环控制如图4-54所示。

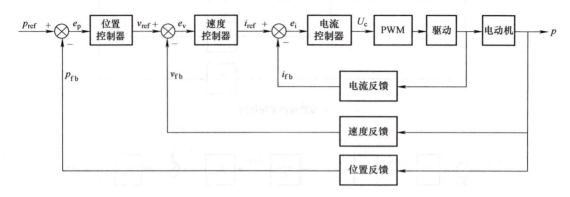

图4-54 有刷直流伺服电动机的位置、转速和电流的闭环控制

由于上述闭环控制系统中存在三个控制器,因此需要调节三套控制器参数,比单环系统复杂。在实际调试中,可由内而外逐步调整,先令位置环、速度环开环,即令 i_{ref} 为恒定值,单独调试电流内环的控制器参数,并考察其稳态、暂态的调节性能。在电流环得到满意效果后,加入速度环,并调试速度环的控制器参数,此时电流环参数只需微调即可,接着加入位置环,并调试位置环的控制器参数,从而逐步实现系统联调。跟PID的三个环节可以组合成不同的控制器一样,电动机这三个环也可以组合,除了前面介绍的转速闭环,也有转速、电流双闭环,或者位置、转速、电流三闭环,也可以仅使用单位置闭环。

4. 舵机控制

舵机是船模、航模、车模、机器人上广泛应用的控制电动机。它能够将电信号转换为精确角度控制。一般舵机旋转的角度范围是0°~180°,也有0°~90°、0°~360°或可连续旋转的。按照舵机控制信号的不同,舵机可以分为模拟舵机、数字舵机和总线舵机,它们的内部结构基本相同,不同的是接收控制信号的形式和内部对控制信号的处理方式。模拟舵机和数字舵机接收PWM信号进行控制。模拟舵机主要通过模拟电路对PWM信号进行简单的功率放大和电动机驱动,控制精度和灵活性相对较低。数字舵机内部使用微控制器进行信号处理,可以实现更复杂的控制逻辑和精确的反馈调节。总线舵机采用通信总线(如I2C、SPI或CAN等)进行数据传输,具备高度集成的控制协议和多设备通信能力,在数据传输速率和通信效率上优于数字舵机。从价格上来说,模拟舵机价格最低,一般十几元就可以买到,而数字舵机和总线舵机价格比较昂贵,通常需要几十元以上。对于一般的自动化应用,模拟舵机的性能已经足够,是应用最多的一类舵机。图4-55所示为常用模拟舵机SG90的外形和内部组成。它是集电动机、减速器、编码器、控制板于一体的单位置闭环运动控制系统。电动机输出轴与减速器输入轴相连,减速器输出轴安装位置传感器用于监测舵机转动角度,电动机、位置传感器与控制板相连,形成驱控一体的执行单元。为了降低成本,电动机通常使用微型有刷直流电动机,减速器由齿轮组实现,编码器使用电位计,控制板使用单片机。

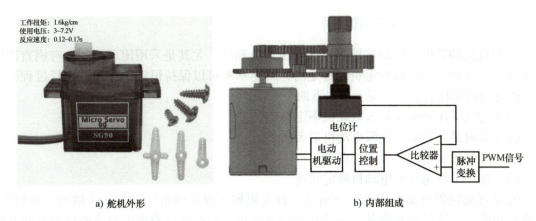

a) 舵机外形　　　　　　　　　　　b) 内部组成

图 4-55　常用模拟舵机 SG90 的外形和内部组成

控制板根据接收的控制信号，判断出控制电动机转动大小和方向的信号，控制电动机转动，电动机带动一系列齿轮组，减速后传动至输出轴，输出轴和电位计相连，输出轴上舵盘转动的同时，带动电位计转动，电位计将舵盘位置反馈到控制板，形成位置闭环控制，直到到达目标位置就停止。它的工作流程为：控制信号→控制板→电动机转动→齿轮组减速→舵盘转动→电位计反馈位置→位置闭环。

模拟舵机的控制信号为周期 20ms 的脉宽调制（PWM）信号，其中脉冲宽度为 0.5～2.5ms，相对应舵盘的位置为 0°～180°，呈线性变化。也就是说，给舵机的控制电路提供一定的脉宽，它的输出轴就会保持在一个相对应的角度上，无论外界转矩怎样改变，直到给它提供一个另外宽度的脉冲信号，它才会改变输出角度到新的对应位置上。舵机控制信号脉冲宽度与舵机位置关系如图 4-56 所示。

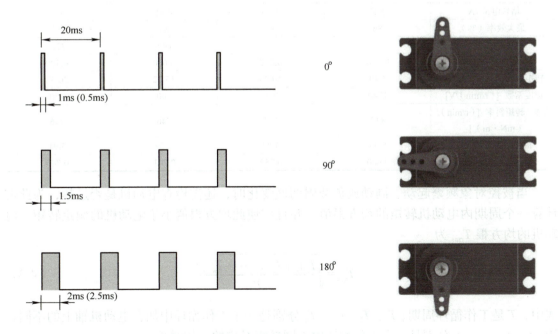

图 4-56　舵机控制信号脉冲宽度与舵机位置关系

4.4.4 有刷直流伺服电动机选用

有刷直流伺服电动机的特性明显优于步进电动机,尤其是采用闭环控制的有刷直流伺服电动机,在额定电压和额定负载转矩内,转速基本可以保持恒定,因此其选择过程不必像步进电动机那样复杂,主要考虑以下四个方面。

(1)连续工作转矩 < 伺服电动机额定转矩

(2)瞬时最大转矩 < 伺服电动机最大转矩

(3)惯量比 < 电动机规定的惯量比

(4)连续工作速度 < 电动机额定转速

有刷直流伺服电动机的选择原则是:首先根据工况正确地计算电动机轴的负载转矩、转速和功率等,然后按其中某一个或几个计算结果,根据供应商或生产商的样本或网站中提供的技术参数,初选一个电动机,然后对其余指标进行校核。表4-6列出了DCU17025(机械换向,外径17mm,长度25mm,石墨电刷,3.5/4.5W)空心杯有刷直流电动机的主要技术参数。

表 4-6 DCU17025 空心杯有刷直流电动机的主要技术参数

电动机参数	型号			
	DCU17025G06	DCU17025G12	DCU17025G18	DCU17025G24
额定电压 /V	6	12	18	24
空载转速 /(r/min)	10400	10400	10700	11400
空载电流 /mA	12.3	8.2	6.3	3.5
名义转速 /(r/min)	7310	7520	7800	8260
最大连续转矩 /mN·m	3.69	3.90	3.88	3.89
最大连续电流 /A	0.686	0.365	0.250	0.195
堵转转矩 /mN·m	12.47	14.16	14.47	14.91
堵转电流 /A	2.27	1.29	0.91	0.73
最大效率(%)	86	83	84	87
端电阻 /Ω	2.6	9.3	19.8	32.7
端电感 /mH	0.068	0.272	0.600	0.900
转矩常数 /(mN·m/A)	5.49	10.98	15.92	20.32
速度常数 /[(r/min)/V]	1740	870	600	470
速度/转矩斜率 /[(r/min)/(mN·m)]	837	737	746	756
机械时间常数 /ms	5.96	5.80	5.79	5.91
转子惯量 /g·cm²	0.680	0.752	0.741	0.746

当被控对象频繁起动、制动或负载周期性变化时,还需检查电动机是否过热,为此需计算一个周期内电动机转矩的均方根值,并且应使此均方根值小于电动机的额定转矩。电动机的均方根 T_{rms} 为

$$T_{rms} = \sqrt{\frac{T_1^2 t_1 + T_2^2 t_2 + \cdots + T_n^2 t_n}{T}} \quad (4-31)$$

式中,T 是工作循环周期;T_1、T_2、$\cdots$、T_n 分别是一个工作循环中加在电动机轴上的不同转矩;t_1、t_2、$\cdots$、t_n 分别是一个工作循环中不同转矩对应的工作时长。

在有些应用场合下,要求有良好的快速响应特性,随着控制信号的变化,电动机应在较短时间内完成必需的动作。例如,数控机床需要具有良好的快速响应特性才能保证加工精度和表面质量。电动机的响应特性与负载惯量比息息相关。负载惯量比 N 是指机械负载的转动惯量和伺服电动机转子自身转动惯量的比值,即 $N=J_{负载}/J_{转子}$。负载惯量比越小,系统越稳定,伺服电动机加减速和响应性能越好,伺服调试越容易,反之则系统越不稳定,电动机响应性能越差,伺服调试难度增加。表 4-7 列出了部分智能机电系统的负载惯量比推荐范围。

表 4-7 部分智能机电系统的负载惯量比推荐范围

类型	负载惯量比 N 推荐范围
高速贴片机	≤1
数控机床、关节机器人	≤(2~5)
大型机械	≤30

有时还需要考虑一些特殊环境,如当电动机作为垂直轴的执行元件时,为了避免断电时垂直轴的运动部件因重力滑落,通常选用带有抱闸的伺服电动机;当电动机有可能受到冲击振动时,一般不选择光电编码器作为反馈元件,可以选择旋转变压器等耐冲击的反馈元件;当电动机是在有水、灰尘、易燃易爆等场合应用时,需要考虑防水防爆等防护要求。

伺服电动机选定之后,应根据电动机的额定电流(最大连续电流)和瞬时最大电流(堵转电流)来选择驱动器。原则是电动机的额定电流不能大于驱动器的额定电流,电动机瞬时最大电流不能超过驱动器最大输出电流。一般而言,驱动器的过载能力为在 300% 额定转矩时,维持时间不超过 3s。

4.4.5 无刷直流伺服电动机驱动原理

无刷直流电动机(BLDC)是由有刷直流电动机发展而来的,其转矩产生机理与有刷直流电动机相同,只是为了消除电刷和机械换向器。在无刷直流电动机中通常将永久磁铁和电枢绕组反装,即转子是永久磁铁,定子是多相电枢绕组,多采用三相,三相绕组可以接成三角形或星形,星形比较常用。此外,就电动机整体结构而言,又分为内转子式和外转子式。图 4-57a 所示为三相无刷直流电动机外形,图 4-57b 所示为内转子式无刷直流电动机结构简图,图 4-57c 所示为外转子式无刷直流电动机结构简图。

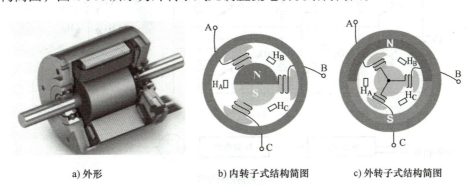

a) 外形 b) 内转子式结构简图 c) 外转子式结构简图

图 4-57 无刷直流电动机

转子旋转时,定子绕组的各线圈边将轮流经过 N 极和 S 极,为了使定子绕组中的电流方向能随其线圈边所在处的磁场极性交替变化,需要使用开关控制器和位置传感器组成换相装置。位置传感器检测转子磁极空间位置,确定电枢绕组各线圈边所在处磁场的极性,据此控制开关器件的通断,进而控制电枢绕组的导通情况及绕组电流的方向。显然在这里转子位置传感器和逆变器的作用与有刷直流电动机中的电刷和机械换向器相同,相当于一个电子换向器。

下面以外转子无刷直流电动机为例,介绍其工作原理。图 4-58a 所示为主回路控制原理,三相绕组按星形联结,转子为一对磁极,六个功率管组成的全桥电路控制绕组导通,将直流电压变为方波电压加在电动机绕组上,为了增大电动机的输出功率,一般同时给两个绕组通电,图中表示了各相绕组的电压、电流和反电势的正方向。三个开关型霍尔传感器呈 120° 放置,用于检测磁极状态。霍尔传感器是磁场敏感元件,经过 N、S 磁极时,其输出信号会呈现高低电平变化,通常位于 N 极下输出 "1",位于 S 极下输出 "0",转子旋转一周,每个霍尔传感器会输出两个状态,三个霍尔传感器共输出六个状态。图 4-58b 所示为几个特定时刻绕组导通情况。

假设在 $t=0$ 时刻,转子位于如图 4-58b 所示位置①,此时霍尔传感器的状态为 $H_A H_B H_C = 010$,如果此时控制 VT_1 和 VT_6 导通,则电动机绕组的通电状态为 A 入 B 出,即电流沿着 $U_0 \rightarrow A \rightarrow B \rightarrow$ 地的路径流通,A 端形成电磁铁的 N 极,B 端形成电磁铁的 S 极,将会吸引转子中的永久磁铁沿顺时针方向转动,转动 60° 到达如图 4-58b 所示位置②,$H_A H_B H_C$ 变为 011,为了使转子继续沿顺时针方向转动,接着控制 VT_1 和 VT_2 导通,再将直流电源切换到 AC 相,即 A 入 C 出,转子将继续沿着顺时针转动到 120°,到达如图 4-58b 所示位置③,此后 $H_A H_B H_C$ 依次变为 001、101、100、110,通电绕组也依次切换为 B 入 C 出、B 入 A 出、C 入 A 出、C 入 B 出,控制系统每次根据霍尔传感器检测到的转子位置,控制 $VT_1 \sim VT_6$ 的导通状态,进而控制绕组电流。当绕组按照 AB → AC → BC → BA → CA → CB → AB 的顺序轮流往复导通时,电动机就沿着顺时针方向连续旋转,按照相反顺序给绕组通电,电动机就沿着逆时针方向旋转。

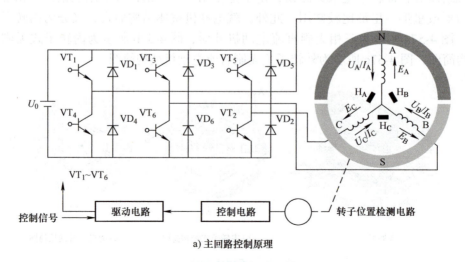

a) 主回路控制原理

图 4-58 三相绕组无刷直流电动机原理图

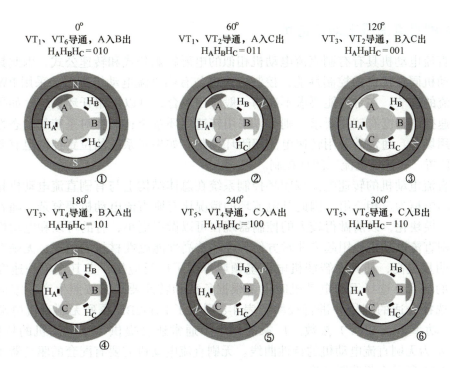

b) 几个特定时刻绕组导通情况

图 4-58　三相绕组无刷直流电动机原理图（续）

在无刷直流电动机的每个工作循环中，每隔 60° 功率开关电路就进行一次切换，转子旋转一周，共进行了 6 次通电状态切换，相应地定子绕组有 6 种导通状态，而在每个 60° 区间都只有两相绕组同时导通，另外一相绕组电路为零，这种工作方式常称为两相导通三相六状态。

现在来分析定子绕组感应电动势和绕组电流波形。为了突出主要问题，分析中做如下理想假定：①气隙磁场仅由转子上的永久磁铁建立，所产生的气隙磁密在永久磁铁中央所覆盖的 120° 范围内保持恒定，在 N、S 极两永久磁铁之间线性变化；②直流侧电流恒定；③绕组电流的换相是瞬间完成的。在此假设下，上述工作情况下的无刷直流电动机反电势、绕组电流及电磁转矩波形如图 4-59 所示。可见，无刷直流电动机的反电势、绕组电流都非常接近方波。

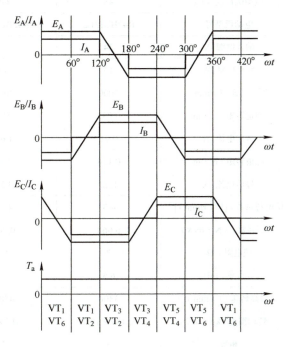

图 4-59　无刷直流电动机反电势、绕组电流及电磁转矩波形

4.4.6 无刷直流伺服电动机选用

无刷直流电动机具有有刷直流电动机相似的电磁转矩公式和转速公式,因此具有与有刷直流电动机同样优良的控制性能,控制方式也与有刷直流电动机类似,采用PWM实现电压或电流的调节。在对性能要求不高的一般应用场合,可以采用开环系统;如果对调速范围和转速控制精度有较高要求,则可以采用转速闭环系统;而在对系统的动态性能要求较高的应用场合,通常需采用转速电流双闭环控制;如果对系统的位置控制也有要求,还可以采用位置、转速、电流三闭环控制。

无刷直流电动机的转速电流双闭环控制系统在总体结构上与有刷直流电动机相似,但是由于它的电枢为三相绕组,因此其电流环的情况比有刷直流电动机要复杂。随着控制器的小型化、模块化,以前做得较大的控制器现在可以做得更小,有的可以和电动机做在一起;使无刷直流电动机使用起来非常方便。伴随着高性能磁性材料的出现,无刷直流电动机的性能明显提高,使其在智能机电系统领域得到了广泛应用,尤其在单一速度和稳定速度运行的场合。选择无刷电动机时也要根据负载和转速要求,按照生产厂家提供的技术参数,选择合适的型号并进行校验。表4-8列出了RH42BL系列无刷直流电动机(直径42mm,功率10~75W)参数。厂家的样本中通常还会提供每个电动机的特性曲线。图4-60所示为无刷直流电动机的特性曲线。无刷直流电动机需要有配套的驱动器才能正常工作,图4-61所示为驱动器外形。

表4-8 RH42BL系列无刷直流电动机(直径42mm,功率10~75W)参数

电动机系列	R42BL13	R42BL30	R42BL60	R42BL75
电动机长度/mm	43	60	83	93
电动机型号	R42BL13L2	R42BL30L3	R42BL60L2	R42BL75L2
输入电源/V	24	36	24	24
额定功率/W	13	30	60	75
额定转速/(r/min)	2000	4000	4000	4000
额定转矩/N·m	0.032	0.08	0.15	0.18
额定电流/A	0.91	1.67	3.4	4.80
峰值转矩/N·m	0.124	0.16	0.3	0.36
峰值电流/A	1.82	3.34	6.8	9.6
反电势系数/[V/(r/min)]	4.3	4.75	3.1	3.1
转矩系数/(N·m/A)	0.068	0.048	0.044	0.038
线电阻/Ω	7	2.7	0.67	0.75
线电感/mH	6.5	2.3	0.64	0.65
最高转速/(r/min)	3300	4500	5000	4500
转动惯量/kg·m^2	2.149×10^{-6}	4.017×10^{-6}	6.015×10^{-6}	6.036×10^{-6}
相数	3	3	3	3
极对数	2	4	4	4

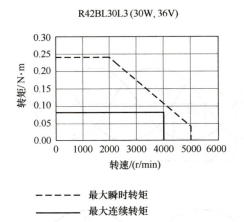

图 4-60 无刷直流电动机的特性曲线

图 4-61 无刷直流电动机驱动器外形

4.5 交流伺服驱动系统原理及选用

如前所述，无刷直流电动机采用方波控制，算法简单，硬件成本低，但它的定子磁场不是连续旋转的，而是跳跃式的，因此会造成转矩的脉动，不适合对转矩和控制精度要求较高的场合。而交流电动机把三相正弦电流输入到三相定子绕组，转矩的脉动小，控制精度高，动态性能好，更适用于数控机床和工业机器人等精密伺服控制系统，但控制电路比较复杂，价格较贵。

交流电动机分为永磁同步型和感应（异步）型两大类。永磁同步电动机具有过载能力大、体积小、效率高、动态特性好、响应快、控制精度高等优点，一般用在中小功率位置伺服系统中。感应电动机结构简单、便于维护、成本低，可以做到较大功率，被广泛用于开环恒速的场合，如机床主轴、气泵、风机等。

4.5.1 永磁同步电动机结构和工作原理

永磁同步电动机（Permanent Magnet Synchronous Motor，PMSM）结构跟无刷直流电动机结构类似，但通常采用内转子型。它的定子由电工钢片叠制而成，定子磁极上绕有三相绕组，转子磁极由永久磁钢构成，同轴连接检测转子位置的传感器。但是两者之间也有区别：永磁同步电动机定子绕组中通以三相对称正弦交流电，定子合成磁场在空间连续变化，气隙中的磁通密度与转子转角成正弦函数关系；位置传感器的测角分辨率较高，因为它要生成角度的正余弦函数，因此霍尔元件和光电开关元件已不适用，必须采用光电编码器、旋转变压器等更加精密的测角传感器。永磁同步电动机采用三相正弦波电流供电，取代无刷直流电动机的方波电流供电，消除了换向时的转矩脉动，运行性能更加平稳，在高性能伺服驱动领域得到了广泛应用。

如图 4-62 所示，当永磁同步电动机的定子绕组以星形（Y）联结，并通以三相对称正弦交流电时，会产生与电源频率相关的旋转磁场，并带动转子同步旋转。改变输入电流的频率会同步改变电动机转速。同步电动机转速 $n=60f/p$（f 为三相电源频率，p 为转子的磁极对数）。

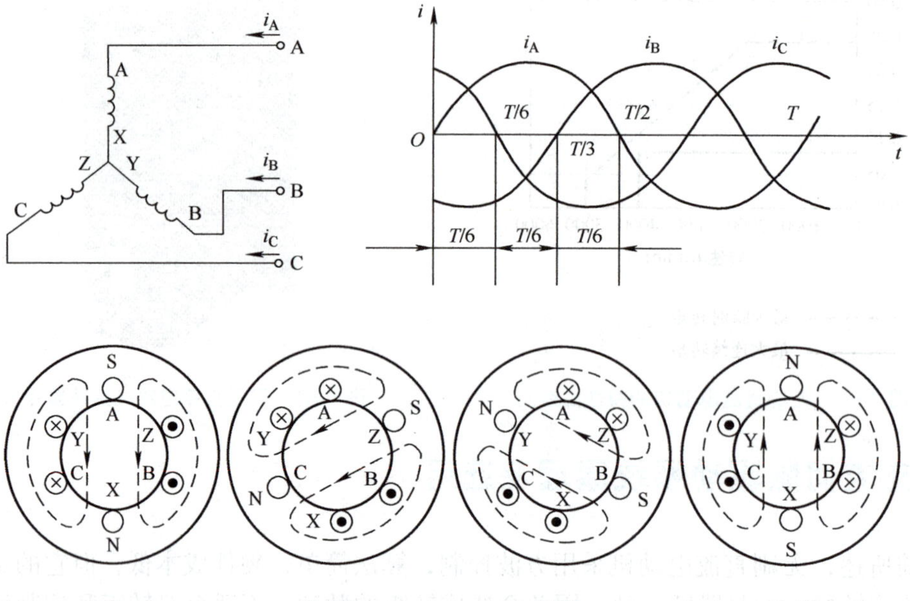

图 4-62 永磁同步电动机输入正弦交流电流及产生的旋转磁场

与直流电动机的 PWM 功率放大器控制类似，永磁同步电动机通常采用如图 4-63 所示的三相正弦脉冲宽度调制（SPWM）电压供给定子绕组。A、B、C 三相交流电源经过整流滤波后产生直流母线电压，控制电路输出如图 4-63a 所示的脉宽可变的控制电压，作用到如图 4-63b 所示逆变器的六个大功率晶体管 $VT_1 \sim VT_6$ 上，使绕组 A、B、C 获得的电压波形与图 4-63a 所示方波波形一样，但幅值等于母线电压。与直流电动机的 PWM 调速一样，由于脉冲频率很高（通常为 25kHz 左右），绕组电感起平滑作用，所以永磁同步电动机定子绕组中流过的电流基本上是三相正弦波，如图 4-63a 中虚线所示。

普通的变频调速控制方法虽能实现永磁同步电动机的变速运行，但就动态性能而言与直流伺服电动机相比尚有明显差距。原因在于普通的控制方法无法对永磁同步电动机动态过程中的电磁转矩进行有效控制，而对动态转矩的控制是决定电动机动态性能的关键。在式（4-11）中，有刷直流伺服电动机的电磁转矩 $T_a = K_t \Phi I_a$。磁通 Φ 恒定时，通过对电枢电流 I_a 的控制，即可实现对动态转矩的有效控制，从而决定了其良好的动态性能。在永磁同步电动机中，为了产生电磁转矩，转子永久磁铁的磁链矢量不应该与定子旋转磁场矢量一致；并且，为了产生正向转矩，转子磁链矢量必须落后于定子旋转磁场矢量。当落后角为 90° 时，电磁转矩达到极值。也就是说，在一定的定子电流下，电磁转矩最大。这种运行状态是永磁同步电动机的最佳运行状态。为了实现这种最佳运行状态，永磁同步电动机的驱动采用矢量控制方法。本书对矢量控制的算法不做具体介绍，请感兴趣的读者自行查阅相关资料。

矢量控制的具体方法是由微型计算机算出电动机应有的转矩值及相应的 i 值，再根据当时的转子位置 θ，计算出三相瞬时电流指令值的大小。电流的频率则按照电动机应有的速度值，通过 SPWM 来控制。为了使永磁同步电动机的控制性能更加平稳，在实际使用过程中往往也采用位置、转速、电流三闭环的控制方式，其控制框图如图 4-64 所示。

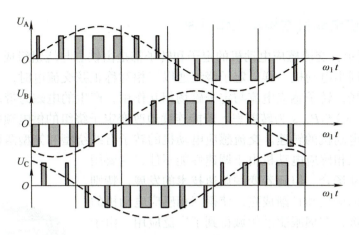

a) SPWM电压波形

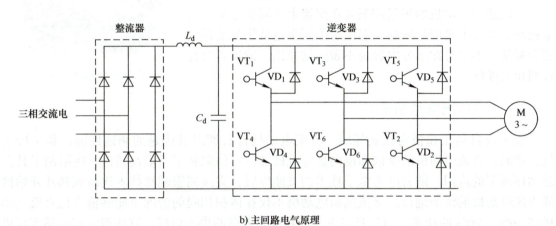

b) 主回路电气原理

图 4-63　SPWM 控制系统

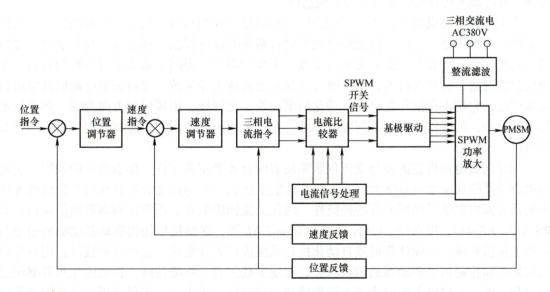

图 4-64　永磁同步电动机控制框图

4.5.2 交流感应电动机结构和工作原理

如图4-65所示，交流感应电动机的定子和转子都是由铁心与绕组组成，定子绕组一般为三相，跟永磁同步电动机一样，定子绕组通以三相对称正弦交流电时，会产生与电源频率相关的旋转磁场，转子感应电流与定子磁场相互作用，产生的电磁力带动转子旋转，转子转速 $n=60(1-s)f/P$，s 为转差率。若能连续地改变定子绕组的供电频率，也可以平滑地调节交流感应电动机的转速。交流感应电动机的转子有线绕型和笼型两种构造。在过去很长一个时期，三相感应电动机由于调速性能不佳，主要用于普通的恒速驱动场合。但随着变频调速技术的发展，特别是矢量控制技术的应用和日渐成熟，使得三相感应电动机的伺服性能大为改进，在伺服驱动领域得到了广泛应用。由于交流感应电动机的输出功率较大，常用作主轴伺服系统。

交流感应电动机的矢量控制是在交流永磁同步电动机矢量控制的基础上发展起来的，但比永磁同步电动机矢量控制更为复杂。本书对此部分内容也不做详细介绍，请读者自行查阅相关资料。

图4-65 交流感应电动机

4.5.3 交流伺服电动机选用

在工业自动化和精密控制领域，直流电动机曾长期以其优越的调速性能占据主导地位，然而，直流电动机的电刷和换向器等机械部件不仅限制了其最高转速，还限制了其在恶劣环境下的应用。随着电力电子技术的飞速发展，交流伺服驱动技术逐渐成熟并开始挑战直流电动机的统治地位。交流伺服电动机不仅在体积相同的情况下能够输出比直流电动机高10%~70%的功率，而且具有更大的容量和更高的供电电压，这使得它们能够实现更高的转速和更强的过载能力。这些优势使得交流伺服电动机在智能机电系统中越来越受到青睐，并逐渐取代直流电动机成为主流选择。

交流伺服电动机的高效率、高动态响应和高精度控制特性，使其在需要高性能运动控制的场合表现出色。它们不仅能够提供平滑且精确的速度控制，还能够实现复杂的位置控制。此外，交流伺服电动机的无刷结构减少了维护需求，提高了系统的可靠性和寿命。在现代智能制造、机器人技术、航空航天以及新能源技术等领域，交流伺服电动机的应用越来越广泛，它们正在推动着工业自动化向更高效、更智能、更环保的方向发展。随着技术的不断进步，可以预见，交流伺服电动机将在未来的工业控制和智能制造中扮演更加重要的角色。

交流伺服电动机也需要与交流伺服驱动器配合才能正常工作。随着技术的发展，交流伺服驱动器的功能也日益强大，其不仅在性能上达到了新的高度，而且在与上位机的连接和通信方面也提供了前所未有的便捷性。现代交流伺服驱动器通常配有多种通信接口，如RS-232、RS-485、以太网、CAN总线和EtherCAT等，这些接口使得驱动器能够轻松地与各种上位机系统、工业计算机或自动化控制系统进行无缝集成。通过这些接口，用户可以远程监控和控制伺服驱动器的运行状态，实现参数配置、故障诊断、性能优化和数据记录等多种功能，不仅极大地简化了系统集成和调试过程，还为用户提供了更灵活地控制策略和更高的自动化、智能化水平。例如，通过实时接收和处理来自传感器和执行器的数据，交流伺服驱动器能够实现精确的运动控制和优化的能效管理。同时，驱动器的高级诊断功能也为维护和故障排除提供了强有力的支持，确保了系统的稳定性和生产率。

表4-9列出了汇川部分MS1H1低惯量、小容量电动机的主要技术参数，图4-66所示为MS1H1-40B30CB电动机的转矩转速特性，可以看出交流伺服电动机在额定转速以下可以保持恒定的转矩输出。

表4-9 汇川部分MS1H1低惯量、小容量电动机的主要技术参数

电动机型号 MS1H1-	05B30CB	10B30CB	20B30CB	40B30CB	55B30CB	75B30CB	10C30CB
机座号（中心高）/mm	40	40	60	60	80	80	80
额定功率/kW	0.05	0.1	0.2	0.4	0.55	0.75	1.0
额定电压/V	220	220	220	220	220	220	220
额定转矩/N·m	0.16	0.32	0.64	1.27	1.75	2.39	3.18
最大转矩/N·m	0.56	1.12	2.24	4.45	6.13	8.37	11.13
额定电流/A	1.3	1.3	1.5	2.5	3.9	4.4	6.2
最大电流/A	4.7	4.7	5.8	9.8	15	16.9	24
额定转速 n_N/(r/min)	3000	3000	3000	3000	3000	3000	3000
最高转速 n_{max}/(r/min)	7000	7000	7000	7000	7000	7000	7000
转矩系数/(N·m/A)	0.15	0.26	0.46	0.53	0.49	0.58	0.46
转子转动惯量/kg·cm²，括号内数据是指带抱闸的电动机	0.026（0.028）	0.041（0.043）	0.094（0.106）	0.145（0.157）	0.55	0.68（0.071）	0.82（0.87）

同直流伺服电动机的选择过程一样，选择交流伺服电动机也主要根据系统连续工作转矩、瞬时最大转矩、惯量比和连续工作速度等参数，对照生产厂商提供的样本参数表挑选符合要求的交流伺服电动机及驱动器。图4-67所示为汇川公司的交流伺服电动机及驱动器。

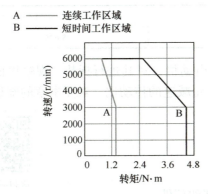

图4-66 MS1H1-40B30CB电动机的转矩转速特性

图4-67 汇川公司的交流伺服电动机及驱动器

4.6 驱动系统设计与开发项目实践

4.6.1 步进电动机拆装实践

28BYJ-48 是价格低廉的小型五线四相步进电动机,广泛应用于家用电器、汽车电子、安防设备、智能家居和教育项目上。"28"表示电动机壳的外径是 28mm,"BYJ"三个字母分别表示步进、永磁和减速,"48"表示电动机绕组有四相,可以工作在八拍模式下。图 4-68 所示为 28BYJ-48 步进电动机的实物图。图 4-69 所示为 28BYJ-48 步进电动机的内部结构和绕组引线。表 4-10 列出了 28BYJ-48 步进电动机的参数。

图 4-68 28BYJ-48 步进电动机的实物图

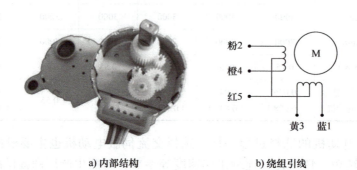

a) 内部结构　　　　　　　b) 绕组引线

图 4-69 28BYJ-48 步进电动机的内部结构和绕组引线

表 4-10 28BYJ-48 步进电动机参数

工作电压 /V	减速比	步距角(1~2 相)/(°)
5	64	5.625

请准备一个 28BYJ-48 或其他型号的步进减速电动机,对其进行拆装,观察里面的定子绕组结构和转子结构,计算其步距角,分析其齿轮减速的传动比。对照本章的知识,深刻理解步进电动机的结构特点。

注意:
1) 操作前需要将电源断开,避免电击事故。
2) 使用专业的工具和材料。
3) 拆卸时不要用力过大,以免损坏电动机内部的部件。
4) 拆卸时将拆下的部件按顺序摆放,便于后续维修和安装。

请扫二维码观看步进电动机拆装视频

4.6.2 步进电动机驱动系统设计实践

步进电动机工作时需要驱动电路，前面介绍过功率放大器的工作原理和集成驱动芯片 L298，对于小型步进电动机来说，ULN2003/ULN2003A 是一种更经济实用的集成驱动芯片，具有价格低，能承受一定的高压、高电流等优点。ULN2003A 由七路达林顿晶体管组成，每路晶体管可承受 500mA 的输出电流和 50V 的输出电压。每个达林顿基极上都串联了一个 2.7kΩ 的电阻，可以在 5V 的工作电压下直接与 TTL 和 CMOS 电路相连，内部集成了续流二极管用于感性负载的续流。ULN2003A 及内部电路如图 4-70 所示。由于输出是集电极开路，所以每个电动机绕组应该连接在 COM 和对应的 OUT 之间。28BYJ-48 有四相绕组，所以需要把四个绕组分别连接在 COM 和四个对应的 OUT 之间，相当于为每相绕组提供了最基本的单电压功率放大输出。

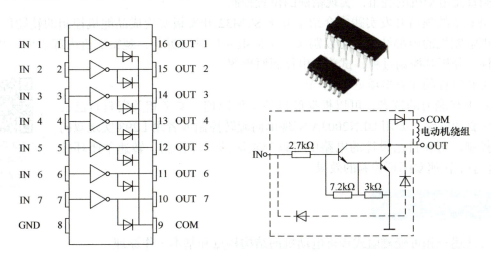

图 4-70　ULN2003/ULN2003A 及内部电路

请查阅资料，基于 ULN2003/ULN2003A 设计 28BYJ-48 的驱动电路，可以在如图 4-71 所示的面包板或洞洞板上搭建电路。实际上网上可以采购到用于 28BYJ-48 电动机的驱动板，如图 4-72 所示。对缺乏电路设计经验的人来说，也可以采购成品的电动机驱动板来研究步进电动机的驱动电路。

图 4-71　面包板和洞洞板

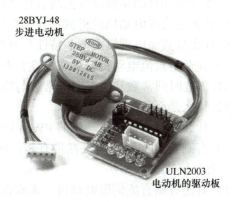

图 4-72　28BYJ-48 电动机和驱动板

以上只是完成了步进电动机的功率放大部分，步进电动机工作离不开脉冲分配器，但 ULN2003/ULN2003A 不具有脉冲分配的功能，所以，还需要为 28BYJ-48 设计软件环形脉冲分配器，28BYJ-48 可以有四相四拍和四相八拍的工作方式，后者步距角为前者的一半。请分别针对两种工作方式，编写步进电动机的脉冲分配控制软件，实现步进电动机的正反转控制、速度控制，并可进一步验证厂家给的性能参数。

4.6.3 舵机拆装与驱动系统设计实践

前面介绍过，常用舵机的驱动系统主要采用微型有刷直流电动机，其控制策略通常基于单位置闭环控制，用 PWM 信号设定目标位置，用电位计提供实时角度反馈。通过比较 PWM 信号与电位计反馈的角度值，对差值信号进行处理，输出所需的控制信号，进而驱动有刷直流电动机的绕组，实现精确的位置控制。

第 6 章的项目开发实践中介绍了基于 STM32 开发板实现成品舵机控制的软硬件方法。为了理解舵机的内部结构，可以购买一个模拟舵机进行拆装，观察舵机内部机械结构和控制元件，分析其控制过程，试着画出控制原理图。

拆装过程的注意事项见 4.6.1 节。

对于有能力的读者，可以根据舵机的工作原理，参考相关资料自己设计舵机驱动电路，如用 ULN2003A 实现单向旋转控制或者用 L298 实现双向旋转控制，再在自己设计的电路中可以分别测试开环控制、转速单闭环控制、位置/转速双闭环控制的效果。

请扫二维码观看舵机拆装视频

思考题与习题

1. 简述三相可变磁阻式步进电动机的结构特点和基本工作原理。
2. 简述两相混合式步进电动机的结构特点和基本工作原理。
3. 步进电动机的步距角跟哪些因素有关？
4. 简述三相六拍步进电动机的软环分实现过程。
5. 简述单电压功率放大器的工作原理。
6. 简述步进电动机细分驱动的工作原理。
7. 步进电动机的矩频特性曲线有什么特点？有什么用处？
8. 什么是直流电动机的机械特性？有什么特点？
9. 什么是直流电动机的调节特性？有什么特点？
10. 什么是直流电动机的动态特性？有什么特点？
11. 机电时间常数和电磁时间常数与哪些参数有关？对电动机的动态特性有何影响？
12. 什么是面积等效原理？
13. 什么是直流伺服电动机的 PWM 调速控制？
14. 有刷直流伺服电动机在带有转速闭环时的机械时间常数与不带转速闭环的情况相比，有什么区别？
15. 对比有刷直流伺服电动机、无刷直流伺服电动机和交流永磁同步电动机的异同点。

第 5 章 感知系统设计与开发

5.1 概述

5.1.1 感知系统的组成和基本要求

1. 感知系统的组成

感知系统是智能机电系统的关键组成部分,通常由传感器、信号处理单元和输出接口等组成,如图 5-1 所示。其中,信号处理单元还有可能包含微处理器模块。在智能机电系统中,感知系统的主要功能是将传感器检测到的物理量(如温度、压力、速度、位置等)转换成相应的电信号,然后通过信号处理单元提取有用信息,为系统的决策和控制提供依据。

2. 感知系统的基本要求

智能机电系统对感知系统的基本要求应包括以下几个方面。

图 5-1 感知系统的基本组成

(1)准确性 能够准确地收集和解释环境数据,减少误差和不确定性。
(2)实时性 能够快速响应环境变化,完成实时或近实时的数据收集和处理。
(3)鲁棒性 能够在各种环境条件下稳定工作,包括极端温度、湿度、光照等。
(4)可靠性 具备高可靠性,能够长时间稳定运行,且保持低故障率。
(5)适应性 能够适应不同的环境和条件,对环境变化做出快速反应。
(6)集成性 便于与其他系统或模块集成,以支持更广泛的应用场景。
(7)用户友好性 系统易于使用,能提供直观的用户界面和交互方式。
(8)数据安全和隐私保护 确保收集的数据安全,遵守隐私保护法规。
(9)容错能力 具备一定的容错机制,即使部分组件失效也能继续运行。
(10)标准化 遵循行业标准和协议,以便于与其他系统集成和互操作。

此外,在满足性能要求的同时,感知系统的设计和运行成本应具有竞争力。随着机电系统智能化水平不断提高,需要更丰富精细的感知数据进行决策分析。通过融合多传感器以提供更全面和准确的环境感知，也已成为对感知系统的必要要求。

5.1.2　感知系统设计的原则及内容

感知系统设计与开发是一个复杂的过程，涉及多个方面的原则及内容，通常应着重考虑以下几点。

（1）需求分析　确定系统需要检测的物理量或化学量，以及相应的测量范围、精度和响应时间等要求。

（2）传感器选择　根据需求选择合适的传感器类型，包括位移、力、温度、速度、压力、流量、化学成分等各类传感器。

（3）信号处理与算法优化　信号处理单元对原始电信号进行初步处理，如放大、滤波、去噪等，同时可将信号转换为数字或数据信号，以便进行后续的处理和分析；优化数据处理算法可以提高数据处理的速度和准确性，从而提高感知模块的整体性能。

（4）接口设计　设计传感器与主控系统之间的接口，包括电气接口、通信协议等，以便对感知数据进行快速准确采集。

（5）多传感器信息融合　在多传感器系统中，设计信息融合算法，整合来自不同传感器的数据，综合多个角度和维度的数据，提高感知的全面性和准确性。

（6）智能处理　集成微处理器或人工智能算法，对采集到的数据进行智能处理，包括特征提取、模式识别、自适应控制等。

（7）系统集成　将感知系统集成到智能机电系统中，确保其与机械系统、驱动系统和控制系统的协同工作。

（8）测试与验证　通过对感知系统进行测试与验证，确保其满足设计要求，并在实际应用中具有良好的性能。

此外，设计中为了确保感知系统的稳定性、可靠性和安全性，还需要考虑增加冗余设计、故障检测和诊断机制，增加数据安全性和隐私保护措施等。

上述原则及内容为感知系统的设计和开发提供了一个基本框架。随着智能感知技术的发展，在开展感知系统设计时还应考虑一定前瞻性，以满足未来技术趋势和潜在的应用领域扩展需求。

5.2　常用传感器的组成、特征与种类

传感器是感知系统的基础，相当于系统的"感觉器官"。它们直接与被测物理量作用，将这些量转换成可读取的电信号。不同类型的传感器用于检测不同的物理、化学或生物参数。在科学研究及实践应用中，传感器可源源不断地提供宏观与微观世界的种种信息，已成为人们认识自然和改造自然的有力工具。

钱学森院士曾指出："新技术革命的关键技术是信息技术。信息技术由测量技术、计算机技术、通讯技术三部分组成。测量技术是关键和基础。"没有传感器获取测量信息，或者测量信息获取不准确，信息的存储、处理和传输都是无意义的。因此，测量技术在现代信息技术的三大支柱中，起着源头作用。

传感器一般由敏感元件、转换元件及信号调理电路三部分组成，有时还需要加辅助电

源,如图 5-2 所示。

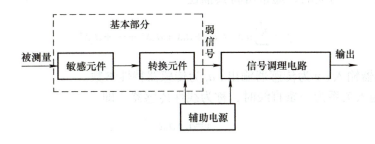

图 5-2 传感器组成示意图

(1) 敏感元件 直接响应被测量的部分。

(2) 转换元件 将感受到的非电量直接转换为有确定对应关系电学量的器件,如压电材料、热电偶等。有的传感器不严格区分敏感元件和转换元件,常将两者合二为一。

(3) 信号调理电路 将转换元件输出的电学量通过适当处理(如转换、放大和滤波等),生成便于后续处理、传输、控制、记录和显示等动作的有用电信号的部分。

传感器通常具有以下特征。

1) 作为一种测量器件或装置,能完成一定的检测任务。

2) 输入量是某一被测量,可能是物理量,也可能是化学量、生物量等。

3) 输出量是某种物理量,便于传输、转换、处理、显示等,一般情况下是电信号。

4) 输入与输出之间存在对应关系,且应有一定的精确度和响应速度。

传感器种类很多,常按以下几种方法分类。

1) 根据传感器工作机理可分为物理传感器、化学传感器和生物传感器等。

2) 根据传感器构成原理可分为结构型传感器(主要基于场的定律)和物性型传感器(主要基于物质定律)。

3) 根据输出信号性质可分为模拟型传感器和数字型传感器。

4) 根据能量转换情况可分为能量控制型传感器和能量转换型传感器。

5) 根据被测物理量可分为温度、压力、位移和速度等传感器。这种分类方法明确表明了传感器用途,更便于使用者选用。

6) 根据传感器工作原理可分为电阻式、电容式、电感式、压电式、磁电式、热敏式和光电式等传感器。这种分类方法表明了传感器工作原理,有利于传感器的设计和应用。

5.3 传感器的基本特性与工作原理

5.3.1 传感器的基本特性

传感器的基本特性是指输入-输出关系特性,是传感器内部结构参数作用关系的外部特性表现。不同的内部结构参数决定了不同的外部特性,主要包含静态特性和动态特性。

(1) 静态特性 静态特性是指被测物理量不随时间变化或随时间变化极其缓慢(在所

观察的时间内，其随时间的变化可忽略不计）时，输出与输入之间的关系。在静态测试中，这种关系一般是一一对应的，通常可将其描述为

$$y = \sum_{i=1}^{n} a_i x^i = a_0 + a_1 x + a_2 x^2 + \cdots + a_n x^n$$

式中，x 为传感器输入；y 为传感器输出；a_i 为传感器特性参数。

当输出与输入关系为一条直线时，称为线性传感器。即

$$y = a_0 + a_1 x$$

式中，a_0 为传感器零位输出；a_1 为传感器静态增益（灵敏度）。

对于线性传感器，如果通过零位补偿可使 $a_0 = 0$，则此时传感器理想的线性输出与输入关系为

$$y = a_1 x$$

一般传感器静态特性指标如下。

1）测量范围（或量程）。所能测量到的最小输入量与最大输入量之间的范围，即

$$x_{FS} = x_{max} - x_{min}$$

式中，x_{max} 为最大输入量；x_{min} 为最小输入量；x_{FS} 为测量范围。

2）灵敏度。输出变化量 Δy 与相应的输入变化量 Δx 之比，或者说是单位输入下所能得到的输出，即

$$K = \Delta y / \Delta x$$

式中，K 为灵敏度，表示静态特性曲线上相应点的斜率，如图 5-3 所示。

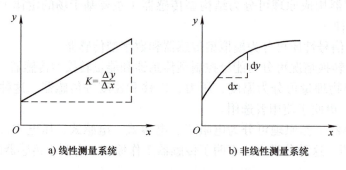

a) 线性测量系统　　　　b) 非线性测量系统

图 5-3　灵敏度定义示意图

对于线性传感器，其灵敏度为常数，而非线性传感器的灵敏度为变量。

3）精确度。反映测量系统中系统误差和随机误差的综合评定指标。与精确度有关的指标有精密度和准确度。其中，精密度反映测量结果中随机误差的影响程度；准确度反映测量结果中系统误差的影响程度。精确度是精密度和准确度两者的总和，也是常用传感器的基本误差表示。

图 5-4 所示的射击示例图展示了三个指标之间的关系。其中，图 5-4c 所示准确度和精密度都高，即精确度高。

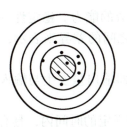 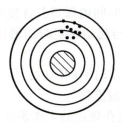 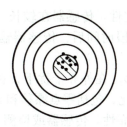

a) 准确度高，精密度低　　b) 准确度低，精密度高　　c) 准确度高，精密度高

图 5-4　射击示例图

4）线性度。传感器的输出量与输入量之间的关系曲线（可通过实验测定的办法获取，也称为校准曲线）偏离理想直线的程度。

在非线性误差不太大的情况下，线性度通常采用端基直线或拟合直线与校准曲线的最大偏差与满量程输出的百分比表示，如图 5-5 所示。

$$y_L = \frac{\Delta y_{max}}{y_{FS}} \times 100\%$$

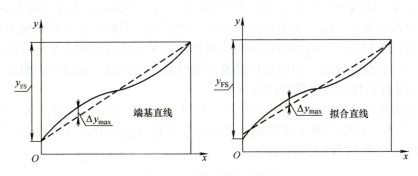

图 5-5　线性度定义示意图

5）分辨力。传感器能检测到的最小输入增量，用绝对值表示。

6）迟滞。传感器输入量在正（增大）、反（减小）行程期间，其输出–输入特性曲线不重合的现象称为迟滞，如图 5-6 所示。

7）重复性。在同一个工作条件下，输入量按同一方向在全测量范围内连续变动多次所得特性曲线的不一致性，如图 5-7 所示，重复性用 $\max\{\Delta y_{max1}, \Delta y_{max2}\}$ 表示。

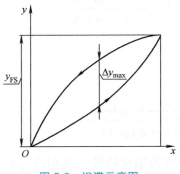 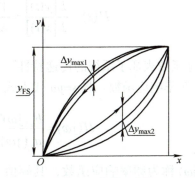

图 5-6　迟滞示意图　　　　　　　　图 5-7　重复性示意图

8）稳定性。传感器在较长一段时间内保持其性能参数的能力。稳定性一般以温室条件下经过一段时间后，传感器输出与起始标定时的输出之间的差异来表示，称为稳定性误差。

9）漂移。在外界干扰下，在一定时间间隔内，传感器输出量发生与输入量无关的或不需要的变化，包括零点漂移和灵敏度漂移等。

10）可靠性。传感器或检测系统在规定的工作条件和规定的时间内，具有正常工作性能的能力，是一种综合性质量指标，包括可靠度、平均无故障工作时间（MTBF）、平均修复时间和失效率。

（2）动态特性　动态特性是指传感器对动态激励（输入）的响应（输出）特性，即其输出对随时间变化的输入量的响应特性。输入与输出间的差异称为动态误差。动态误差反映的是惯性延迟所引起的附加误差。动态特性可以从时域和频域两方面分析。在时域内研究动态特性时，一般采用阶跃函数、脉冲函数和斜坡函数等作为输入，通过分析输出函数 $y(t)$ 在时域上的波形获得。时域特性指标主要包括时间常数、延迟时间、上升时间、峰值时间、响应时间和超调量等。在频域内研究动态特性时，一般采用正弦函数作为输入，通过分析频率响应函数的幅值和相位获得。频域特性指标主要包括增益裕度、相位裕度、带宽、谐振频率等。这两种方法内部存在必然的联系，可在不同场合根据实际需要选择。

理想传感器的输入－输出关系应该单值的、确定的，即输出量可以用输入量的函数表示，但实际的传感器系统受诸多因素影响，很难直接建立输入和输出之间的函数关系。工程上常采用一些近似的方法，如假设传感器是线性时不变系统。在这样的假设下，可以按照叠加性和频率保持性对传感器特性进行分析。

在进行动态特性分析时，常用的数学模型有微分方程、传递函数和频率响应函数等。

1）微分方程。对线性时不变系统，可以用常系数线性微分方程（线性定常系统）表示传感器输出量与输入量的关系，即

$$a_n\frac{d^n y}{dt^n}+a_{n-1}\frac{d^{n-1}y}{dt^{n-1}}+\cdots+a_1\frac{dy}{dt}+a_0 y=b_m\frac{d^m x}{dt^m}+b_{m-1}\frac{d^{m-1}x}{dt^{m-1}}+\cdots+b_1\frac{dx}{dt}+b_0 x \quad (5\text{-}1)$$

式中，$a_0, a_1, \cdots, a_n$ 和 $b_0, b_1, \cdots, b_m$ 均为与系统结构有关的常数。

2）传递函数。在零初始条件下（输入、输出及其各阶导数的初始值为零），对式（5-1）进行拉氏变换可得

$$H(s)=\frac{L[y(t)]}{L[x(t)]}=\frac{Y(s)}{X(s)}=\frac{b_m s^m+b_{m-1}s^{m-1}+\cdots+b_1 s+b_0}{a_n s^n+a_{n-1}s^{n-1}+\cdots+a_1 s+a_0} \quad (5\text{-}2)$$

传递函数表征了系统的传递特性。

3）频率响应函数。将 $s=j\omega$ 代入式（5-2），可得

$$H(j\omega)=\frac{b_m(j\omega)^m+b_{m-1}(j\omega)^{m-1}+\cdots+b_1(j\omega)+b_0}{a_n(j\omega)^n+a_{n-1}(j\omega)^{n-1}+\cdots+a_1(j\omega)+a_0} \quad (5\text{-}3)$$

$H(j\omega)$ 称为频率响应函数，其幅值与频率的关系称为幅频特性，其相位与频率的关系

称为相频特性。图 5-8 所示为某电容传感器的幅频特性和相频特性。

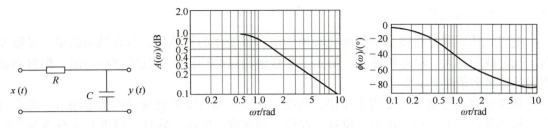

图 5-8　某电容传感器的幅频特性和相频特性

5.3.2　典型传感器的工作原理

1. 电阻式传感器

电阻式传感器是一种能把非电量（如力、压力、位移、转矩等）转换成与之有对应关系的电阻值，再经过测量电路（信号转换电路）把电阻值转换成便于传输和记录的电压（电流）信号的装置。电阻式传感器种类很多，主要有电位器式和电阻应变式等。电位器式传感器主要用于测量精度要求不高的位移；电阻应变式传感器主要用于测量微位移或力（转矩）等。

常见的电阻应变片有金属电阻应变片和半导体电阻应变片两种。其中，金属电阻应变片由敏感栅、基底、盖片、引线等部分组成，如图 5-9 所示。金属电阻应变片中电阻的变化量主要取决于电阻丝几何尺寸的变化，而半导体电阻应变片中电阻的变化量主要取决于半导体材料。在用应变片进行测量时，首先将应变片粘贴于被测对象上，如图 5-10 所示。在外力作用下，被测对象表面产生弹性应变，粘贴在其表面的应变片也随其发生相同的变化，导致应变片的电阻也发生相应的变化，即

$$\frac{\mathrm{d}R}{R} = (1 + 2\mu + \pi_\mathrm{L} E)\varepsilon$$

式中，R 为应变片的初始电阻；$\mathrm{d}R$ 为应变片的电阻变化量；μ 为泊松比；π_L 为材料的压阻系数；E 为材料的弹性模量；ε 为应变。

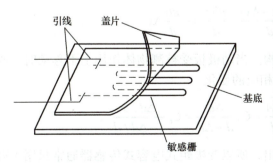

图 5-9　金属电阻应变片结构示意图

图 5-10　粘贴于轴上的应变片

各种测量位移、力、加速度、压力等参数的电阻应变式传感器，都是通过将应变转换

为电阻变化，再进一步通过电桥等信号处理单元转换为输出电压变化而实现测量的。

2. 电容式传感器

电容式传感器是将被测量的变化转换为电容量变化的传感器，具有结构简单、灵敏度高、抗过载能力大、动态特性好、易实现非接触测量的特点，并且能够在高温、辐射和强烈振动等恶劣条件下工作。

传统电容式传感器主要用于位移、角度、振动、加速度等机械量的精密测量。现代电容式传感器已逐渐应用于压力、位移、厚度、加速度、液位、物位、湿度和成分含量等的测量。

图 5-11 所示为典型平板电容器示意图。其中，两块金属平板作为电极构成电容器。当忽略边缘效应时，平板电容器的电容量为

$$C = \frac{\varepsilon A}{d} = \frac{\varepsilon_0 \varepsilon_r A}{d}$$

式中，A 是两极板间有效面积；d 是两极板间距离，也称为极距；ε 是两极板间介质的介电常数；ε_r 是两极板间介质的相对介电常数；ε_0 是真空介电常数。

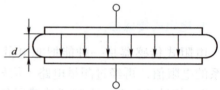

图 5-11 典型平板电容器示意图

对于 A、d 和 ε_r 三个参量，固定其中任意两个量，改变剩余一个量，均可使电容量 C 改变。根据改变参量的不同，可以分别做成变面积式、变极距式、变介电常数式等电容式传感器。

图 5-12 所示为典型平板形变面积式电容式传感器结构，可用于测量直线位移。当动极板做直线运动时，两极板间的相对面积发生变化，导致电容量变化。电容量改变与位移量变化呈线性关系，但对极距变化特别敏感，测量准确度易受到影响。在实际应用中，还可采用差动结构提高灵敏度。与变极距式相比，它适用于较大角位移和直线位移的测量。

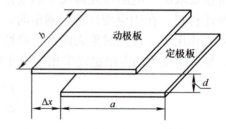

图 5-12 典型平板形变面积式电容式传感器结构

$$\Delta C = C_x - C_0 = \frac{\varepsilon b(a - \Delta x)}{d} - \frac{\varepsilon b a}{d} = -\frac{\varepsilon b}{d} \Delta x$$

图 5-13 所示为变极距式电容式传感器结构。当动极板受被测物体作用上下移动时，改变了两极板之间的距离 d，从而使电容量发生相应的变化。

$$\Delta C = C_x - C_0 = \frac{\varepsilon A}{d - \Delta d} - \frac{\varepsilon A}{d} = C_0 \frac{\Delta d}{d - \Delta d} = C_0 \frac{\Delta d / d}{1 - \Delta d / d}$$

只有在 $\Delta d / d$ 很小时，才有近似的线性输出，所以变极距式电容式传感器通常只用于微小位移的测量。

图 5-14 所示为变介电常数式电容式传感器结构。因为各种介质的相对介电常数不同，

所以在电容器两极板间插入不同介质时，电容器的电容量也不同。利用上述原理制作的电容式传感器称为变介电常数式电容式传感器，常用来检测片状材料的厚度、性质，颗粒状物体的含水量以及测量液体的液位等。

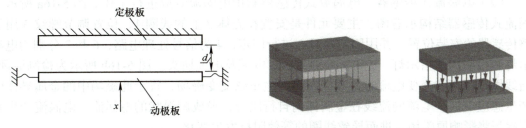

图 5-13　变极距式电容式传感器结构　　　　图 5-14　变介电常数式电容式传感器结构

3. 电感式传感器

电感式传感器是利用电磁感应原理，将被测量（如位移、压力、流量、振动）转换成线圈自感或互感的变化，再通过测量电路转换为电压或电流等信号的变化，从而实现非电量到电量测量的一类传感器。它主要包括利用自感原理的可变磁阻式传感器和利用互感原理的电涡流式传感器以及差动变压器式传感器。电感式传感器具有结构简单、性能稳定、工作可靠、精度高、不受油污影响等优点，并能进行非接触测量，已广泛用于位移、振动、厚度、转速、温度、硬度等参数测量及无损探伤领域。

（1）可变磁阻式传感器　可变磁阻式传感器如图 5-15 所示，由线圈，铁心及衔铁组成。在铁心和衔铁之间有空气隙 δ。

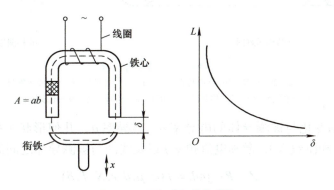

图 5-15　可变磁阻式传感器

当空气隙 δ 较小且不考虑磁路的铁损时，磁路总磁阻 R_m 主要由空气隙引起，即

$$R_m \approx \frac{2\delta}{\mu_0 A_0}$$

线圈的自感 L 可表示为

$$L = \frac{W^2}{R_m} = \frac{W^2 \mu_0 A_0}{2\delta}$$

式中，W 为线圈匝数；μ_0 为空气磁导率；A_0 为空气隙截面积。

可见，自感 L 与气隙 δ 成反比，与气隙截面积 A_0 成正比。固定 A_0 不变，仅变化 δ 可构成变气隙式传感器；固定 δ 不变，仅变化 A_0 可构成变面积式传感器。

（2）电涡流式传感器　电涡流式传感器利用电涡流效应进行工作。图 5-16a 所示为电涡流式传感器结构示意图，主要元件是安置在壳体 2 上的线圈 1，位置调节螺纹 3 用于调整传感器的安装位置，并用固定螺母 5 进行固定，4 为信号处理电路，6 和 7 分别为电源指示灯和检测阈值指示灯，8 和 9 分别为信号电缆及电缆插头。图 5-16b 所示为检测原理图，当线圈通以正弦交变电流时，其周围将产生正弦交变磁场，置于此磁场中的金属导体中将产生感应电流，电流的流线在金属体内自行闭合，形成旋涡状的电涡流，电涡流产生的交变磁场将影响原磁场，进而导致线圈的等效阻抗发生变化。

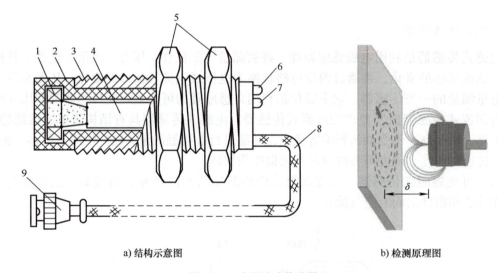

图 5-16　电涡流式传感器
1—线圈　2—壳体　3—位置调节螺纹　4—信号处理电路　5—固定螺母
6—电源指示灯　7—检测阈值指示灯　8—信号电缆　9—电缆插头

线圈阻抗 Z 的变化与被测导体的电导率 σ、磁导率 μ、几何形状（如厚度 d）、线圈几何参数（如半径 r 和匝数 N）、激励电流频率 f 以及线圈与被测导体之间的距离 δ 有关，即

$$Z = R + j\omega L = f(\sigma, \mu, d, r, N, f, \delta)$$

如果在上述参数中，只改变其中一个，保持其余参数不变，则线圈阻抗就成为此变化参数的单值函数。例如，只改变线圈与金属导体间的距离 δ，则线圈阻抗的变化即可反映出 δ 的变化。电涡流式传感器在金属体内产生的电涡流存在趋肤效应，且电涡流渗透深度随线圈励磁电流频率的升高而降低。因此，测量薄金属板时，应控制频率略高些；测量厚金属板时，应控制频率低些。此外，利用裂纹引起导体电导率、磁导率等变化的综合影响，还可实现金属表面裂纹或焊缝的无损检测等。

（3）差动变压器式传感器　差动变压器式传感器如图 5-17 所示。它由一个初级线圈 L 和两个次级线圈 L_1 和 L_2 组成。当一个可动铁心 p 在初级线圈产生的磁场中移动时，会改变两个次级线圈的磁通量，使两个次级线圈感应电压的差值与铁心的位置成比例，通过测量这个差值可以确定铁心（即被测量物体）的位移量。差动变压器式传感器因其高分辨率、线性输出和长期稳定性而被广泛应用于精密位置和位移测量。

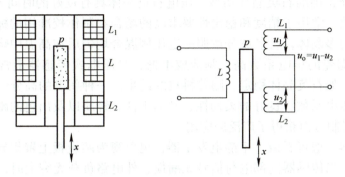

图 5-17　差动变压器式传感器

4. 压电式传感器

压电式传感器是以某些电介质的压电效应为基础，通过外力作用在电介质的表面上产生电荷，从而实现非电量的测量。由于压电传感元件是力敏感元件，所以能测量最终变换为力的物理量，如压力、加速度等。压电式传感器具有响应频带宽、灵敏度高、信噪比大、结构简单、工作可靠、重量轻等诸多优点，在工程力学、生物医学、石油勘探、声波测井、电声学等许多技术领域中应用广泛。

图 5-18 所示为压电效应原理示意图。某些电介质在沿一定的方向受到外力作用产生变形时，会在其表面产生电荷。当外力去掉后，又重新恢复到不带电状态。这种现象称为压电效应。当改变压电材料的变形方向时，可以改变其产生电荷的极性。

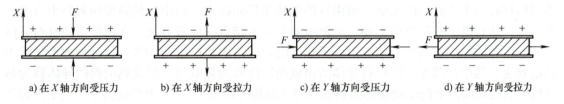

a) 在 X 轴方向受压力　　b) 在 X 轴方向受拉力　　c) 在 Y 轴方向受压力　　d) 在 Y 轴方向受拉力

图 5-18　压电效应原理示意图

实验证明压电元件产生的电荷量 Q 与施加外力 F 成正比，即

$$Q = dF$$

式中，d 是压电材料的压电系数。

压电效应是可逆的，当在电介质的极化方向施加电场时，电介质在一定方向上产生机械变形或应力；当撤去外加电场时，变形或应力随之消失，这种现象称为逆压电效应，也称为电致伸缩效应，无损检测用的超声换能器就是利用这种效应将电能转换为超声波能量。

常见的压电材料可分为三大类：压电晶体、压电陶瓷与新型高分子压电材料。其中，石英是一种具有良好压电特性的压电单晶体，分天然晶体和人工晶体两种，化学式为

SiO₂，晶体结构呈六面体结构，各向异性。按不同方向切割的晶片，它的物理性质（如弹性、压电效应、温度特性等）相差很大，因此，在选择石英作为压电式传感器材料时，应根据使用要求选择正确的石英晶片切型。压电石英晶体具有良好的时间/温度稳定性和优异的机械品质因数，常用于精度和稳定性要求高的场合和制作校准用的标准传感器。压电陶瓷是人工制造的多晶体，将各成分按照一定比例混合均匀后在高温中烧结而成。与石英晶体相比，压电陶瓷的压电系数高，制造成本低，是压电式传感器最常采用的材料，但其熔点低，性能不如石英晶体稳定。随着科技的进步，一种新型的高分子材料聚偏氟乙烯（PVDF）以其高压电系数、良好的柔韧性、易加工性、轻质以及出色的耐化学腐蚀和耐温性能，在传感器研制方面获得了广泛的应用。

压电式传感器一般可看成一个静电发生器，也可视为两极板上聚集异性电荷，中间为绝缘体的电容器。当传感器内部电荷信号无漏损、外电路负载无穷大时，压电式传感器受力后产生的电压或电荷才能长期保存，否则电路将以某个时间常数按指数规律放电，这对于静态标定以及低频准静态测量极为不利，因为，传感器内部不可能没有漏损，外电路负载也不可能无穷大。只有外力以较高频率不断作用，传感器电荷才能得以补充。所以，压电式传感器不适合于静态测量。

5. 热电式传感器

热电式传感器是工程上应用最广泛的温度传感器，可将热能直接转化成电量输出，利用敏感元件的电磁参数随温度变化的特性来实现对温度的测量。热电式传感器主要包括热电偶、热电阻（即热敏电阻），具有构造简单，使用方便，准确度、稳定性及复现性较高，温度测量范围宽等优点，在温度测量中占有重要的地位。

1821年，德国物理学家赛贝克（Seebeck）用两种不同金属组成了一个闭合回路，并用酒精灯加热其中一个接触点（称为结点），发现放在回路中的指南针发生偏转。如果用两盏酒精灯对两个结点同时加热，指南针的偏转角反而减小。指南针偏转说明回路中有电动势产生，并有电流在回路中流动，电流强弱与两个结点的温差有关。在两种不同材料导体组成的闭合回路中，当两个节点温度不相同时，回路中将产生电动势。这种物理现象称为热电效应。其中，两种不同材料导体所组成的回路称为热电偶，组成热电偶的导体称为热电极。热电偶所产生的电动势称为热电动势（简称为热电势）。热电偶的两个结点中，置于被测对象的结点称为测量端，又称为工作端或热端。置于参考温度的另一结点称为参考端，又称为自由端或冷端。

如果热电偶两电极材料相同，即使两端温度不同，但总输出热电势仍为零。因此，必须由两种不同材料才能构成热电偶。当热电偶两结点温度相同时，回路总的热电势等于零。两结点温差越大，热电势越大。热电势的大小只与材料和结点温度有关。

理论上讲，任何两种不同材料的导体都可以组成热电偶。为了准确可靠测量温度，组成热电偶的材料必须经过严格的选择。在工程上，热电极材料应具备如下条件：热电势变化大，热电势与温度关系尽量接近线性关系，测量范围广，性能稳定，易加工，复现性好，便于成批生产，有良好的互换性。

热电阻温度传感器是利用导体的电阻值随温度变化的特性来工作。对于金属导体，当被测温度变化时，其电阻值随温度升高而增大，可通过测量电阻值变化，得出温度变化及

数值大小。电阻 R_t 随当前温度 t 变化的特性为

$$R_t = R_0[1+\alpha(t-t_0)]$$

式中，t_0 为参考温度（通常取 25°）；R_0 为参考温度 t_0 时的电阻值；α 为温度系数。

纯金属的 α 值比合金的高，所以一般均采用纯金属做热电阻元件。常用的纯金属热电阻材料有铂、铜、铁和镍等，电阻温度系数在（3~6）×10^{-3}/℃ 范围内。其中，铂（银白色贵金属，又称为白金）是目前公认的制造热电阻的最好材料，物理及化学性能非常稳定，电阻值与温度之间有很近似的线性关系，且测量精度高，重复性好。它的缺点是电阻温度系数小，价格较高。铂电阻主要用于制成标准电阻温度计。

热敏电阻式温度传感器是利用半导体的电阻值随温度显著变化这一特性制成的一种热敏元件，其特点是电阻率随温度变化显著。但与金属导体不同的是，热敏电阻的阻值随温度的升高而急剧减小。在温度变化相同时，热敏电阻的阻值变化约为铂丝电阻的 10 倍，可以用来测量更小的温度。

此外，任何物体只要温度高于绝对零度（-273 ℃），就会向外部空间以红外线的方式辐射能量。一个物体向外辐射的能量大部分是通过红外线辐射这种形式来实现的。物体温度越高，辐射出来的红外线越多，辐射的能量就越强。因此，利用红外辐射也可实现温度的非接触测量。

6. 光电式传感器

光电式传感器是将光信号转换为电信号的一种传感器，其工作原理是利用物质的光电效应。当用光线照射某一物体，可以看作物体受到一连串能量 $E=hf$（h 是普朗克常数，f 是光的频率）的光子轰击，组成物体的材料吸收光子能量而发生相应电效应的物理现象称为光电效应。

当光线照射到物体上时，不同材料物体的光电效应也不同，这些效应主要分为三种类型：外光电效应、内光电效应以及光生伏特效应。每种效应都揭示了光与物质相互作用的不同机制，并为设计和制造各类光电式传感器提供了理论基础。光电式传感器以其快速响应、高灵敏度、非接触测量、抗干扰能力强、不受电磁辐射影响等优点，可以实现对光线强度、颜色、位置和运动等参数的准确检测和控制，在机电系统控制、精密测量、医疗成像、工业检测、环境监测和消费电子产品等多个领域发挥着重要作用。

（1）外光电效应　在光线的作用下，使电子逸出物体表面。光电管、光电倍增管、光电摄像管（玻璃真空管元件）等是基于外光电效应制成的传感器。

（2）内光电效应　在光线的作用下，改变物体的电导率或产生光电流的现象。光敏电阻、光敏二极管、光敏三极管等是基于内光电效应制成的传感器。图像传感器就是在同一半导体衬底上布设若干光敏单元与移位寄存器而构成的集成化、功能化的光电器件。光敏电阻在黑暗环境下阻值较大，当受到光照并且光照能量足够大时，电阻变小。光敏二极管与普通二极管类似，不同之处在于光敏二极管的 PN 结对光有敏感特性，在光照下会产生与光照强度成正比的光生电流，可用于检测光照强度。光敏三极管与光敏二极管的区别是，光敏二极管有一个 PN 结，光敏三极管有两个 PN 结，可用作光控制的放大器使用。大多数光敏三极管的基极无引出线，仅集电极和发射极两端有引线。图 5-19 所示为基于内光电效

应的光电式传感器。

a) 光敏电阻　　　　b) 光敏二极管　　　　c) 光敏三极管

图 5-19　基于内光电效应的光电式传感器

（3）光生伏特效应　半导体材料 PN 结受到光照后产生一定方向电动势的效应。以可见光为光源的光电池是常用的光生伏特型器件，可以利用这种效应将光能直接转换为电能。光电池，以其轻便、简单的优势，不仅为便携式电子设备注入绿色动力，也为远程监控系统提供稳定能源支持。在浩瀚的宇宙中，它们更是扮演着至关重要的角色，为宇宙飞行器、人造卫星和空间站等高精尖设备源源不断地供应可再生能源。

7. 磁电式传感器

磁电感应式传感器简称为磁电式传感器，是利用电磁感应原理将被测量（如振动、位移、转速等）转换成电信号的一种传感器。由于导体和磁场发生相对运动时，在导体两端有感应电动势输出，所以磁电式传感器工作时不需要外加电源，可直接将被测物体的机械能转换为电能输出，输出功率大且性能稳定，具有一定工作带宽（10～1000Hz），灵敏度较高，目前已得到普遍应用。

根据法拉第电磁感应定律可知，通过闭合线圈的磁通量发生变化时，在闭合线圈内将产生感应电动势，其大小由穿过线圈的磁通变化率决定。

如图 5-20 所示，假设穿过线圈的磁通为 Φ，线圈匝数为 N，则线圈内的感应电动势 e 与磁通变化率 $d\Phi/dt$ 的关系为

$$e = -N\frac{d\Phi}{dt}$$

在特定情况下，如当导体在匀强磁场中做切割磁感线运动（即沿垂直磁场方向运动）时，导体内产生的感应电动势 e 为

$$e = -\frac{d\Phi}{dt} = -Bl\frac{dx}{dt} = -Blv$$

由上式可知，当 B、l 一定时，对于结构确定的磁电式传感器，输出感应电动势 e 和速度 v 成正比。磁电式传感器可直接用于测量振动速度，如果要进一步

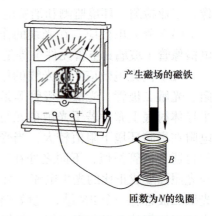

图 5-20　变化磁通产生感应电动势

获得振动位移、振动加速度等，可分别接入积分电路或微分电路，将速度信号转换成与位移或加速度有关的电信号输出。

8. 光纤传感器

20 世纪 70 年代以来，随着光导纤维技术的发展，出现了新型的光纤传感器。它以光波为载体、光导纤维（简称为光纤）为媒质，来感知和传输外界被测量信号，包括单模光纤和多模光纤。其中，单模光纤的纤芯直径通常为 2～12μm，仅能维持一种模式传播。光纤传感器具有灵敏度高、电绝缘性能好、抗电磁干扰、耐腐蚀、耐高温、体积小、质量轻等优点，广泛应用于位移、速度、加速度、压力、温度、液位、流量、水声、电流、磁场、放射性射线和 pH 值等物理量的测量，在自动控制、在线检测、故障诊断、安全报警等方面具有极为广泛的应用潜力和发展前景。

目前，光纤基本上还是采用石英玻璃材料。图 5-21 所示为光纤结构，中心的圆柱体称为纤芯，围绕着纤芯的圆形外层称为包层。纤芯和包层主要由不同掺杂的石英玻璃制成。纤芯的折射率略大于包层的折射率。在包层外还常有一层防护层，多为尼龙材料。光纤的导光能力取决于纤芯和包层的性质，而光纤机械强度由防护层维持。

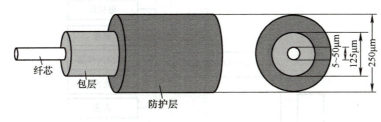

图 5-21 光纤结构

光纤传感器通常可以分为两大类：一类是功能型（传感型）传感器；另一类是非功能型（传光型）传感器。其中，功能型传感器是利用光纤本身的特性把光纤作为敏感元件，被测量对光纤内传输的光进行调制，使传输的光强度、相位、频率或偏振态等特性发生变化，再通过对被调制过的信号进行解调，从而得出被测信号。功能型光纤传感器由光发送器、敏感元件、光接收器、信号处理系统及光纤等主要部分所组成。非功能型传感器是利用其他敏感元件感受被测量的变化，光纤仅作为信息的传输介质。

图 5-22 所示的光纤流速传感器主要由光源（激光器提供）、多模光纤、铜管及测量电路组成，多模光纤插入铜管中，当液体在铜管内流动时，使光纤发生机械变形，导致光纤中传播的光强振幅的变化与流速成正比。

传感器的家族庞大而多样，它们各具特色，服务于不同的领域和需求。机电系统的进步在很大程度上得益于传感器技术的不断创新。上述传统的传感器类型为我们提供了丰富的测量工具。然而，随着新材料和新技术的涌现，一系列新型传感器如化学传感器、生物传感器和纳米传感器正逐渐走进我们的视野。

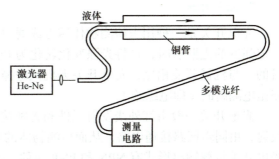

图 5-22 光纤流速传感器的工作原理

它们以其独特的性能和应用潜力，为传感器领域注入了新的活力。随着技术的不断演进，未来将涌现出更多创新的传感器技术。它们将为社会的安全、健康、环境和工业发展提供更加坚实的保障。

5.4 智能机电系统常用传感器及选择

5.4.1 位移（位置）传感器

位移（位置）传感器在智能机电系统中必不可少，一些速度、加速度、力及转矩等参数的测量也往往以位移测量为基础。与位移测量相比，位置测量主要用来确定被测物体是否已经到达或接近某一位置，而非一段距离的变化量。因此，位置测量只需产生和输出能够反映某种状态的开关量信号（闭合/断开或高/低电平），而位移传感器用于测量物体在一定时间内位置的变化量，需要输出与位移量成正比的连续变化信号。智能机电系统中常用的位移（位置）传感器如图 5-23 所示，下面介绍几种典型的位移（位置）传感器。

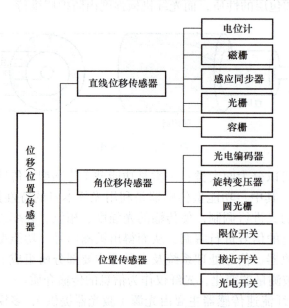

图 5-23　智能机电系统中常用的位移（位置）传感器

1. 光电开关

光电开关是一种用来检测物体靠近或通过等状态的传感器。当开关中的光敏元件受到一定强度的光照射时，可将光强变化转化为开关信号的变化以达到探测或产生开关动作的目的。与机械开关相比，光电开关无机械碰撞，响应快，控制精度高且输出回路和输入回路是电隔离的（即电缘绝）。

光电开关一般由红外线发射元件和光敏接收元件组成。利用被测物体对光束的遮挡或反射，由同步回路接通电路，从而检测物体的有无。凡是能够反射光线的物体均可被检测。光电开关负载输出形式有 NPN 和 PNP 两种。对 NPN 输出来说，负载连接在电源正极和负载端;对 PNP 输出来说,负载连接在电源负极和负载端。图 5-24 所示为某 NPN 光电开关及接线图。

目前,光电开关已被用作物位检测、液位控制、产品计数、宽度判别、速度检测、定长剪切、孔洞识别、信号延时、自动门传感、色标检出、压力机和剪切机以及安全防护等诸多领域。此外,利用红外线的隐蔽性,还可在银行、仓库、商店、办公室以及其他需要的场合作为防盗警戒之用。

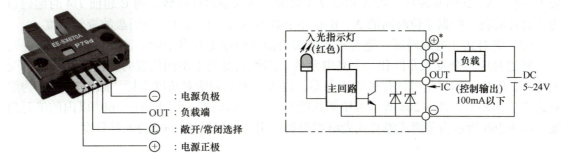

图 5-24 某 NPN 光电开关及接线图

2. 光电编码器

光电编码器又称为光电编码盘、光电脉冲发生器,是目前用得较多的一种光电式角位移传感器,伺服电动机通常选用光电编码器作为位置反馈元件。光电编码器的优点是无接触磨损、编码盘寿命长、允许转速高、精度高;缺点是结构复杂、价格高。光电编码器有绝对式和增量式两种基本类型。前者输出的是编码(如二进制码、格雷码或 BCD),后者输出的是 A、B 脉冲列和零位脉冲 Z。光电编码器可以同时给出转轴的角位移、转向和转速。

(1) 增量式光电编码器 图 5-25 所示为增量式光电编码器。它包括转轴、编码盘、发光二极管(LED)、光阑、光敏元件和电源及信号线连接座等,编码盘与转轴连在一起。

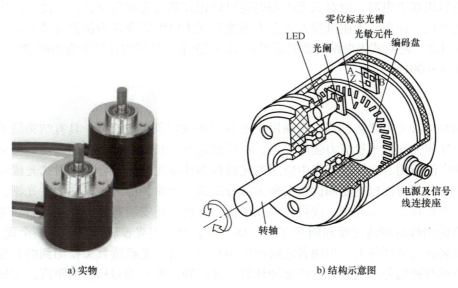

图 5-25 增量式光电编码器

编码盘在边缘上沿圆周制成向心透光缝隙，缝隙的数量从几百个到几万个不等，数量越多，对应的角度分辨率越高；当编码盘随转轴一起转动时，在光源的照射下，透过编码盘和光阑缝隙形成明暗相间的光信号，光敏元件把此光信号转换成电脉冲信号。因此，根据电脉冲信号数量，便可推知转轴转动的角位移数值。

为了判断编码盘的旋转方向，光阑板上设置了两个相邻的缝隙，与两个相邻缝隙对应的是 A、B 两个光敏元件，两个缝隙的间距是编码盘相邻槽间距的（$m+1/4$）倍（m 为正整数）。对于 A、B 两脉冲列，若 A 超前 $T/4$ 时编码盘为逆时针旋转，则 B 超前 $T/4$ 时编码盘为顺时针旋转。根据单位时间的 A、B 脉冲个数可以进一步计算出编码盘的旋转速度。

（2）绝对式光电编码器　绝对式光电编码器编码盘上有多个同心圆圈，称为码道。每一个码道对应一个发光元件和一个光电元件。当编码盘处于不同位置时，由光电元件的受光与否，转换成编码信号送往数码寄存器，以表示不同的绝对角度坐标。图 5-26 所示为绝对式光电编码器。图 5-26a 所示为单圈式绝对式光电编码器，用于测量 360° 以内的绝对角度。图 5-26b 所示为多圈式绝对式光电编码器，用于测量超过 360° 的绝对角度。

a) 单圈式　　　　　　　　　　b) 多圈式

图 5-26　绝对式光电编码器

断电后再次上电时，绝对式光电编码器可以记住断电之前的位置，因此，再次上电时不需要执行回零操作。工业机器人大多采用绝对式光电编码器作为位置反馈元件，有利于简化操作过程。绝对式光电编码器码道可达 18~23 条，对应的分辨率为 $360°/2^{23}$ ~ $360°/2^{18}$（0.00004° ~ 0.001°）。

3. 光栅

光栅是一种光电式传感器。它利用光栅莫尔条纹现象实现检测，具有结构简单、测量精度高、量程大和抗干扰能力强等优点，在精密定位或长度、速度、加速度、振动测量等方面得到广泛应用。在计量工作中应用的光栅称为计量光栅，可分为透射式光栅和反射式光栅两大类，均由标尺光栅和读数头两大部分组成。通常，标尺光栅称为主光栅，光栅读数头内的光栅称为指示光栅，读数头内除了指示光栅，还安装有光源和接收器。主光栅和指示光栅的栅线的刻线宽度和间距完全一样，安装时，主光栅和读数头，一个固定不动，另一个安装在运动部件上，当两者之间产生相对运动时，光栅读数头检测到的光强变化会产生相应的脉冲信号，通过对这些脉冲计数，可以确定两者相对移动的距离，实现高精度的位置和位移测量。

下面以图 5-27 所示的透射式光栅为例说明其工作原理。标尺光栅和指示光栅上均匀刻制许多明暗相间、等间距分布的细小条纹（称为刻线）。常见的条纹宽度规格是每毫米刻有 10、25、50、100、125、250 条线。标尺光栅和指示光栅叠合在一起，中间留有很小的间隙（0.05mm 或 0.1mm），并使两者的刻线之间形成一个很小的夹角 θ（图 5-27 中未显示出 θ，并且为了便于观察，对间隙进行了放大），则在大致垂直于刻线的方向上出现明暗相间的条纹，称为莫尔条纹（Moire）。

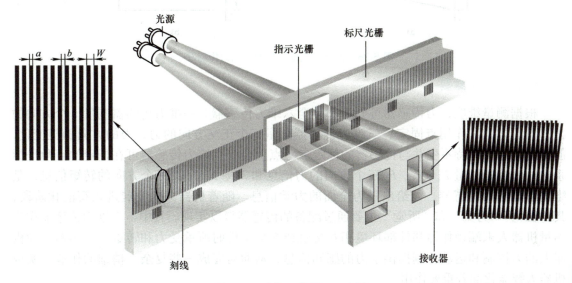

图 5-27　光栅工作原理示意图

莫尔条纹测位移具有以下特点：①对位移有放大作用；②莫尔条纹移动与栅距移动同步；③莫尔条纹有误差平均效应。因此，通过测量莫尔条纹的移动数，来测量两光栅的相对位移量，比直接对光栅的线纹计数更容易。同时，由于莫尔条纹是由光栅的大量刻线形成的，对光栅本身刻线刻划误差有平均抵消作用，所以成为精密测量位移的有效手段。

5.4.2　力传感器

在机电系统中，力和转矩是常用的机械参量。近年来，各种高精度力（转矩）传感器不断出现，按工作原理可分为电阻应变片式、电感式、电容式和压电式等。其中，电阻应变片式力传感器的工作原理是基于电阻应变效应，应用最为广泛。按量程大小和测量精度不同有很多规格品种，其主要差别在于弹性元件的结构形式不同以及应变片在弹性元件上粘贴的位置不同。

1. 电阻应变片式力传感器

电阻应变片式力传感器的弹性元件通常包括柱式、梁式和环式等。图 5-28 所示为部分梁式电阻应变片式力传感器，其一端固定而另一端自由，特点是结构简单、加工方便，在小力及微小力测量中应用普遍。根据梁的截面形状不同，可分为变截面梁（等强度梁）和等截面梁。在图 5-28 中，R_1 为电阻应变片，l 为梁的长度，h 为梁的厚度，b 为梁的宽度，F 为外加力。

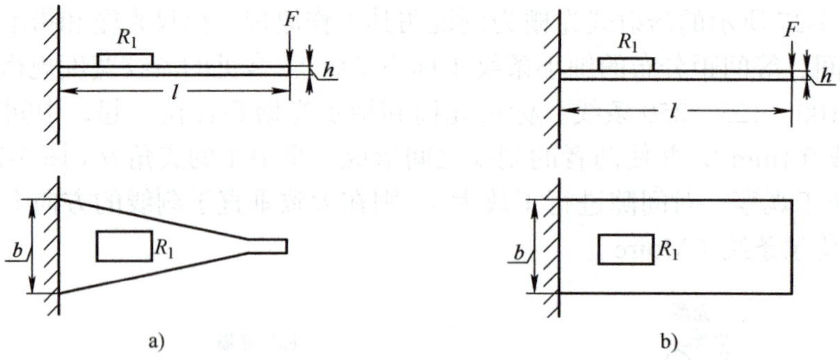

图 5-28 部分梁式电阻应变片式力传感器

2. 六维力传感器

根据测量维度，力传感器可分为一维至六维力传感器。一维力传感器测量一个方向的力，力的方向和作用点固定；三维力传感器测量三个正交方向的力，力的方向随机变化，但力的作用点保持不变并与传感器的标定参考点重合；六维力传感器可在指定的直角坐标系内同时精确测量 F_x、F_y、F_z 三个方向的力信息和 M_x、M_y、M_z 三个方向的转矩信息，是维度最高的力传感器，能给出最为全面的力觉信息。随着机器人的发展进入智能化阶段，其"触觉""力觉"和"听觉"主要通过配备的传感器得以实现。其中，六维力传感器作为测量机器人末端操作器和外部环境相互接触或抓取工件时所承受力和转矩的传感器，为机器人的力控制和运动控制提供了力的感知信息，从而对完成一些复杂、精细的作业，实现机器人智能化起着重要作用。

5.4.3 图像传感器

图像传感器（Image Sensor）是一种将光信号转换为电信号的装置。它是相机、摄像机和其他成像设备的核心组件，在机器视觉领域获得了广泛的应用。图像传感器主要有电荷耦合器件（Charge-Coupled Device，CCD）和互补金属氧化物半导体（Complementary Metal-Oxide-Semiconductor，CMOS）两种类型。其中，CCD 型成像质量高，噪声低，但传感器的读取速度慢，功耗较高且制造成本较高，常用于高端摄影和科研设备；CMOS 型功耗和成本较低，传感器的读取速度快，但成像质量较差，适合高速成像的应用。

自从贝尔实验室的 W. S. Boyle 和 G. E. Smith 于 1970 年发明 CCD 以来，CCD 已经成为图像采集及数字化处理必不可少的关键器件，广泛应用于航天、遥感、工业、农业及通信等军用和民用领域的信息存储及信息处理等方面。它的基本结构是按一定规律排列的 MOS 电容器组成的阵列。每一个 MOS 结构均称为一个光敏元或一个像素。这些电容器用同一半导体衬底制成，衬底上面涂覆一层氧化层，并在其上制作许多互相绝缘的金属电极。它以电荷为信号，具有光电信号转换、存储、转移并输出的功能。将 MOS 阵列加上输入、输出结构就构成了 CCD 器件。

根据光敏元件排列形式的不同，CCD 图像传感器从结构上可分为三类：点阵 CCD、线阵 CCD 和面阵 CCD。点阵 CCD 一次拍一个点，用于获取被测点高度；线阵 CCD 一次拍一条线，用于获取被测对象线轮廓，增加机械扫描系统，也可以用于大面积物体尺寸的测量和图像扫描，如焊缝表面缺陷检测、卫星用地形地貌测量等；面阵 CCD 一次拍一个面,用于复杂形状物体的面积测量、图像识别(如指纹识别)等。图 5-29 所示为 CCD 图像传感器的三种结构形式。

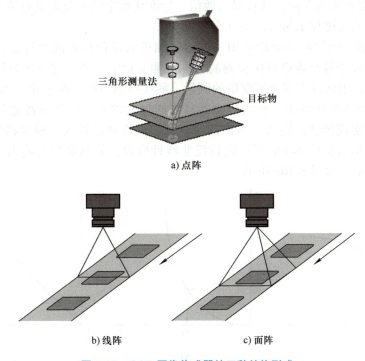

图 5-29 CCD 图像传感器的三种结构形式

CMOS 与 CCD 的研究几乎是同时起步。到了 20 世纪 80 年代,随着集成电路设计技术和工艺水平的提高,CMOS 迅猛发展。

CMOS 和 CCD 类似,都利用了光电效应原理,不同之处在于光电转换后信息传送的方式。CMOS 信息读取方式简单、输出信息速率快、耗电少、体积小、重量轻、集成度高、价格低。

5.4.4 智能传感器

智能传感技术是涉及微机电技术、计算机技术、信号处理技术、传感技术与人工智能技术等多种学科的综合密集型技术,能实现传统传感器所不能完成的功能,是 21 世纪最具代表性的高新科技成果之一。

智能传感器是将一个或多个敏感元件和微处理器集成在同一块硅或砷化锌芯片上的装置。智能传感器可以对信号进行检测、分析、处理、存储和通信,具备了人类的记忆、分析、思考和交流能力,即具备了人类的智能。

智能传感器是传感器和通信技术结合的产物。它的基本结构主要由传感器、微处理器(或微计算机)及相关电路组成。与传统传感器相比,智能传感器的特点如下:

1)在自我完善方面,具有自校正等功能,可以改善传感器静态特性,提高测量精度;具有智能化频率自补偿功能,以提高响应速度,改善其动态特性。

2)在自我管理和自适应能力方面,具有自检验、自诊断及判断和决策功能。

3）在自我辨识和运算处理能力方面，具有辨识微弱信号及消噪功能，具有数据的自动采集、存储与信息处理功能。

4）在信息交互能力方面，具有双向通信、标准化数字输出及人机对话等功能。

智能传感器的关键技术包括以下几个方面。

1）间接传感。间接传感是指利用一些容易测得的过程参数或物理参数，通过寻找这些过程参量或物理参数与难以直接检测的目标被测变量的关系，建立测量模型，并通过采用各种计算方法，用软件实现被测变量的测量。间接传感的核心在于建立测量模型。

2）非线性的线性化校正。智能传感器具有通过软件对前端传感器进行非线性自动校正功能，即能够实现传感器输入－输出的线性化。假设初始输入－输出特性如图5-30a所示，微处理器对输入按图5-30b所示进行反非线性变换，使其最后的输入x与输出y成线性或近似线性关系，如图5-30c所示。

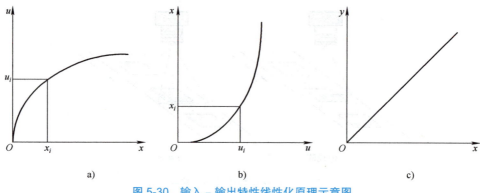

图5-30　输入－输出特性线性化原理示意图

3）自诊断。智能传感器自诊断技术俗称为"自检"，即对智能传感器自身各部件，包括软件和硬件进行检测，如对ROM、RAM、寄存器、插件、A/D及D/A转换电路及其他硬件资源等自检，以验证传感器能否正常工作，并显示相关信息。其中，对传感器进行故障诊断主要以传感器的输出值为基础。

4）动态校正。在智能传感器中，对传感器进行动态校正的方法多是用一个附加的校正环节与传感器相连，使合成的总传递函数达到理想或近乎理想（满足准确度要求）状态，如图5-31所示。

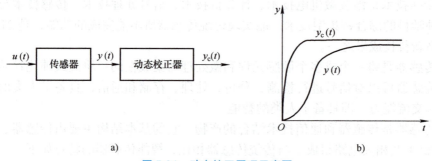

图5-31　动态校正原理示意图

5）自校准与自适应量程。自校准用于消除传感器的各种漂移，以保证测量的准确。自校准在一定程度上相当于每次测量前的重新标定，可以消除传感器系统的温度漂移和时间漂移。智能传感器的自适应量程，要综合考虑被测量的数值范围，以及对测量准确度、分辨率的要求确定增益（含衰减）档数设定及切换档准则，且均应依具体问题而定。

下面介绍几种新型的智能传感器。

1）磁阻式智能传感器。磁阻式智能传感器是利用基于异质生长薄膜的单片集成技术，将具有各向异性磁阻效应的磁性薄膜直接沉积在硅基集成电路上，并通过切割、封装及测试后做成的传感器。它具有超低功耗、低成本、小尺寸（1.3mm×2.9mm）、磁敏度高等特点。

2）智能温度传感器。温度传感器的发展大致经历了以下三个阶段：传统分立式温度传感器、模拟集成温度传感器和智能温度传感器。进入21世纪后，智能温度传感器朝着高精度、多功能、总线标准化、高可靠性及安全性等方向迅速发展。目前的智能温度传感器包含温度传感器、A/D转换器、信号处理器、存储器和接口电路，有的产品还带有多路选择器、中央控制器、随机存取储存器和只读存储器。它的主要特点是能输出温度数据及相关的温度控制量，适配各种微控制器，并且是在硬件的基础上通过软件实现测试功能。图5-32所示为智能温度传感器。

最早的智能温度传感器始于20世纪90年代中期，采用八位A/D转换器，其测温精度较低，分辨率只能达到1℃。目前，国外已相继推出多种高精度、高分辨率的智能温度传感器，使用9~12位A/D转换器，分辨率可以达到0.5~0.625℃。由美国Dallas半导体公司新研制的DS1624型高分辨率智能温度传感器，能输出13位二进制数据，分辨率高达0.03℃，测温精度为±0.2℃。

图5-32　智能温度传感器

智能温度传感器具有多种工作模式可供选择，主要包括单次转换模式、连续转换模式、待机模式，有的还增加了低温极限扩展模式。对于某些智能温度传感器，主机（外部微处理器或单片机）还可通过相应的寄存器设定其A/D转换速率、分辨率及最大转换时间。此外，智能温度传感器正从单通道向多通道方向发展，这就为研发多路温度测控系统创造了良好条件。

为了避免在温控系统受到噪声干扰时产生误动作，在一些智能温度传感器的内部，设置了一个可编程的故障排队计数器，专用于设定允许被测温度值超过上下限的次数。仅当被测温度连续超过上限或低于下限的次数达到所设定的次数才能触发中断端口，避免了偶然噪声干扰对温控系统的影响。同时，为了防止因人体静电放电而损坏芯片，一些智能温度传感器还增加了静电保护电路，一般可以承受1~4kV的静电放电电压。例如：TCN75型智能温度传感器的串行接口端、中断/比较信号输出端和地址输入端均可承受1kV的静电放电电压；LM83型智能温度传感器则可承受4kV的静电放电电压。

3）智能压力传感器。集成化智能压力传感器是将压力敏感元件与信号处理、校准、补偿、微控制器等进行单片集成，主要采用微机电系统（MEMS）技术和大规模集成电路工艺技术，利用硅作为基体材料制作敏感元件、信号调理电路、微处理单元，并集成在一块芯片上。随着微电子技术飞速发展以及微纳技术的应用，由此制成的智能压力传感器具有微型化、结构一体化、精度高、多功能、阵列式、全数字化、使用方便、操作简单等特点,如图 5-33 所示。也可根据需要与可能,将系统各个集成化环节,如敏感单元、信号调理电路、微处理单元、数字总线接口,以不同组合方式集成在 2~3 块芯片上,并封装在一个外壳中,实现混合式智能压力传感器。

5.5 传感器数据采集接口设计

数据采集是指将传感器输出的信息送到上位机处理的过程。传感器输出信号既有开关量信号(如限位开关和行程开关等),又有数字量信号和模拟量信号。针对不同性质的信号,数据采集接口要对其进行不同的处理。

5.5.1 数据采集接口

图 5-33 智能压力传感器

1. 数字信号接口

数字信号通常包括开关量信号和数字量信号两种。限位开关等装置的输出信号只有开和关(1 和 0)两种状态,属于开关量。编码器等数字传感器产生脉冲信号,属于数字量。机械式开关量传感器的接口设计需考虑机械动作的稳定性和耐用性,同时关注机械磨损和物理冲击的影响;而电子式开关量传感器的接口设计则更侧重于电参数的一致性和抗干扰能力,通常涉及电平转换、电流匹配等。数字量传感器通常无须进行信号转换,但需确保数据的同步采集和时序控制,以及可能的数字通信协议的兼容性。

2. 模拟信号接口

在机电系统中,很多传感器是以模拟量形式输出信号,如用于温度检测的热电偶和热电阻等。由于微处理器或计算机是一个数字系统,只能接收、处理和输出数字量,这就要求数据采集接口能够完成 A/D 转换功能,将传感器输出的模拟量转换成相应的数字量,再输入给微处理器或计算机。这一功能通常由 A/D 转换器实现。

A/D 转换器是模拟输入接口的核心部件,主要性能指标包括:

(1)分辨力 A/D 转换器对输入模拟信号的分辨能力。绝对分辨力通常用能够转换成数字量的位数 n 表示。

(2)转换精度 模拟信号的实际量化值与理想量化值的差值。

(3)转换时间 完成一次 A/D 转换所需的时间。高速并行式的转换时间可达 $1\mu s$ 以下,中速的逐位比较式转换时间在几微秒至几百微秒之间。

3. 通信接口

随着传感器技术的不断发展,越来越多的传感器采用数字通信的方式对输出信号进行传输。数字通信的优点包括抗干扰能力较强、差错可控、易于加密、易于与计算机技术和数字处理技术相结合等。同时,传感器的数字通信方式越来越多地借助于总线方式完成。

智能传感器标志之一是具有数字标准化数据通信接口,能与计算机经接口总线相连,相互交换信息。目前常用的智能传感器总线主要有 1-Wire 总线、I²C 总线、SMBus 总线、SPI 总线、USB 总线以及多种现场总线等。

1-Wire 总线也称为单总线，采用一根通信线路对信号进行双向传输，具有接口简单、易于扩展等特点，适用于由单主机和多从机构成的系统。

I²C（Inter-IC）总线和 SMBus 总线属于二线串行总线。总线上可接多个从机，主机通过地址对从机进行识别。

SPI（Serial Peripheral Interface）总线为三线串行总线，可将智能传感器通过专用接口与主机进行通信。

USB（Universal Serial Bus）总线是一种通用串行总线，其不但可用于计算机与外设之间的通信，也可用于传感器与主机之间的通信。

现场总线（Fieldbus）是近年来迅速发展起来的一种工业数据总线，主要解决现场的智能化仪器仪表、控制器、执行机构等设备间的数字通信及这些现场设备与高级控制系统之间的信息传递问题。现场总线具有简单、可靠、经济实用等一系列突出的优点，成为当今自动化领域技术发展的热点之一。现场总线技术以计算机技术飞速发展为基础，对工业控制技术的发展起到了极大推动作用。自 20 世纪 90 年代，现场总线控制系统（Fieldbus Control System，FCS）不断兴起和逐渐成熟，成为 21 世纪工控系统的主流技术。

根据国际电工委员会（International Electrotechnical Commission，IEC）标准和现场总线基金会（Fieldbus Foundation，FF）的定义，现场总线是指连接智能现场设备和自动化系统的数字式、双向传输、多分支结构的通信网络。在传统分布式计算机控制系统（Distributed Control System，DCS）的通信网络中，现场仪表与控制器之间均采用一对一的物理连接。一只现场仪表需要一对传输线来单向传送一个模拟信号，所有输入/输出的模拟信号都要通过 I/O 组件进行信号转换。现场总线用于过程自动化和制造自动化的现场设备或现场仪表互连的现场通信，把通信线一直延伸到生产现场或生产设备。具体地，现场总线主要包括输入输出位型现场总线、字节型现场总线和数据包信息型现场总线，见表 5-1。

表 5-1 现场总线类型

输入输出类型	位型	字节型	数据包信息型
信号	位信号	多位信号或称为字节信号	数百上千位数据信号（数据包）
应用场合	主要用于开关或信号灯的开闭状态的表达	主要用于设备复杂状态的表达，或对模拟量数据的编码表达等	对现场自动化仪表的测量控制信息以及各种状态信息进行表达和传输
总线名称	AS-1、DeviceNet 和 CAN 等	Profibus、ControlNet、Interbus 和 CC-Link 等	FF 和 Ethernet 等

在实际应用中，传感器与相应的数字处理电路构成传感器节点，传感器节点中包括传感器本体、主控制器和通信接口（收发器），传感器采集的现场信息借助一定的通信协议通过总线与主机进行数据交换。选择不同传感器可实现对不同参数的测量。选择不同通信接口可实现不同通信协议的总线通信或模拟信号的输出等。这里所说的通信协议又称为通信规程，是指通信双方对数据传送控制的一种约定。这些约定包括对数据格式、同步方式、传送速度、传送步骤、纠错方式以及控制字符定义等问题做出统一规定，通信各方必须共

同遵守。

5.5.2 无线通信及网络

基于数字处理电路还可使传感器实现无线通信。无线通信可使传感器的应用更加灵活，实现传感器之间的无线通信需要借助于无线传感器网络。无线传感器网络是由多个微型传感器节点，通过无线通信的方式形成的一个多跳自组织网络系统。工作在无线传感网中的传感器节点通常由传感器、信号调理电路、A/D 转换器、处理器、存储器、无线通信（射频）模块和电源模块等构成。无线通信传感器通常采用电池供电，为了节约用电，需要对电源的有效使用进行管理和安排。

无线传感器网络一般包括传感器节点、汇聚节点和管理节点。传感器通常是随机部署在监测区域，通过自组织方式构成网络。传感器节点采集的数据通过其他传感器节点逐跳地在网络中传输，数据在传输过程中可能被多个传感器节点处理，经过多跳后由汇聚节点通过互联网或其他网络系统传送到数据处理中心。信号的传输也可沿着相反的方向传输，即管理节点对传感器节点进行管理，或是管理节点发布监测任务和收集监测数据等。同样，无线传感器网络也需要借助于网络协议对网络的运行进行管理。

5.5.3 抗干扰技术

测量过程中常会遇到各种各样的干扰，不仅会造成逻辑关系混乱，使系统测量和控制失灵，以致降低产品的质量，甚至造成系统无法正常工作，造成损坏和事故。尤其是电子装置的小型化、集成化、数字化和智能化的广泛应用和迅速发展，有效地排除和抑制各种干扰，已是必须考虑并解决的问题。提高检测系统抗干扰能力，首先应分析干扰产生的原因、干扰的引入方式及途径，才可有针对性地解决系统抗干扰问题。

在电子测量装置电路中出现的无用信号称为噪声。当噪声电压影响电路正常工作时，该噪声电压称为干扰电压。衡量噪声对有用信号的影响，常用信噪比（S/N）来表示，即信号通道中有用信号功率 P_s 与噪声功率 P_n 之比或者有用信号电压 U_s 与噪声电压 U_n 之比。信噪比常用对数形式来表示（单位为 dB），即

$$\frac{S}{N} = 10\lg\left(\frac{P_s}{P_n}\right) = 20\lg\left(\frac{U_s}{U_n}\right)$$

在测量过程中，应尽量提高信噪比，减小噪声对测量结果的干扰。按干扰的来源，可以将干扰分为内部干扰和外部干扰。

外部干扰是指那些与系统结构无关，由使用条件和外界环境因素所决定的干扰，主要来自于自然界的干扰以及周围电气设备的干扰。例如，地球大气放电（如雷电）、太阳产生的无线电辐射、地球大气辐射和水蒸气、雨雪、沙尘、烟尘作用的静电放电等，以及高压输电线、内燃机、荧光灯、电焊机等电气设备产生的放电干扰。自然干扰主要以电磁感应的方式通过系统的壳体、导线、敏感器件等形成接收电路，造成对系统的干扰，尤其对通信设备、导航设备有较大影响。在检测装置中，半导体元器件均应封装在不透光的壳体内。对于具有光敏作用的元器件，尤其要注意光的屏蔽问题。各种电气设备所产生的干扰有电

磁场、电火花、电弧焊接、高频加热、可控硅整流等强电系统所造成的干扰。此外，潮湿的环境将造成仪器的绝缘强度降低，还可能造成漏电、击穿和短路现象。某些酸性、碱性或腐蚀性气体也会造成类似的漏电和腐蚀现象。

内部干扰是指系统内部的各种元器件、信道、负载、电源等引起的各种干扰，包括信道干扰、电源干扰和数字电路干扰等。对于计算机检测系统，信号采集、数据处理与执行机构的控制等都离不开信道的构建与优化。在进行实际系统的信道设计时，必须注意其间的干扰问题。对于电子电气设备，电源干扰则是较为普遍的问题。在实践应用中，大多数工业系统采用工业用电网络供电，系统中的某些大设备的起动、停机等，都可能引起电源的过电压、欠电压、浪涌、下陷及尖峰等，必须加以重视。此外，在电路中，电子元件本身会产生具有随机性的固有噪声。同时，各种电子元件均有一定温度系数，温度升高，电路参数会随之改变，从而引起测量误差，即热干扰。

干扰必须通过一定的传播途径才能影响到检测系统。一般干扰的引入和传播主要包含以下几种。

1）静电耦合，又称为静电感应，即干扰经杂散电容耦合到电路中去。

2）电磁耦合，又称为电磁感应，即干扰经互感耦合到电路中去。

3）共阻抗耦合，即电流经两个以上电路之间的公共阻抗耦合到电路中去。

4）辐射电磁干扰和漏电流耦合，即在电能频繁交换的地方和高频换能装置周围存在的强烈电磁辐射对系统产生的干扰和由于绝缘不良由流经绝缘电阻的电流耦合到电路中去的干扰。

对于检测系统，干扰引入的电路方式有串模干扰和共模干扰。串模干扰的等效电路如图 5-34 所示。其中，U_s 为输入信号，U_n 为干扰信号。抗串模干扰能力用串模抑制比来表示，即

$$SMR = 20\lg \frac{U_{cm}}{U_n}$$

式中，U_{cm} 为串模干扰源的电压峰值；U_n 为串模干扰引起的误差电压。

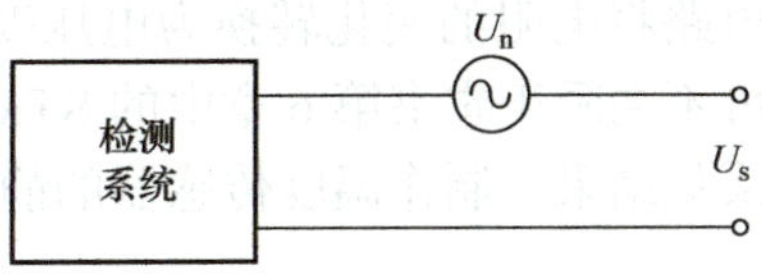

图 5-34 串模干扰的等效电路

此外，信号通道间可能存在共模干扰。例如，由不同地电位引起的共模干扰。当被测信号源与检测装置相隔较远，不能实现共同的"大地点"接地时，由于来自强电设备的大电流流经大地或接地系统导体，使得各点电位不同，并造成两个接地点的电位差，即会产生共模干扰电压。

对于计算机检测系统，多从硬件和软件两个方面来考虑干扰抑制问题。其中，接地、屏蔽、去耦以及软件抗干扰等是抑制干扰的主要方法。采用各种隔离与耦合的方式也可提高系统的抗干扰能力。使用这种方法可以让两个电路相互独立而不形成一个回路。此外，检测系统中单片机与数字电路、脉冲电路、开关电路的接口，一般也用光耦合器进行隔离，以切断公共阻抗环路，避免长线感应和共模干扰。高增益的放大器，需要在输入级设级间耦合。在需要采用较长信号传输线的场合，可以采用屏蔽与光电耦合相结合的办法。常用的隔离方法有光耦合器件隔离、继电器隔离、隔离放大器隔离和隔离变压器隔离等。光耦合器，以下简称为光耦，是用于隔离干扰、传输有用信号的半导体器件。带有光耦的电路

简称为光耦合电路或光隔离电路。

同时，软件抗干扰设计对计算机检测系统也至关重要。在实际工程应用中，仅采用硬件措施往往满足不了需要，所以应该寻求软件方法。在软件方法中，已有不少有效的措施，如数字滤波、选频和相关处理等，这些软件处理程序可以方便地提取淹没在噪声中的有用信号。软件抗干扰不仅效果好，而且降低了产品成本。实践中将硬件方法和软件方法结合起来，可以达到良好的干扰抑制效果。

5.6 传感器项目化应用实践

如前所述，传感器的品种和功能都非常丰富，不同的传感器可以实现同样的检测功能，如测量位移的传感器，可以是电位计、光栅、容栅等，同一个传感器也可以实现不同的检测功能，如光电编码器既可以实现角度测量，又可以实现转速测量。根据性能的不同，传感器的价格差别很大，如同样实现测距功能的激光三角位移传感器，有的十几元，有的几百元，还有的上万元。这里主要结合课程介绍一些常用传感器的应用实践，重在关注传感器的功能，其次再考虑传感器的性能，这些传感器或其主要部件可以从购物网站或电子市场采购。经过这样的项目化应用实践，可以让读者更深入地了解传感器的基本原理和使用，在进行作品设计时，可以根据设计需求选择不同的传感器集成到自己的作品中。

5.6.1 模拟式温度传感器应用

图 5-35 所示为一种 NTC（Negative Temperature Coefficient）热敏电阻，NTC 是指负温度系数，即随着温度上升，传感器的电阻阻值下降。为了读取热敏电阻的阻值，需要设计电路将电阻的变化转换为电压变化，通过模拟量数据采集接口输入到微控制器（微控制器可不局限于本书第 6 章中的 STM32）或带有 A/D 转换功能的其他控制设备中。请根据数据采集结果，制作温度传感器的静态特性曲线，分析其静态性能指标。

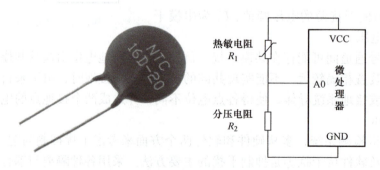

图 5-35　热敏电阻及数据采集电路

5.6.2 智能温度传感器应用

DS18B20 是 DALLAS 公司生成的一种智能温度传感器，内含温度传感器、A/D 转换器、存储器（或寄存器）和接口电路，采用了数字化技术，能够将温度信号直接转换成数字信号输出，具有精度高、体积小、功耗低等特点，广泛应用于各种温度监测和控制系统中。

DS18B20 温度测量范围为 –55°~125°，测量精度为 1°，支持 9~12 位的可编程分辨率。

DS18B20 除了能够输出数字量温度之外，还具备温度报警功能。用户可以将温度的上下限值赋给非易失性存储器中的高温（T_H）和低温（T_L）触发器。当实际测量的温度超过这些极限值时，DS18B20 可以触发报警。因此，DS18B20 不仅可以用于简单的温度测量，还可以用于需要越限报警功能的应用场合。

DS18B20 的通信协议基于 1-Wire 总线，即仅需要一条数据线就可以与微控制器进行双向通信，这使得 DS18B20 在多设备连接时非常方便。每个 DS18B20 设备都有唯一的 64 位序列号，可以通过控制命令进行设备识别和操作。图 5-36 所示为 DS18B20 的内部结构。图 5-37 所示为 DS18B20 的实物图及数据采集电路。

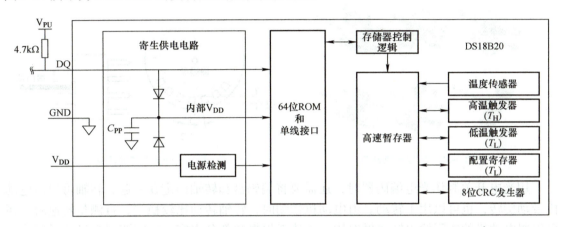

图 5-36 DS18B20 的内部结构

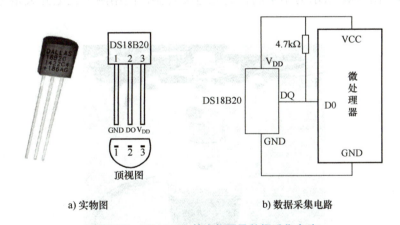

a) 实物图　　b) 数据采集电路

图 5-37 DS18B20 的实物图及数据采集电路

选择一款合适的微处理器，搭建一个 DS18B20 的数据采集电路，并编写数据采集程序，理解单总线数据采集过程。尝试设计一个能够同时采集两个 DS18B20 传感器数据的电路，体会总线数据采集对于管理多个传感器的优势。

5.6.3 设计制作光电编码器

5.4 节中介绍了成品增量式光电编码器的组成和工作原理，主要包括发光元件，固定在转轴上的编码盘和光敏元件。当转轴带着编码盘旋转时,由于编码盘沿圆周分布有均匀的缝隙,所以发光元件发出的光经过透光的缝隙时会被光敏元件接收,经过两缝隙间的遮光部分时,光敏元件无法接收到发光元件发出的光。光敏元件把明暗相间的光信号转换成电脉冲信号,根据电脉冲信号数量,便可得出转轴转动的角位移数值。根据电脉冲信号的频率,便可得出转轴转动的速度值。图 5-38 所示为槽型光电开关,槽的两边分别是发光元件和光敏元件,当带有缝隙的编码盘边缘在其槽内转动时,光敏元件也可以输出与转动角度对应的电脉冲信号,如图 5-39 所示。其中编码盘上缝隙的尺寸按照光电开关的技术参数设计,满足最低要求即可。

图 5-38　槽型光电开关

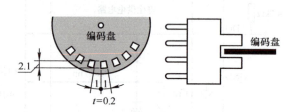

图 5-39　用光电开关制作光电编码器的原理

用光电开关制作光电编码器时,还需要将编码盘和转轴固定在一起,转轴可以由电动机带动旋转,也可以用手转动。由电动机带动时,转轴转动比较稳定,且测量转速时,还可以跟电动机的实际输出转速做对比。请读者根据此部分内容,查阅资料自己动手制作一个光电编码器。图 5-40 所示为学生制作的光电编码器,使用两个光电开关是为了判断编码器转向。

图 5-40　学生制作的光电编码器

请扫二维码观看光电编码器工作视频

5.6.4　设计制作称重传感器

智能机电系统对被控对象的重量有要求时,可以利用称重传感器来测量被测对象的重量。这里介绍设计制作称重传感器的过程。称重传感器主要包括传感器、A/D 转换器和辅助元件,如图 5-41 所示。

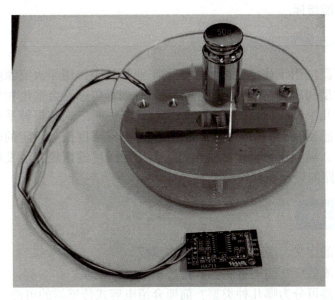

图 5-41 称重传感器

金属弹性元件上贴有电阻应变片,为了提高测量的精度,采用全桥电路。全桥电路输出的是模拟电压,需要通过模拟量数据采集接口输入到微控制器。由于电阻应变片变化引起的电压变化很小,需要对其进行放大。HX711 是海芯公司生产的高精度 24 位模数转换器(ADC),专为电子秤等称重应用设计。其通过差分输入接收这些变化的模拟信号,内部的可编程增益放大器(PGA)可以对信号进行 32、64 和 128 倍放大,以适应不同的测量范围。放大后的信号被送入 24 位的 A/D 转换器进行数字化处理,转换结果通过数字接口发送至微控制器单元(MCU)或其他数字系统。图 5-42 所示为称重传感器的电路连接图。

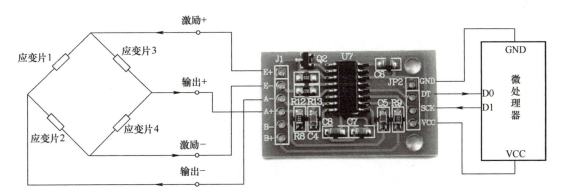

图 5-42 称重传感器的电路连接图

图 5-41 所示的称重传感器是直接从网上采购的,读者也可以根据称重传感器的工作原理自己设计一个称重传感器。需要注意的是应变片的粘贴过程比较复杂,在粘贴过程中需要非常小心。

请读者根据采购或制作的称重传感器，编写程序对其进行数据采集，测试其静态特性，分析其静态性能指标。

5.6.5 设计制作烟雾报警系统

烟雾传感器广泛应用于住宅、商业建筑和工业环境中，用于火灾预防和安全监控。烟雾传感器有光散射型和离子型等，当检测到烟雾时烟雾传感器会输出相应的模拟量或数字量信号。请参考前几个实践项目，查阅资料，设计制作一个烟雾报警系统。要求：使用微处理器接收烟雾传感器发出的信号，并将接收到的烟雾浓度值与设定的阈值进行比较，如果浓度值超过阈值，则判断为发生烟雾事件，调用无线传输模块，触发报警装置。请完成传感器的选型、电路的设计和软件的编写调试。

思考题与习题

1. 简述传感器的定义，说明传感器的基本组成。
2. 什么是电涡流效应？简述电涡流式传感器的工作原理。
3. 电容式传感器可分为哪几种类型？简要介绍电容式传感器的可测量对象。
4. 简述电感式传感器基本原理及其所包含的种类。
5. 简述压电式传感器基本原理及压电材料种类。
6. 什么是热电效应？基于热电效应的热电偶是如何工作的？
7. 什么是内光电效应？请举出几个基于内光电效应的传感器，并简述其工作原理。
8. 功能型光纤传感器和传光型光纤传感器的主要区别是什么？
9. 简述增量式光电编码器和绝对式光电编码器的组成和应用。
10. 莫尔条纹有哪些特点？
11. 智能传感器有哪些特点？

第 6 章　控制系统设计与开发

6.1　概述

6.1.1　控制系统的组成和基本要求

1. 控制系统的组成

智能机电系统的控制系统相当于其"大脑",用户经人机交互接口输入控制指令和参数,控制器执行相应的控制算法,通过控制接口,将控制信号传递给伺服驱动系统,进而精确地控制被控对象的动作和响应。同时,控制器也通过数据采集接口实时监控系统的运行状态,经人机交互接口输出显示并将其反馈给控制器,以便及时调整控制策略,确保系统运行的智能性、稳定性、快速性和准确性。此外,通信接口允许控制系统与其他系统进行高效的数据交换,便于实现信息共享和协同工作。控制系统的硬件组成及与其他系统关系如图 6-1 所示。

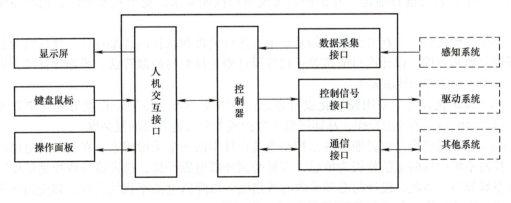

图 6-1　控制系统的硬件组成及与其他系统关系

控制系统硬件通常采用计算机作为控制器,通过各种输入输出接口与用户、外设和其他设备进行数据信息交互。软件是指控制系统中完成各项功能的全部程序,通常包括实时操作系统、控制系统软件、设备驱动程序和数据库等。控制系统软硬件互相配合,协同工作,实现智能机电系统的实时高精度控制。

2. 控制系统的基本要求

控制系统是智能机电系统的大脑和神经中枢，通过人机交互、实时监测与反馈、精确控制等功能，实现智能机电系统的自动化和智能化，使其高效、安全、可靠地运行。智能机电系统对控制系统的要求主要包括以下几个方面。

（1）功能要求　控制系统应首先满足用户要求的基本功能，并能根据实际需求合理扩展其他功能。

（2）性能要求　控制系统必须具备优良的性能才能实现控制功能，这些性能包括响应速度、控制精度、运行效率、可靠性和使用寿命等。

（3）适应性要求　控制系统应具备适应不同工作环境和任务的能力，如适应一定的温、湿度范围。在系统升级和组件更换方面具有可维护性。

（4）经济性要求　控制系统设计应考虑经济性，以提高系统的市场竞争力和用户满意度。

（5）智能化要求　现代智能机电系统越来越依赖于人工智能和机器学习技术，控制系统应具有一定的智能化能力，能够通过自学习优化控制策略。

6.1.2　控制系统设计的原则和内容

控制系统的设计从需求分析和功能规划开始，通过方案设计确定系统的基本组成，进而通过硬件与软件设计，最终实施系统集成与测试，使其能够稳定、可靠地运行并满足预期的功能和性能要求。设计过程中还包括编制相关技术文档。设计原则和内容主要包括以下方面。

（1）系统需求分析　在系统设计初期阶段，详细分析用户对控制系统功能、性能以及其他方面的需求，确保设计方案能够有效地满足用户的实际操作和技术要求。

（2）方案设计　在需求分析的基础上，确立系统的整体功能和系统组成，必要时选择数学模型对系统进行描述，并根据系统模型和性能要求，提出控制算法，做出系统原理图。

（3）软硬件设计　在方案设计的基础上，进行硬件和软件的详细设计。硬件设计包括选择控制器和元件、设计接口电路等；软件设计则包括编写控制算法、界面设计等，以实现系统的各项功能和性能要求。

（4）模块化设计　采用模块化设计理念，可以使得各个控制组件能够独立更新或替换，而不影响整个系统的操作，从而降低了维护成本和系统升级的复杂度。

（5）电磁兼容性　电磁兼容性是控制系统设计中的一个关键因素。在复杂的电磁环境中，控制系统中的弱电信号极为敏感，容易受到外部电磁干扰，这可能导致控制精度下降甚至系统故障。因此，设计时必须采取有效措施，以降低电磁干扰的影响，如使用屏蔽电缆、增加滤波电路、合理布局电路板等。

（6）系统集成与测试　控制系统的集成与测试包括硬件与软件的集成、功能验证、性能测试和系统整体的验证测试。

在完成了控制系统的设计和开发后，还需要撰写相关的设计文档，包括设计说明书、用户使用手册和维护手册等。

6.2 常用控制系统分类

对于给定的任务,可选的控制系统类型不是唯一的,通常包括以下几种。
1)基于微处理器或微控制器的嵌入式控制系统。
2)选用标准的工业控制计算机(或普通计算机)构建基于计算机的控制系统。
3)选用可编程序控制器(PLC)构建基于PLC的控制系统。
4)选用专门用于特定机电装备的控制系统。
不同类型控制系统的性能比较及选用参考见表6-1。

表6-1 不同类型控制系统的性能比较及选用参考

控制系统类型	嵌入式控制系统	基于计算机的控制系统	基于PLC的控制系统	专用控制系统
控制系统的组成	基于开发板或自行设计	按要求选择主机与相关功能接口板	按要求选择主机与相关功能模块	按要求选择整套系统
系统功能	可组成简单到中等复杂的各类控制系统	可组成简单到复杂的各类控制系统	可组成简单到复杂的各类控制系统	一般组成专用控制系统
系统可靠性	差	一般	好	好
环境适应性	差	一般	好	好
通信功能	可通过外围元件自行扩展	拥有多种通信接口,如串口、并口、USB、网口	可通过通信模块自行扩展	各系统不同
软件开发	可用汇编或高级语言开发	可用高级语言开发	可用高级语言或梯形图开发	一般只使用专用语言编写应用程序,不做二次开发
人机界面	较差	好	一般	一般
应用场合	智能仪表,简单控制	一般规模现场控制或较大规模控制	一般规模现场控制	专用场合
开发周期	较长	一般	短	一般
成本	低	高	中	高

在上述几种控制系统中,除嵌入式控制系统外,其他系统的硬件开发工作量较小,主要是选择各种功能接口板或功能模块来组建系统,这无疑增加了系统的成本。

嵌入式控制系统是以微处理器或微控制器为核心,配以存储器、输入/输出接口、系统总线等外围器件构成的控制系统。嵌入式控制系统能够实现高度的实时性和快速的响应速度,确保对系统状态的及时监测和控制,同时嵌入式系统通常针对特定任务进行设计,采用低功耗的处理器和组件,具有小型化、集成度高、可靠性高、低功耗和低成本的特点,易于集成到机电系统中,适应复杂工业环境要求,但通常需要有专业的硬件设计师进行专门设计。

嵌入式控制系统对开发人员要求较高，需要开发人员同时具备深入的硬件和软件知识。硬件方面，需要理解和操作各种微处理器架构、电子元件及其接口，能够进行底层驱动开发和硬件调试。软件方面，要求熟练掌握实时操作系统、低级别编程语言（如汇编语言、C 语言）并具备良好的算法和数据结构设计能力，以保证系统的稳定性、实时性和高效性。此外，对于不同应用场景，开发人员还需具备针对性的优化能力，以克服资源受限、功耗管理等挑战，确保系统在各种复杂环境下可靠运行。

近年来，众多厂商推出了形式各异的嵌入式系统开发板和教程，为开发板集成了处理器、存储器、接口和调试功能，使得硬件设计与调试更加便捷，为嵌入式控制系统开发提供了极大的帮助。开发板通常配备丰富的外设和接口，方便开发人员快速进行硬件原型设计和验证。此外，开发板自带的软件开发工具链和广泛的社区支持，使得软件开发和调试更加高效，降低了开发门槛，加快了开发进度，同时提供了一个稳定的平台进行功能验证和性能优化，有助于开发人员更专注于应用层面的创新和优化。

这些开发板以某种微处理器为核心，配以一定的存储器、输入/输出接口、系统总线等外围器件，将微处理器和外围器件集成在一个电路板上。它们通常具备易于使用的编程接口、灵活的硬件扩展能力、集成的传感器和通信模块，支持多种编程语言和开发环境，能够满足不同层次开发者在教育、原型设计、工业自动化等领域的需求，同时得益于开源社区和制造商的持续创新，各种开发板不断推陈出新，为智能机电系统的开发提供了强大的硬件基础。

Arduino、STM32 和 Raspberry Pi 是三类典型的嵌入式开发板。其中，Arduino 开发板通常使用 AVR 控制器，如 ATmega328。STM32 开发板使用的是基于 ARM Cortex-M 内核的微控制器（通常称为 STM32 微控制器）。Raspberry Pi 开发板则使用基于 ARM Cortex-A 内核的微控制器。在智能机电系统领域中，STM32 微控制器应用最广泛。本书将以 STM32 系列微控制器及开发板为例，深入探讨其工作原理、开发方法以及其在智能机电系统中的多样化应用。

6.3 STM32 微控制器概述

6.3.1 STM32 的产品线

STM32 是意法半导体（STMicroelectronics，ST）公司推出的基于 ARM Cortex-M 内核的系列 32 位微控制器单元（Microcontroller Unit，MCU）和微处理器单元（Microprocessor Unit，MPU）。目前 STM32 涵盖了从入门级到高端应用的多种型号，STM32 后的字母代表不同的系列和功能，可以满足不同领域的需求。图 6-2 所示为 STM32 的产品系列。

MPU 是 2019 年初才推出的产品，目前有 STM32MP1 系列和 STM32MP2 系列，主要用于高性能计算；MCU 具有高性能、低功耗、丰富的外设集成和易用性等优点，因而在机电系统领域获得了广泛的应用。MCU 的主要产品系列包括以下几种。

（1）STM32F 系列　基于 Cortex-M3 或 Cortex-M4 等内核，提供高性能和丰富的外设。

（2）STM32L 系列　超低功耗系列，适合电池供电的应用。

（3）STM32G 系列　主流性能系列，平衡性能和成本。

（4）STM32H 系列　高性能系列，适用于高性能要求的应用。

（5）STM32W 系列　无线连接系列，集成了无线通信能力。

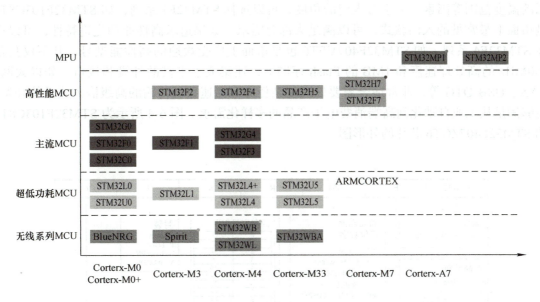

图 6-2　STM32 的产品系列

在实际应用和科研教学方面，STM32F1 与 STM32F4 系列应用最为广泛。STM32F1 系列以其较低的成本和足够的处理能力适用于基本的嵌入式应用。它包含超值型 STM32F100、基本型 STM32F101、连接型 STM32F102、增强型 STM32F103 和互联型 STM32F105/107 等五个产品线，这些产品的引脚、外设和软件均兼容，频率范围为 24～72MHz，Flash 容量为 16～1024KB，RAM 容量为 4～96KB。STM32F4 系列可提供高达 180MHz 的处理速度，支持浮点运算和 DSP 指令集，具备更丰富的外设接口，如以太网、CAN、SPI 等，以及从 512KB～2MB 的 Flash 和 128～384KB 的 RAM，广泛应用于机器人系统、汽车电子和多媒体等领域。通过引入嵌入式操作系统可进一步解决更高性能需求。STM32F4 包括的产品系列更多、更广，在此不一一列举，请参考 ST 公司的官网（https://www.stmcu.com.cn/Product/pro_detail/PRODUCTSTM32/product）获取更详细的资料。

6.3.2　STM32 产品命名及选型

1. STM32 产品的命名

STM32 产品的命名方法如图 6-3 所示。

2. STM32 产品选型方法

在进行 STM32 芯片选型时，通常需要考虑的因素包括所需的片上资源，如程序所需的 Flash 大小、运行所需的 RAM 空间大小、成本以及封装形式等。用户可以根据自己的实际需求进行选择，通常如果引用了较多的外部程序包，则需要较大的 Flash 和 RAM，如果需要更多的片上资源则需要选择引脚数更多的型号，如果需要更高的性能和更丰富的外设则需要选择更高型号的芯片，而当需要进行 PCB 设计或工业应用时则需考虑封装和使用的温度范围等因素。从学习入门的角度，可以选择 STM32F1 系列，如 STM32F103C8T6 是市面上最常见的入门款式，可以满足大部分需求。如果追求高性能和先进特性，可以选择 STM32F4 系列，如 STM32F407VET6 也是市面上广受欢迎的高性能型号，其不仅具备 180MHz 的高处理速度和 1MB 的 Flash 存储器，还集成了丰富的外设和接口，如以太网、CAN、USB OTG 等，非常适合需要处理复杂任务和高速数据传输的高级嵌入式系统开发，能够满足从工业自动化到高端消费电子产品的多样化需求。图 6-4 所示为 STM32F103C8T6 和 STM32F407ZGT6 芯片的外形图。

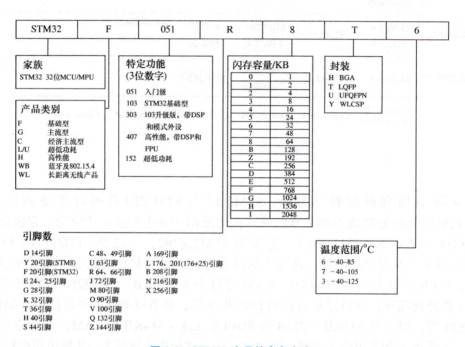

图 6-3　STM32 产品的命名方法

图 6-4　STM32F103C8T6 和 STM32F407ZGT6 芯片的外形图

在实际选型时，可以借助 ST 官方提供的选型手册（https://static.stmcu.com.cn/upload/

Selection_Guide.pdf）和 STM32CubeMX（ST 公司提供的配置工具，可在官网下载），用户可以在配置前根据自己的需要交互式地选择自己需要的型号，并收藏常用型号。

下面以 STM32F407 为例，介绍其硬件资源、软件开发过程和项目开发实践。

6.4　STM32F407 硬件资源

6.4.1　功能特性与内部架构

1. 功能特性

STM32F407 芯片频率高达 168MHz，拥有丰富的片上资源，主要功能特性如下。

1）高达 1MB 的闪存，提供快速的数据处理能力。

2）丰富的外设接口，包括多个 USART/UART、SPI、I^2C、CAN、USB OTG 等通信接口。

3）除了普通定时器外，还集成了多个高级定时器，具有 PWM 通道、捕获/比较功能和 ADC、DAC 等功能，适合工业控制和电动机驱动应用。

4）支持以太网和 LCD-TFT 控制器，适用于需要网络连接和图形显示的应用。

5）具备高级图形和音频处理能力以及双摄像头接口，适合多媒体应用。

6）支持多种启动方式，包括内置或外部存储器起动。

7）强大的安全功能，包括安全起动和加密存储。

详细的功能参数可以看 ST 官方提供的 STM32F407 数据手册（https://www.st.com.cn/resource/en/datasheet/stm32f405rg.pdf）。

2. 内部架构

STM32F407 的内部功能架构示意图如图 6-5 所示，芯片内部功能模块之间存在着紧密的关联与协作，共同支撑起其高性能、多功能的特性。

1）ARM 内核（Cortex-M4）作为整个系统的运算中心，通过 AHB 总线矩阵与各功能模块高效通信。

2）NVIC 中断控制器管理所有外设和系统中断，每个中断都有优先级设置，且支持嵌套，增强了系统的实时性。

3）内存与存储体系包括片上 Flash 存储器、SRAM 以及外部存储控制器。

4）多组 GPIO 接口具有高度灵活性和多功能性，支持多种工作模式如输入、输出、模拟输入以及各种特殊功能，能够满足广泛的应用需求。

5）通信接口各自通过 AHB 或 APB 总线与内核相连，提供多样化的数据传输方式。

6）电源管理模块确保了微控制器在不同工作模式下的能效比，是系统稳定运行的基础。

7）安全与辅助功能，如温度传感器监测工作状态，EXT IT/WKUP 引脚用于外部中断或唤醒，可增强系统的可靠性和灵活性。

8）调试与编程接口允许开发人员通过调试器进行程序下载和在线调试，是软件开发和硬件调试的关键通道。

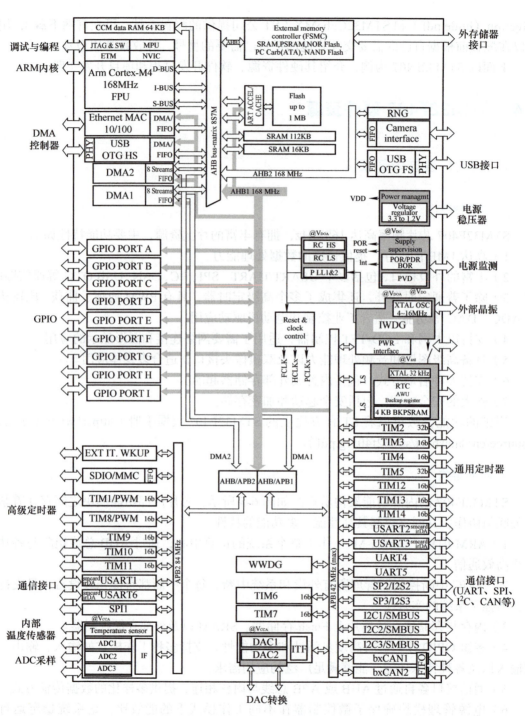

图 6-5 STM32F407 的内部功能架构示意图

需要注意的是,STM32F407 同类型不同外设总线上的最高频率可能不一样,如 SPI 接口中,APB2 总线上 SPI1 的最高频率是 84MHz,而 APB1 总线上的 SPI2 和 SPI3 的最高频率是 42MHz。

除此之外,芯片存储单元的所有物理地址都在同一个 4GB 的地址空间中(32 位处理器的地址和数据宽度通常都是 32bit，2^{32}=4GB)，这 4GB 空间分成 8 个块，每块大小为 512MB，对 4GB 空间做了预先的定义，指出各段该分给哪些设备。STM32 存储器架构如图 6-6 所示，图上右侧的十六进制数表示 32 位地址。详细的存储器地址分配可以看 ST 官方提供的 STM32F407 数据手册（https://www.st.com.cn/resource/en/datasheet/stm32f405rg.pdf）。

地址范围	区域	大小
0xE0100000 - 0xFFFFFFFF	由芯片供应商定义	
0xE0040000 - 0xE00FFFFF	外部私有外设总线	
0xE0000000 - 0xE003FFFF	内部私有外设总线	
0xA0000000 - 0xDFFFFFFF	片外外设	1.0GB
0x60000000 - 0x9FFFFFFF	片外RAM	1.0GB
0x40000000 - 0x5FFFFFFF	片上外设	51.2MB
0x20000000 - 0x3FFFFFFF	片上SRAM	512MB
0x00000000 - 0x1FFFFFFF	代码	512MB

图 6-6　STM32 存储器架构

STM32 将外设等都映射为地址的形式，对地址的操作就是对外设的操作。ST 公司在 2014 年推出的 HAL/LL 库（硬件抽象层 / 底层，Hardware Abstract Layer/Low Layer）针对不同的芯片进行了地址封装，所以用户只要选择了特定型号对应的 HALL/LL 库即可使用封装好的宏和函数对外设进行操作，而不需要记住地址和外设的对应关系。

6.4.2　常用外部接口

1. GPIO

GPIO 是通用输入输出端口的简称，可以实现数字信号的输入与输出。GPIO 与外部设备进行连接，可以实现与外部设备通信、对外部设备进行控制以及采集数据。STM32 芯片的 GPIO 被分成很多组，每组有 16 个引脚。由 STM32F407 的内部功能架构示意图可知 STM32F407 的 GPIO 可分成 A～I 共九组。以 STM32F407ZGT6 为例，PA～PH 都有 16 个引脚，而 PI 只有 12 个引脚，这些 GPIO 端口都连接在 AHB1 总线上，最高时钟频率可以设置为 168MHz。

每个 GPIO 端口的引脚都可以单独配置，可配置的内容包括工作模式、输入输出速度等。GPIO 引脚的内部结构如图 6-7 所示。

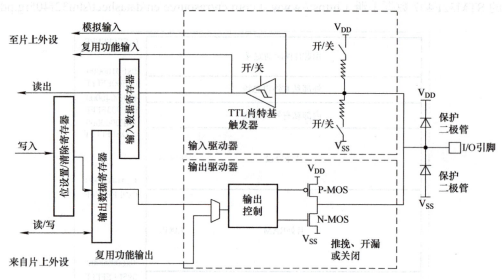

图 6-7　GPIO 引脚的内部结构图

每个 GPIO 的工作模式共有八种，每种工作模式的应用场景见表 6-2。

表 6-2　GPIO 引脚工作模式与应用场景

序号	工作模式	应用场景
1	GPIO_Mode_AIN（模拟输入）	连接温度传感器、光照强度传感器等，通过 ADC 采集模拟信号
2	GPIO_Mode_IN_FLOATING（浮空输入）	按键检测、外部信号握手等
3	GPIO_Mode_IPD（下拉输入）	通信协议的闲置状态（如 RS-485 的 REDE 线）、低电平有效的中断输入
4	GPIO_Mode_IPU（上拉输入）	需要引脚保持高电平状态的场合，如某些中断输入
5	GPIO_Mode_Out_OD（开漏输出）	多路复用输出、菊花链结构、中断请求信号
6	GPIO_Mode_Out_PP（推挽输出）	驱动 LED、继电器、小型电动机等
7	GPIO_Mode_AF_OD（复用开漏输出）	高速通信接口的差分信号输出
8	GPIO_Mode_AF_PP（复用推挽输出）	SPI 的 SCK、MOSI、MISO 线、USART 的 TX、RX 线等高速串行通信接口

GPIO 配置为输入工作模式时，其输出被禁止，但配置为输出模式时，肖特基触发器是打开的，即输入仍然可用，可以读取 I/O 的实际状态。

2. USART/UART 串口

串口通信（Serial Communication）是一种设备间常用的串行通信方式，目前市面上的大部分电子设备都支持该通信方式,嵌入式开发工程师在调试设备的过程中也经常使用串口进行信息的输入输出。串口通信包括物理层和协议层两方面内容。

(1)物理层 在物理层方面,STM32 使用 USART 和 UART 进行数据传输,USART 全称为 Universal Synchronous/Asynchronous Receiver/Transmitter,即通用同步/异步收发器。

USART 接口最多有 5 个信号引脚,分别为:

1)TX:发送数据输出引脚。

2)RX:接收数据输入引脚。

3)nRTS:请求发送(Request To Send),n 表示低电平有效。如果使能 RTS 流控制,当 USART 接收器准备好接收新数据时就会将 nRTS 变成低电平;当接收寄存器已满时,nRTS 将被设置为高电平。该引脚只适用于硬件流控制。

4)nCTS:清除发送(Clear To Send),n 表示低电平有效。如果使能 CTS 流控制,发送器在发送下一帧数据之前会检测 nCTS 引脚,如果为低电平,表示可以发送数据,如果为高电平则在发送完当前数据帧之后停止发送。该引脚只适用于硬件流控制。

5)SCLK:发送器时钟输出引脚。这个引脚仅适用于同步模式。

这 5 个信号引脚中只有 TX 和 RX 是必需的,nCTS 和 nRTS 用于在异步通信时进行硬件流的控制,SCLK 只用于同步模式。

UART 接口相较于 USART,仅支持异步工作模式,没有同步时钟信号 SCLK,一般也没有 nCTS 和 nRTS,在简单场景中使用 UART 即可。

串口通信的物理层还包括两个串口之间的电路连接,通常具有以下四种形式。

1)串口之间直接连接。STM32 上的串口是 TTL 或者 CMOS 逻辑电平,有些模块上的串口也是逻辑电平,如 WIFI 模块、蓝牙模块等,STM32 与这些模块可以直接线连接,如图 6-8 所示。

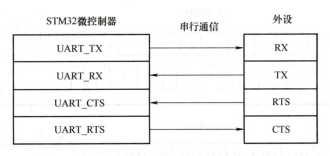

图 6-8 STM32 与外设间串口直接线连接示意图

在此连接形式下,串口可工作在全双工模式,即两个设备可以同时进行数据的读写。

2)使用 RS232 转接。RS232 是由美国电子工业联盟(EIA)提出的,规定了电气特性、信号定时和数据格式的串行通信协议,是计算机上常配的串行接口。它工作在全双工模式下,有 DB9 和 DB25 两种插头形式,每种插头都有公头(针型)和母头(孔型)之分。目前,计算机上标配的通常为 DB9,其接口及定义如图 6-9 所示。

在 RS232 中,–15 ~ –3V 表示逻辑"1",3 ~ 15V 表示逻辑"0",因此,在 RS232 接口和 USART/UART 之间需要进行电平转换,如 SP3232 芯片可以实现逻辑电平和 RS232 电平之间的转换。

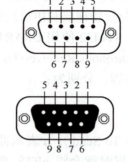

图 6-9　RS232 接口及定义

3）使用 RS485 转接。RS485 也是由美国电子工业联盟提出的另一种多点串行通信协议。它采用两根信号线上的差分电压表示不同的逻辑信号，是半双工通信方式。多个设备之间可以组成 RS485 网络，网络中有一个主设备和多个从设备，可最高实现 1200m 的通信传输距离，适合用于工业现场。SP3485 芯片可以实现 RS485 接口和 USART/UART 之间的电平转换。

4）使用 USB 转接。目前，计算机一般都不带 RS232 接口，但基本都配置了 USB 通用串行接口，USB 是全双工通信方式。计算机若要与外部设备通信，需要通过 USB 进行转接。常用的转接芯片有 FT232、CH340、PL2303 等。

（2）协议层　物理层定义了数据的串行发送和接收，协议层定义了数据的格式和解析方法。在串口通信过程中，发送和接收的基本单元是一个数据帧，当传输一个 8 位字长的数据帧时，其时序图如图 6-10 所示。

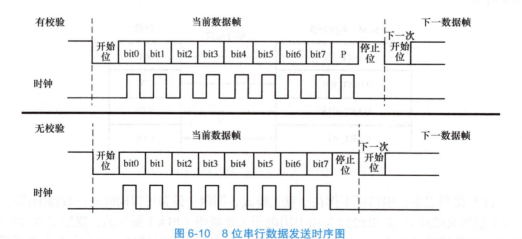

图 6-10　8 位串行数据发送时序图

串口通信有以下几个基本配置参数。
（1）数据位　8 位或 9 位，一般设置为 8 位，因为 1 个字节包括 8 个数据位。
（2）奇偶校验位　可以无奇偶校验位，也可以设置奇校验位或偶校验位。
（3）停止位　1 个或 2 个停止位，一般设置 1 个停止位。
（4）波特率　波特率是串行数据传输的速率，单位是 bit/s，常用的波特率有 9600bit/s、

19200bit/s 或 115200bit/s 等。串口单元的时钟可以由 APB1 或 APB2 总线提供，挂在不同 APB 总线上的串口单元，最高波特率也不同。

另外，STM32F4 的串口还有一个过采样（Oversampling）参数，可设置为 8 次采样或 16 次采样。8 次采样速度快，但容错性差；16 次采样速度慢，但容错性好；默认使用 16 次采样。

6.5 STM32 软件开发基础

6.5.1 STM32 软件开发环境

STM32 芯片自身不具备自主执行任务的能力，需要通过软件对其硬件进行初始化、配置和定义后，才能实现特定的控制逻辑和功能。当前市面上常见的几种 STM32 软件集成开发环境（Integrated Development Environment，IDE）包括以下几种，表 6-3 列出了这些软件集成开发环境的特点。

表 6-3　STM32 软件集成开发环境的特点

软件集成开发环境	跨平台支持	编码体验	工具链	功能	社区支持	是否免费
STM32CubeIDE	是	良好	完备	丰富	一般	免费
Keil MDK-ARM	是	优秀	完备	非常丰富	强	商业
IAR Embedded Workbench for ARM	否	优秀	完备	非常丰富	强	商业
Atollic TrueSTUDIO	是	良好	完备	丰富	一般	商业
Eclipse with ARM Toolchain	是	中等	较完备	丰富（扩展后）	强	免费
CLion	是	优秀	较完备	丰富	强	商业（学生免费）
VSCode with PlatformIO	是	优秀（扩展后）	完备（扩展后）	丰富（扩展后）	强	免费

（1）STM32CubeIDE　ST 公司官方提供的集成开发环境。

（2）Keil MDK-ARM　由 Keil 公司提供的专用于 ARM Cortex 微控制器的开发工具，市面上教程使用最多的软件。

（3）IAR Embedded Workbench for ARM　IAR Systems 公司提供的高度优化的集成开发环境。

（4）Atollic TrueSTUDIO　Atollic 公司提供的跨平台开发环境。

（5）Eclipse with ARM Toolchain　基于 Eclipse 平台，配合 ARM 工具链的开放源代码开发环境。

除了上述专业的嵌入式软件集成开发环境，一些通用开发环境配合插件也可以用作 STM32 的开发平台，如：

（1）CLion　由 JetBrains 公司开发，提供 C/C++ 开发支持，提供智能的代码编辑、深入的代码分析和一键式构建。CLion 支持 CMake，可以方便地与 STM32CubeIDE 项目集成。

（2）VSCode with PlatformIO　VsCode 是微软开发的免费、开源的代码编辑器，通过扩展支持多种编程语言和开发环境，配合 PlatformIO，提供了轻量级的代码编辑体验和强大的扩展库。通过 PlatformIO 扩展，VSCode 可以支持 STM32 开发，包括代码编写、构建、调试等。

实际上，只要能够完成代码编写和编译、烧写等工作的开发平台都可以用来开发 STM32，但若想追求开发便利性和效率，很难离开 STM32Cube 生态系统，所以开发平台与 STM32Cube 生态的契合程度也是软件选择时需要重点考虑的因素。上面提到的开发平台基本都能很好地与 CubeMX 等 Cube 生态软件配合使用，读者可以根据自己的需要进行选择。

6.5.2　STM32Cube 生态系统

STM32Cube 生态系统是 ST 公司提供的面向 STM32 微控制器和微处理器的完整软件解决方案。它以一种简单的集成方式为 STM32 用户提供免费和开源的软件工具和嵌入式软件。STM32Cube 生态系统如图 6-11 所示。

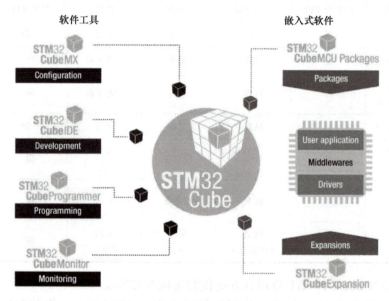

图 6-11　STM32Cube 生态系统

STM32Cube 生态系统中的软件工具主要包括以下几种。

（1）STM32CubeMX　图形化配置工具，可通过图形向导选择芯片，自动生成初始化代码，更新、安装或删除 MCU 软件包。

（2）STM32CubeIDE　集成开发工具 IDE，主要用于代码编译和调试。

（3）STM32CubeProgrammer　支持图形化和命令行的烧写工具。

（4）STM32CubeMonitor　监测工具套装，方便用户实时监测调试过程。

每一个 STM32Cube 软件工具都是独立的，在项目开发的选型及配置、开发、烧写、监测 4 个阶段,可以分别采用对应的工具,如图 6-12 所示。来自 ST 合作伙伴或者第三方(如 IAR EWARM 或 Keil MDK-ARM 等)兼容 STM32 的工具,也可以无缝整合到 STM32Cube 软件工具中。

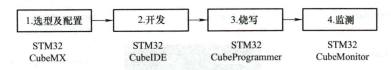

图 6-12 STM32Cube 开发流程及软件工具使用

STM32Cube 生态系统中的嵌入式软件主要包括 STM32CubeMCU 软件包和 STM32Cube 扩展包。STM32CubeMCU 软件包专用于每个 STM32 系列产品,提供操作 STM32 外设所需的驱动程序(HAL、底层等)、中间件等,以及各种实际应用中使用的大量示例代码。STM32Cube 扩展包适用于面向应用的解决方案。STM32Cube 扩展包来自 ST 或合作伙伴,通过附加的嵌入式软件模块对 STM32Cube MCU 软件包进行补充和扩展。

STM32CubeMCU 软件包含 STM32 的器件驱动,使得软件开发基本不需要直接与寄存器打交道,降低了软件开发的难度。到目前为止,STM32 的器件驱动有两种:一种是最早随着 STM32MCU 推出的标准外设库(Standard Peripheral Library,SPL);另一种是在 2014 年推出的硬件抽象层/底层(Hardware Abstract Layer/Low Layer,HAL/LL)库。目前 ST 公司已经停止 SPL 的更新,新型号的 MCU 只支持 HAL/LL 库。采用 HAL/LL 库,配合 ST 官方提供的 STM32Cube 软件生态系统,可以使用图形化的方式对 MCU 的资源和外设进行配置并初始化代码,可极大提高开发效率。

在进行 MCU 的配置和开发过程中,除了官方提供的 HAL/LL 库驱动代码,还可以很方便的以图形化或手动迁移的方式引入其他扩展包,包括 ST 提供的 USB_Host、USB_Device、STemWin 等中间件,以及 FreeRTOS、FatFS、LwIP、LibJPEG 等第三方中间件。除此之外,ST 公司还提供了一些扩展程序包,需要用户在用到时自行下载,如人工智能软件包、蓝牙通信软件包、MEMS 器件驱动等。如果某个驱动在 CubeMX 中无法找到,则需要用户自行将其引入代码文件中进行编译处理。

6.5.3 使用 CubeMX 分配片上资源

STM32CubeMX 提供了一个直观的界面,允许用户轻松配置 MCU 的各种参数和外设,生成初始化代码,其一般使用流程为:

(1)项目创建 启动 STM32CubeMX,选择目标 STM32 芯片,创建新项目。
(2)外设配置 在图形界面中选择需要使用的外设,并设置相关参数。
(3)时钟树配置 在图形界面中配置微控制器的时钟源和时钟频。
(4)代码生成 完成配置后,STM32CubeMX 可以生成初始化代码和项目模板。
(5)项目导入 将生成的项目模板导入到 STM32CubeIDE 或其他 IDE 中,开始编码和调试。

首先打开 STM32CubeMX 软件,弹出如图 6-13 所示界面,单击"ACCESS TO MCU SELECTOR"按钮进入如图 6-14 所示的 MCU 的芯片选择页面。如果使用了 ST 官方的开发板,则可以单击"ACCESS TO BOARD SELECTOR"选择开发板进行配置。

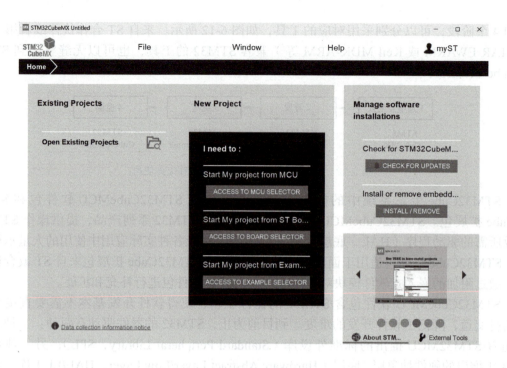

图 6-13　STM32CubeMX 界面

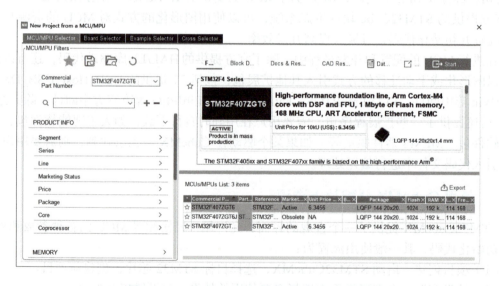

图 6-14　STM32CubeMX 的 MCU 芯片选择界面

在完成芯片选择后，在右下角的芯片选择区双击选择的芯片，便能进入到芯片配置界面，如图 6-15 所示。

"Pinout & Configuration"用于对芯片引脚和外设工作模式进行配置，如果开启了中间件和扩展包功能，则也可以在该界面进行配置，界面左侧为待配置的外设和软件对象，中间为配置参数详情，右侧为芯片的引脚分布视图，引脚的配置可以在中间的配置参数详情中完成，也可以在右侧的芯片的引脚分布视图中进行配置，冲突的配置会变成红色，有效的配置则显示为绿色,其他颜色多为电源相关引脚,无须额外配置。由于 STM32 多数 I/O 引脚都有复用特性,所以外设的默认配置经常会发生冲突,这便需要用户根据实际情况进行配置。

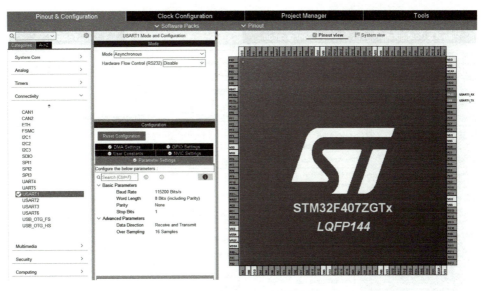

图 6-15　STM32CubeMX 芯片配置界面

"Clock Configuration"用于进行时钟配置,如图 6-16 所示,包括选择系统时钟源、配置 PLL 以生成所需的系统时钟频率、设置 AHB 和 APB 总线时钟分频以及配置低功耗模式下的时钟选项等。在多数情况下,在 HCLK(MHz)的文本框中输入 MCU 的某个不高于其最高频率的值,再按 <Enter> 键,软件可以自动解算其他时钟频率,如果系统没有特殊要求,可以直接使用软件计算的结果,当然也可以根据实际需求对时钟频率进行改动。这种图形化的交互配置简化了手动配置的复杂性,并减少了出错的可能性。

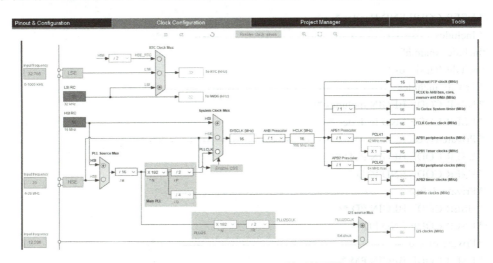

图 6-16　STM32CubeMX 的时钟配置

"Project Manager"界面用于进行项目生成相关的配置,包括启动文件配置、项目结构配置、使用的驱动库配置以及期望生成的代码运行平台等配置，如图 6-17 所示。完成这些配置后，单击"GENERATE CODE"可以打开选择的 IDE 软件，在生成的项目代码框架下进行用户代码的编写和调试。

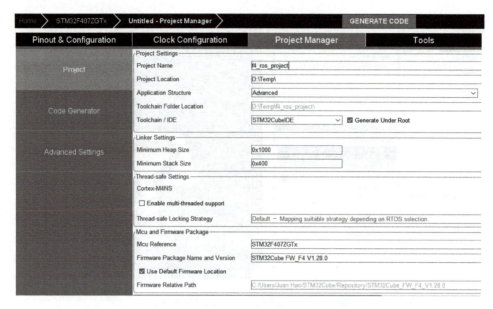

图 6-17　STM32CubeMX 的项目生成配置

6.5.4　STM32 程序编写与烧写运行

打开 main.c 文件，该文件内的初始代码是由 CubeMX 自动生成的，其中，"USER CODE BEGIN xxx"和"USER CODE END xxx"之间的区域允许用户编写自己的代码，不会因为 CubeMX 重新生成代码时被覆盖掉。

```
/* USER CODE END Header */
/* Includes ------------------------------------------------------------*/
#include "main.h"
#include "cmsis_os.h"
/* Private includes ----------------------------------------------------*/
/* USER CODE BEGIN Includes */

/* USER CODE END Includes */

/* Private typedef -----------------------------------------------------*/
/* USER CODE BEGIN PTD */

/* USER CODE END PTD */

/* Private define ------------------------------------------------------*/
/* USER CODE BEGIN PD */

/* USER CODE END PD */

/* Private macro -------------------------------------------------------*/
/* USER CODE BEGIN PM */

/* USER CODE END PM */

/* Private variables ---------------------------------------------------*/
```

```c
/* USER CODE BEGIN PV */
/* USER CODE END PV */
/* Private function prototypes -----------------------------------------------*/
void SystemClock_Config（void）;
void MX_FREERTOS_Init（void）;
/* USER CODE BEGIN PFP */
/* USER CODE END PFP */
/* Private user code ---------------------------------------------------------*/
/* USER CODE BEGIN 0 */
/* USER CODE END 0 */
/**
  * @brief  The application entry point
  * @retval int
  */
int main（void）{
  /* USER CODE BEGIN 1 */
  /* USER CODE END 1 */
  /* MCU Configuration--------------------------------------------------------*/
  /* Reset of all peripherals, Initializes the Flash interface and the Systick */
  HAL_Init（）;
  /* USER CODE BEGIN Init */
  /* USER CODE END Init */
  /* Configure the system clock */
  SystemClock_Config（）;
  /* USER CODE BEGIN SysInit */
  /* USER CODE END SysInit */
  /* Initialize all configured peripherals */
  /* USER CODE BEGIN 2 */
  /* USER CODE END 2 */
  /* Infinite loop */
  /* USER CODE BEGIN WHILE */
  while（1）{
    /* USER CODE END WHILE */
    /* USER CODE BEGIN 3 */
  }
  /* USER CODE END 3 */
}
```

main 函数首先对系统进行初始化，包括驱动初始化、系统时钟初始化与外设初始化等。接着便会进入一个 while（1）构成的死循环中，由于 MCU 的程序在非断电情况下会持续运行，所以长期执行的任务都会写在循环体中，而把一次性执行的任务或配置放在循环之前。

在完成程序的编写后，便可以通过串口（需电路和连线支持）或仿真器将程序烧写到 MCU 中运行。Keil MDK-ARM 内置了编译器，可以通过配置的方式直接进行代码烧写。若使用 STM32CubeIDE 或其他 IDE，则需要提前配置好代码编译器和仿真器从而实现代码的烧写。当程序烧写后，若无断点调试需求，则在满足供电的情况下可以拔出仿真器让 MCU 独立运行，并通过复位开关使 MCU 从头开始工作；若有调试需要，则需保持仿真器连接以进行断点调试。

6.5.5　STM32 项目组织结构

以 STM32CubeIDE 为开发平台，生成的项目组织结构如图 6-18 所示。

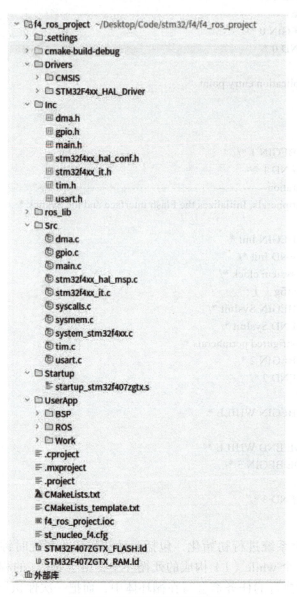

图 6-18　STM32 项目组织结构

其中，带有扩展名的为文件，没有扩展名的为文件夹，各个文件和文件夹的作用如下。

（1）Drivers/CMSIS　包含与处理器相关的配置和启动代码，由芯片制造商提供，用于支持 CMSIS（ARM 公司提供的标准软件层）标准。

（2）Drivers/STM32F4xx_HAL_Driver　HAL 库的驱动，这是 STM32CubeMX 生成代码的主要部分，包括对各种外设的抽象。

（3）Inc　包含所有外设初始化具体实现的头文件，通常按照外设模块分类。

（4）Src　包含所有外设初始化具体实现的源文件，与头文件相对应，包含系统代码的入口 main.c 文件。

（5）Startup　包含特定 STM32 系列的启动代码，通常是汇编语言编写。

（6）UserApp　用户自己的源代码，该目录下的代码结构可以按照用户自己的工程习惯进行管理。

（7）CMakeLists.txt　项目编译配置文件，每次修改 CubeMX 生成代码时都会被 CMakeLists_template.txt 的内容所覆盖，所以若想自定义一些编译配置内容，需要写到 CMakeLists_template.txt 中。

（8）CMakeLists_template.txt　CubeMX 生成的 CMakeLists.txt 样板文件。

（9）xxx.ioc　CubeMX 配置文件。

（10）STM32F407ZGTX_FLASH.ld　芯片启动后配置的 FLASH 空间文件。

（11）STM32F407ZGTX_RAM.ld　芯片启动后配置的 RAM 空间文件。

6.6　STM32F407 项目开发实践

6.6.1　STM32F407 开发板与仿真器

STM32 芯片本身无法用来直接开发，需要搭配一定的外部电路来构成一个完整的工作系统。最小工作系统包括电源电路、复位电路、时钟电路、调试接口电路、启动电路五个部分。除此之外，还可以根据自己的需要添加外设模块，如串口转接、电动机驱动接口、蜂鸣器、显示屏等。在学习阶段，如果不具备自己设计和焊接电路的能力，通常会直接购买现成的开发板，如普中的 STM32F407 开发板、正点原子探索者 STM32F407 开发板以及 ST 官方的 STM32F407G-DISC1 开发板。这些开发板配备了丰富的外设，可以满足用户开发一般智能机电系统的要求。本节以正点原子探索者 STM32F407 开发板（以下简称为探索者开发板）为例，介绍其与上位机进行串口通信、进行舵机控制和超声波测距的示例，希望读者能够通过这些示例，在理解相关技术原理的基础上，设计并开发出个性化的智能控制系统。

探索者开发板的主要接口分布如图 6-19 所示，板上的 MCU 型号为 STM32F407ZGTx。更详细的接口分布及技术参数可以在 http://openedv.com/docs/index.html 上下载。

将程序烧写到开发板上和进行代码调试时，需要额外购买一个仿真器（有些开发板可以直接使用串口接口进行程序烧写，但调试必须有仿真器）。图 6-20 所示为仿真器与开发板的连接。STM32 常用的仿真器有 ST-LINK、J-LINK、U-LINK 和 DAP-LINK 等，这些仿真器由不同的厂家提供，各有优势，除了可以用于 STM32MCU 的仿真，有的还支持其他类型微控制器的调试。其中 ST-LINK 是 ST 公司专为 STM32 设计的，其与 STM32CubeIDE 集成良好，可以配合 STM32Cube 的烧写监控软件对运行中的 STM32MCU 进行动态监控和变量追踪。具体选择哪种仿真器通常取决于个人的需求、预算以及所使用的开发环境。

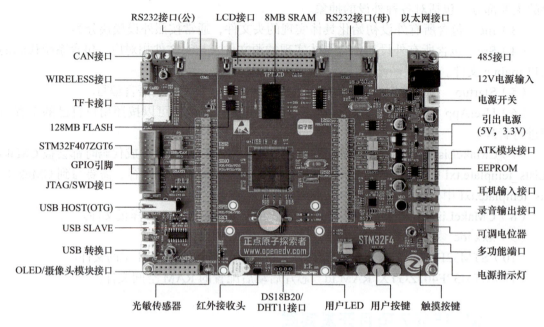

图 6-19　探索者开发板的主要接口分布

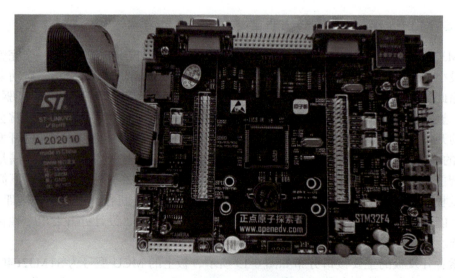

图 6-20　仿真器与开发板的连接

6.6.2　基于 ROS 实现上位机与开发板串口通信示例

ROS（Robot Operating System）是一个用于编写机器人软件的灵活框架。它通过提供统一的通信协议和丰富的工具库，使得构建和测试复杂的机器人系统变得更加高效和模块化。

ROS 中提供了大量的算法模块用于上位机层面的仿真控制,而若想将算法的结果执行于底层硬件则需要通过通信端口与下层传感器或 MCU 连接,实现控制信号的传递和工作状态及数据的反馈。在本示例中将介绍如何基于 ROS 实现上位机与探索者开发板之间的串口通信,并通过开发板上的 LED1 指示 STM32 与上位机的通信连接是否成功,若未连接成功则 LED1 不停闪烁,若连接成功则 LED1 熄灭。探索者开发板的 STM32MCU 共有 6 个串口,这里选择 USART1 作为通信串口。为了便于使用,探索者开发板上加了串口转 USB 的模块,将 USART1 转换为 USB 接口,并固定在开发板的左下角。这样,用户在测试通信时,可以用普通的 USB 线连接上位机和开发板,如图 6-21 所示。

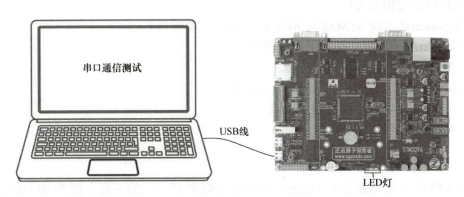

图 6-21　上位机与开发板的串口通信连接

在开发板的底部还设置了两个 LED 灯,便于用户使用,红色的 LED0 连接 PF9 引脚,绿色的 LED1 连接到 PF10 引脚。

接下来介绍 ROS 与 STM32 串口通信的几种方式。

ROS 目前有 ROS1 和 ROS2 两个版本,两个版本的架构和实现方式差异较大,通信机理也有所不同,所以与 STM32 的通信方式也有所差异,下面介绍通用方案、ROS1 方案和 ROS2 方案三种串口通信的实现方案。

(1)通用方案　通用方案即使用编程环境中自带的串口通信库进行串口通信的管理,如 Python 环境下的 pyserial 包。使用这种方案需要用户自行定义串口传输过程的应用层实现,包括数据格式定义、数据校验、输入输出缓存和队列实现等。它的优点是无论 ROS1 还是 ROS2 都可以使用,且高度定制化,下位机无须过多的封装,而缺点是和 ROS 生态相对割裂,个人实现的可靠性较差,设计开发成本较高。

(2)ROS1 与 rosserial　rosserial(http://wiki.ros.org/rosserial)是一种用于包装标准 ROS 序列化消息并通过字符设备(如串行端口或网络套接字)多路复用多个主题和服务的协议,使不具备 ROS 支持的硬件平台能够实现 ROS 话题、服务、参数和日志等功能。ROS 社区提供了 arduino、STM32 等 MCU 的用户端实现,开发者可以下载这些源代码,根据自己的项目需求进行修改和扩展,然后将其编译成适用于自己硬件平台的应用程序。该方案的优点是可以在 MCU 中使用 ROS 的编程逻辑和通信方式,且通信本身封装了完整的应用层协议,通信过程对用户来说完全透明。但该方案也有一定的缺点,首先将该工具引入 MCU 会占用一定的存储空间,且要求 MCU 支持 C++ 编程,对于片上资源有限的芯片无法使用,除此之外,该库仅支持 ROS1,且使用时可能要求用户端与服务端使用同一

ROS 发行版，这给多平台扩展带来了不便。

（3）ROS2 与 micro-ros　micro-ros（https://micro.ros.org/）是 ROS2 平台下专注于微控制器通信接入的软件程序库，类似于 ROS1 下的 rosserial，mico-ros 同样将节点、发布/订阅、用户端/服务、节点图、生命周期等所有主要核心概念都集成到微控制器（MCU）上，使用户可以使用上位机的编程和通信方式控制下位机。与 rosserial 相比，micro-ros 可以支持更多种类的通信外设协议，如 WIFI、蓝牙等。但 micro-ros 是基于嵌入式操作系统实现的，所以使用成本比 rosserial 更高。

本书仅介绍使用 rosserial 实现 STM32 与 ROS 的连接，如果读者对另两种通信方式感兴趣，请自行查阅相关资料。

使用 rosserial 实现 STM32 与 ROS 连接的主要步骤如下。

1）安装 rosserial 服务端和用户端程序。

2）创建 STM32 项目并进行配置。

3）在 STM32 项目中引入 rosserial_stm32。

4）在 STM32 项目中编写程序代码。

5）调试、下载程序到 STM32。

1. 安装 rosserial 服务端和用户端程序

ROS1 的版本发布通常与 Ubuntu 操作系统版本有一定的关联，因为 ROS1 的某些版本可能针对特定的 Ubuntu 版本进行了优化和测试，以确保兼容性和稳定性。这里使用的是 2020 年发布的 ROS1 noetic 版本，对应的 Ubuntu 版本是 20.04，在 Ubuntu20.04 上可以直接使用 apt 包管理工具下载配置 ROS1，在小于该版本的 Ubuntu 系统上可以使用对应的 ROS1 发行版，但不建议低于 18.04 版本。

在安装好 ROS1 之后，需要在计算机上下载安装 rosserial 的服务端软件包，安装方式有两种。

1）使用 apt 包安装，输入 sudo apt-get install ros-{distro}-rosserial，其中 distro 和系统 ROS 版本相对应，如 noetic。

2）如果无法使用 apt 包下载，可以选择从源码进行编译，按照下列指令依次进行即可。注意选择特定版本的分支。

```
cd <ws>/src
git clone https://github.com/ros-drivers/rosserial.git -b <distrio>
cd ..
catkin_make
catkin_make install
```

接下来需要安装用于 STM32 平台的用户端软件包 rosserial_stm32（https://github.com/yoneken/rosserial_stm32），同 rosserial 服务端软件包安装类似。

```
cd <ws>/src
git clone https://github.com/yoneken/rosserial_stm32
cd ..
catkin_make
```

完成工作空间的编译后，激活当前仓库，创建 Inc、Src 文件夹并运行代码生成节点，即可生成 STM32_roslib。

```
cd <ws>
source ./devel/setup.bash
mkdir Inc Src
rosrun rosserial_stm32 make_libraries.py
```

ros_lib 库文件包含的文件夹及文件如图 6-22 所示。

将该库文件引入 STM32 项目，并加入编译链即可在 STM32 中引入 rosserial 功能。

2. 创建 STM32 项目并进行配置

参照 STM32 软件开发基础一节中所述流程创建 STM32 项目，进入 STM32CubeMX 界面，在完成时钟和调试接口等配置后，需要按照 rosserial-stm32 的仓库要求配置串口，F407ZGTx 共有 6 个可配置的串口，读者可以根据自己的开发板或电路设计任选一个，此处选择 USART1。

打开串口配置页面，选择异步通信模式，参数设置默认即可（波特率 115200bits/s，数据帧宽度 8bits，1 位停止位，不开启奇偶校验，数据传输方向全双工，过采样 16）。然后选择"DMA Settings"选项卡，配置 DMA（Direct Memory Access）传输，DMA 可以在无 CPU 参与的情况下实现数据的传输和接收，提高数据传输和接收的效率，避免阻塞主程序的运行。TX、RX 采用默认配置即可，优先级调整为 Very High，工作模式设置为 Circluar（循环工作模式），这样可以自动监测端口的数据输入，无须每次接收时都进行激活，极大地简化程序的实现。串口配置结果如图 6-23 所示。

接下来需要对中断进行配置，选择"NVIC Settings"选项卡，将所有中断项都使能，默认 DMA 相关的中断已经使能，所以开启串口中断即可，如图 6-24 所示。

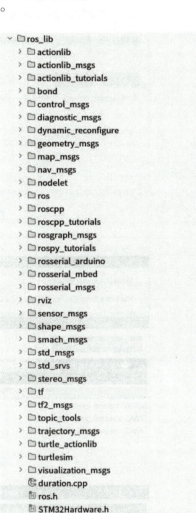

图 6-22 ros_lib 库文件包含的文件夹及文件

完成串口配置后，选择"Project Manager"选项卡，将程序的 Heap 大小设置大一点，如图 6-25 所示。因为 rosserial 使用的是 C++ 编程，C++ 的对象创建需要动态的内存分配，所以需要更多的堆空间。修改好后单击右上角的"GENERATE CODE"生成代码即可。

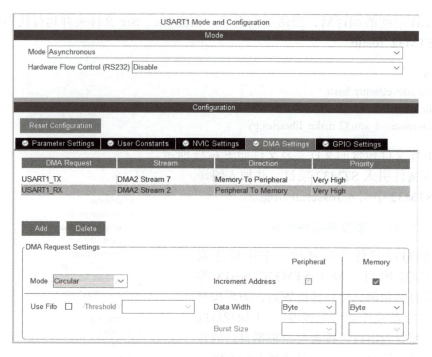

图 6-23 串口配置结果

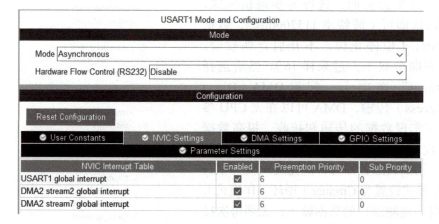

图 6-24 串口中断配置

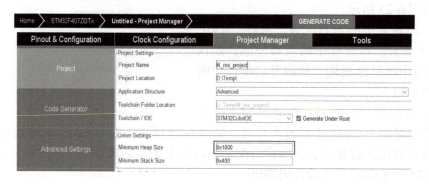

图 6-25 修改堆空间大小并生成代码

3. 在 STM32 项目中引入 rosserial_stm32

使用 IDE 打开项目，在项目的根目录下创建文件夹 ros_lib，引入之前生成的 rosserial_stm32 文件，在 CmakeLists_template.txt 文件中进行配置，如图 6-26 所示，使得项目重新生成时配置依旧存在。

接下来打开 ros_lib 目录下的 STM32Hardware.h 文件，对文件内容进行修改，需要修改的地方主要有以下几处。

1）根据自己所使用的 STM32 芯片型号设置特定的宏定义，如果文件中没有自己的型号，如 F1 系列，可以按照下面 F3、F4、F7 的格式定义 F1 的条件编译代码。

```
include_directories(${includes}
Middlewares/Third_Party/ros_lib
)

add_definitions(${defines})

file(GLOB_RECURSE SOURCES ${sources}
"Middlewares/Third_Party/ros_lib/*.cpp"
)
```

图 6-26　在 CmakeLists_template.txt 中配置

```
#define STM32F4xx  // Change for your device
#ifdef STM32F3xx
#include "stm32f3xx_hal.h"
#include "stm32f3xx_hal_uart.h"
#endif /* STM32F3xx */
#ifdef STM32F4xx
#include "stm32f4xx_hal.h"
#include "stm32f4xx_hal_uart.h"
#endif /* STM32F4xx */
#ifdef STM32F7xx
#include "stm32f7xx_hal.h"
#include "stm32f7xx_hal_uart.h"
#endif /* STM32F7xx */
```

2）修改所使用的 huratx，此处使用 huart1（先前 CubeMX 配置的），将所有涉及 UART_HandleTypeDef 类型硬编码的 huartx 进行统一。

```
extern UART_HandleTypeDef huart1;
```

3）然后打开 ros/ros.h 文件，根据所使用的芯片的资源丰富程度和自己的需求修改 ROS 相关的配置。

```
namespace ros
{
  typedef NodeHandle_<STM32Hardware,25,25,buffersize,buffersize> NodeHandle; // default 25, 25, 512, 512
}
```

在 STM32Hardware 后面有 4 个模板参数，分别表示 rosserial 支持的最大发布节点数量、订阅节点数量、接收缓冲区大小、发送缓冲区大小，需要注意的是使用 service 通信时分别占用一个发布节点和一个接收节点的配额。

4. 在 STM32 项目中编写程序代码

至此，我们已经完成了所有准备工作，可以开始正式编写代码了。在如图 6-18 所示项目组织结构中的 UserApp 目录下创建一个 startup.cpp，作为 C++ 相关代码融入主程序的入口，并创建与之关联的 startup.h 头文件用于启动入口服务。在 startup.h 中写入以下程序。

```cpp
#ifndef PROJECT_CAR_STARTUP_H
#define PROJECT_CAR_STARTUP_H
#ifdef __cplusplus
extern "C" {
#endif
// 创建几个任务队列
void startup();
#ifdef __cplusplus
}
#endif
#endif //PROJECT_CAR_STARTUP_H
```

最上面的两条宏语句可以避免头文件多处应用时的重复编译，接下来的 #ifdef __cplusplus 和 extern "C" 相关定义是 startup.h 最重要的内容。在 C 和 C++ 混合编程中，需要在头文件中定义 __cplusplus 的宏判断，该宏会动态分析当前引入的是 C++ 程序还是 C 程序，如果是 C 程序则 extern "C" 不起作用，如果是 C++ 程序则 extern "C" 作用域起作用。extern "C" 的主要作用是限制 C++ 函数的重载实现，因为 C 语言当中没有函数重载功能，故 C++ 程序引用到 C 语言中时，需要通过 extern "C" 限制编译器自动重命名函数，从而保证函数名的确定性和唯一性，使得 .c 文件和 .cpp 文件都可以找到对应的函数实现。

接下来在 startup.cpp 文件中实现 startup()：

```cpp
#include "main.h"
//C++ 官方库

#include "cstdio"
// 自定义的库函数
#include "startup.h"
#include "ros_Callback.h"
#include "Led.h"
//ros 库函数
#include "ros.h"
Led hled1(LED1_GPIO_Port, LED1_Pin);
Led hled0(LED0_GPIO_Port, LED0_Pin);
extern ros::NodeHandle nh;

void startup() {
    ros_init();
    nh.loginfo("init the system success!");
    loop();
}
```

其中，loop 和 ros_init 的实现放在 UsrApp/ros 目录下的 ros_Callback.cpp 文件中，同样创建与之对应的 ros_Callback.h 文件，这样方便后期引入更多模块时的代码管理。

ros_Callback.h 代码内容如下。

```
#ifndef PROJECT_CAR_ROS_CALLBACK_H
#define PROJECT_CAR_ROS_CALLBACK_H
#ifdef __cplusplus
extern "C" {
#endif
void ros_init();
void loop();
#ifdef __cplusplus
}
#endif
#endif //PROJECT_CAR_ROS_CALLBACK_H
```

在 ros_Callback.cpp 中，ros_init() 用于对节点初始化，并判断节点是否与上位机连接成功，若未连接成功则 LED1 不停闪烁，若连接成功则注册相关话题的发布订阅，并关闭 LED1。loop() 用于程序的循环运行，对上位机指令的处理需要在 nh.spinOnce() 中进行，所以循环周期不能太长，避免消息的遗漏丢失。led0_cb 和 led1_cb 函数实现了订阅到 LED0 和 LED1 控制话题时的回调处理，HAL_UART_RxCpltCallback 和 HAL_UART_TxCpltCallback 是 STM32 HAL 库（硬件抽象层）中定义的回调函数，用于处理 STM32 串口中断，通常按照此处的写法将 UART 转换为自己使用的串口号即可。

ros_Callback.cpp 主要代码内容如下。

```
#include <cstdio>
#include <string>
#include "ros_Callback.h"

#include "ros.h"
#include "Led.h"
#include "std_msgs/String.h"
#include "std_msgs/Bool.h"

void led0_cb(const std_msgs::Bool& msg);
void led1_cb(const std_msgs::Bool& msg);
ros::Subscriber<std_msgs::Bool> led0_sub("led0", &led0_cb);
ros::Subscriber<std_msgs::Bool> led1_sub("led1", &led1_cb);
ros::NodeHandle nh;
std_msgs::String stm32_to_pc_word;
using namespace std;
ros::Publisher stm32_to_pc("stm32_to_pc", &stm32_to_pc_word);

extern Led hled1;
extern Led hled0;
```

```
uint8_t cnt = 0;
void ros_init() {
  nh.initNode();
  while (!nh.connected()) {
    nh.spinOnce();
    hled1.Toggle();
    printf("hello world!\n");
    HAL_Delay(500);
  }
  nh.advertise(stm32_to_pc);
  nh.subscribe(led0_sub);
  nh.subscribe(led1_sub);
  hled1.Off();
}
void loop() {
  string info;
  while (1) {
    cnt += 1;
    info = "stm32_2_ros->" + to_string(cnt);
    printf("%s\n", info.c_str());
    stm32_to_pc_word.data = info.c_str();
    HAL_Delay(100);
    stm32_to_pc.publish(&stm32_to_pc_word);
    nh.spinOnce();
  }
}
void led0_cb(const std_msgs::Bool& msg){
  if(msg.data){
    hled0.On();
  } else {
    hled0.Off();
  }
}
void led1_cb(const std_msgs::Bool& msg){
  if(msg.data){
    hled1.On();
  } else {
    hled1.Off();
  }
}
void HAL_UART_RxCpltCallback(UART_HandleTypeDef *huart) {
  if (huart->Instance == UART1) {
    nh.getHardware()->reset_rbuf();
  }
}
void HAL_UART_TxCpltCallback(UART_HandleTypeDef *huart) {
```

```
    if (huart->Instance == UART1) {
        nh.getHardware()->flush();
    }
}
```

接下来将 startup() 函数引入入口文件 main.c。在头文件中引入 startup.h，在外设初始化代码后，while 循环前调用 startup() 函数，如果程序编译没有错误，便可烧写代码到开发板上并查看效果。

```
/* USER CODE BEGIN Includes */
#include "startup.h"
/* USER CODE END Includes */
/* USER CODE BEGIN 2 */
  startup();
/* USER CODE END 2 */
/* Infinite loop */
/* USER CODE BEGIN WHILE */
while (1) {
/* USER CODE END WHILE */
    }
```

5. 调试、下载程序到 STM32

反复调试程序，在确认程序无误后，将其编译后下载到开发板的 STM32。连接上位机和开发板，给开发板上电，在上位机上找到串口的设备编号，Ubuntu 系统下通常为 /dev/ttyUSBxxx 或 /dev/ttyACMxxx，然后激活 rosserial 服务端工作空间，运行 rosrun rosserial_python serial_node.py _port:=/dev/ttyUSB0 _baud:=115200。

如果出现如图 6-27 所示的画面，则说明连接成功，可以使用 rostopic 或订阅发布相应话题的节点与下位机进行通信了。

图 6-27 rosserial 连接成功示意图

请扫二维码观看
串口通信过程

请扫二维码查看
串口通信源代码

6.6.3 基于开发板实现舵机控制

第 4 章已经介绍过舵机的结构和工作原理，本节将介绍基于 STM32 实现舵机的驱动控制。选择的舵机型号为 DS3235（35kg 金属数字舵机，大扭力舵机），电压范围为 5~8.4V，驱动方式为 PWM（周期为 20ms），脉冲宽度为 0.5~2.5ms 时对应的角度范围为 0°~270°。舵机的三根引线分别为 VCC（红色）、GND（褐色）、PWM（黄色）。VCC 可以接到开发板的 5V 引脚，也可以接到独立电源上。本示例中选择用开发板上电源为舵机供电。实际使用时，为了提高舵机的工作性能，最好使用独立电源。舵机 PWM 信号线连接到开发板的 PA7 引脚。舵机与开发板的信号连接如图 6-28 所示。

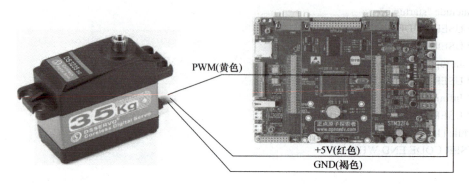

图 6-28　舵机与开发板的信号连接

使用 STM32 实现 PWM 的输出方式有许多：第一种方式是使用定时器延时加 GPIO 的方式进行脉冲调控；第二种方式是使用 STM32 上的通用定时器自带的 PWM 输出通道。鉴于第二种方式在脉冲频率的精度和占空比的配置灵活性方面更优，本示例选用第二种方式。

探索者开发板上 STM32MCU 的片上定时器资源丰富，包括 2 个高级控制定时器（TIM1 和 TIM8）、10 个通用定时器（TIM2~5 和 TIM9~14）和 2 个基础定时器（TIM6 和 TIM7）。这些定时器挂在 APB2 或 APB1 总线上，其最高工作频率不一样，计数器位数也不一样，因此，功能和使用方法也略有差异。基础定时器功能简单，只能用于定时，通用定时器和高级控制定时器还具有输入捕获、输出比较、PWM 输出等功能。

基于探索者开发板实现舵机控制的主要步骤如下。
1）创建 STM32 项目并进行配置。
2）在 STM32 项目中编写程序代码。
3）将调试成功的程序编译后下载到 STM32。

1. 创建 STM32 项目并进行配置

在本示例中，选择 TIM14 的通道 1 生成 PWM 信号，并将其分配到 GPIO 引脚 PA7，引脚配置如图 6-29 所示。

系统时钟配置时在 HCLK（MHz）的文本框中输入 160MHz，系统为挂载在 APB1 上的定时器 TIM14 计算的默认频率为 80MHz。为获得 50Hz 的 PWM 脉冲信号，且使占空比设置数值范围尽可能大，按图 6-30 所示配置 TIM14 的参数。

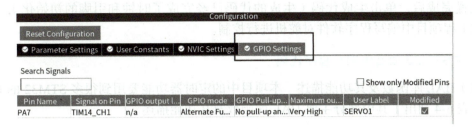

图 6-29 生成 PWM 信号的引脚配置

图 6-30 TIM14 的配置参数

预分频系数设置为 39，则实际分频系数为 40，分频器输出的时钟信号频率就是 2MHz（相当于计数器每隔 0.5μs 计数一次）。

$$f = \frac{80\text{MHz}}{40} = 2\text{MHz}$$

自动重载数值表示定时器刷新计数的极限值，对于递增型定时器，其从 0 开始计数，当计数达到自动重载数值时，产生更新重载事件，图 6-30 中自动重载数值设置为 40000，表示 40000×0.5μs=20ms 产生一次更新重载，在 PWM 信号中这个时间表示单次脉冲的周期，20ms 周期对应的频率刚好是 50Hz。

PWM 脉冲比较数值设置为 1000，通道极性设置为高，表示定时器计数小于 1000 时对应引脚输出高电平，大于 1000 时对应引脚输出低电平，这样 PWM 的正脉冲宽度为 0.5μs×1000=0.5ms，舵机处于 0°位置。在程序中修改 PWM 脉冲比较数值可以修改 PWM

的正脉冲宽度，从而控制舵机的角度。

配置完成后，单击生成代码（生成的代码已经完成了时钟和引脚的初始化），即可在生成的工程项目中编写程序软件对舵机进行控制。

2. 在 STM32 项目中编写程序代码

（1）HAL 库函数及其功能描述　本项目中的定时器功能要用到很多 STM32 的 HAL 库函数，表 6-4 列出了其中部分主要 HAL 库函数及其功能描述。

表 6-4　控制舵机时用到的主要 HAL 库函数及其功能描述

函数名	功能描述
HAL_TIM_Base_Init()	定时器初始化，设置各种参数和连续定时模式
HAL_TIM_Base_MspInit()	在 HAL_TIM_Base_Init() 里被调用，重新实现的这个函数一般用于定时器时钟使能和中断设置
HAL_TIM_Base_Start()	以轮询工作方式启动定时器，不会产生中断
HAL_TIM_PWM_Init()	生成 PWM 波的配置初始化，需先执行 HAL_TIM_Base_Init()
HAL_TIM_PWM_ConfigChannel()	配置 PWM 输出通道
HAL_TIM_PWM_Start()	启动生成 PWM 波，需要先执行 HAL_TIM_Base_Start()
HAL_TIM_PWM_Stop()	停止生成 PWM 波
__HAL_TIM_SET_COMPARE()	修改 PWM 波的比较寄存器的比较数值，用以控制占空比

调用 HAL_TIM_Base_Start(&htim14) 启动定时器开始计数，再调用 HAL_TIM_PWM_Start(&htim14, TIM_CHANNEL_1) 开始 PWM 波的生成，注意 HAL_TIM_PWM_Start 调用前一定要先调用 HAL_TIM_Base_Start。

启动 TIM14 并开启其通道一的 PWM 输出。

```
// main.c
/* USER CODE BEGIN 2 */
HAL_TIM_Base_Start(&htim14);
HAL_TIM_PWM_Start(&htim14, TIM_CHANNEL_1);
/* USER CODE END 2 */
```

（2）封装舵机工作对象　定义头文件 Servo.h，如下。

```
#ifndef F4_ROS_PROJECT_SERVO_H
#define F4_ROS_PROJECT_SERVO_H
#ifdef __cplusplus
#include "main.h"
class Servo {
private:
    TIM_HandleTypeDef *htim;      // 生成 PWM 的定时器
    uint32_t channel;             // PWM 输出的通道
    uint32_t min_pulse;           // 最小角度对应的计数器计数值
```

```
        uint32_t max_pulse;              // 最大角度对应的计数器计数值
        float min_angle;                 // 最小角度
        float max_angle;                 // 最大角度
        float min_range;                 // 工作过程中的最小角度，不能超过最小角度
        float max_range;                 // 工作过程中的最大角度，不能超过最大角度
    public:
        float current_angle;             // 当前角度
        /*
         * @param htim: PWM 生成的定时器
         * @param channel: PWM 输出的通道
         * @param min_pulse: 最小脉冲宽度
         * @param max_pulse: 最大脉冲宽度
         * @param min_angle: 最小角度
         * @param max_angle: 最大角度
         */
        Servo(TIM_HandleTypeDef *htim, uint32_t channel, uint32_t min_pulse, uint32_t max_pulse, float min_angle = 0, float max_angle = 180);
        /*
         * @param min_range: 设置的最小角度
         * @param max_range: 设置的最大角度
         * @param angle: 设置的角度
         * @description: 设置舵机的角度
         */
        void init(float min_range, float max_range, float angle);
        /*
         * @param min_range: 设置的最小角度
         * @description: 设置工作最小角度
         */
        void set_min_range(float min_range);
        /*
         * @param max_range: 设置的最大角度
         * @description: 设置工作最大角度
         */
        void set_max_range(float max_range);
        /*
         * @param angle: 设置的角度
         * @description: 设置舵机的角度
         */
        void set_angle(float angle);
    };
    #endif
    #endif //F4_ROS_PROJECT_SERVO_H
```

（3）实现舵机对象构造函数

// Servo.cpp

```
Servo::Servo(TIM_HandleTypeDef *htim, uint32_t channel, uint32_t min_pulse, uint32_t max_pulse,
float min_angle, float max_angle) {
    this->htim = htim;
    this->channel = channel;
    this->min_pulse = min_pulse;
    this->max_pulse = max_pulse;
    this->min_angle = min_angle;
    this->max_angle = max_angle;
    this->current_angle = 0;
    init(min_angle, max_angle, 0);
}
```

（4）实现角度控制函数 其中最为关键的为 __HAL_TIM_SET_COMPARE(htim, channel, pulse)，通过修改比较寄存器的比较数值，实现不同的占空比，从而实现角度控制。通过上下限判断，避免无效角度输入。

```
void Servo::set_angle(float angle) {
    if (angle < min_range) {
        angle = min_range;
    }
    if (angle > max_range) {
        angle = max_range;
    }
    this->current_angle = angle;
    auto pulse = (uint32_t) (angle / (max_angle - min_angle) * (max_pulse - min_pulse) + min_pulse);
    __HAL_TIM_SET_COMPARE(htim, channel, pulse);
}
```

（5）构造舵机对象并通过ROS串口控制 通过订阅舵机角度控制话题，动态修改舵机当前角度。

```
Servo servo1(&htim14, TIM_CHANNEL_1, 1000, 4000, 0, 270);
void servo_cb(const std_msgs::Float32 &msg);
ros::Subscriber<std_msgs::Float32> servo_sub("servo", &servo_cb);
void servo_cb(const std_msgs::Float32 &msg) {
    string info = "servo:" + std::to_string(msg.data);
    nh.loginfo(info.c_str());
    servo1.set_angle(msg.data);
}
```

3. 将调试成功的程序编译后下载到STM32

反复调试程序，在确认程序无误后，将其编译后下载到开发板的STM32。连接上位机和开发板，给开发板上电，在上位机使用rosserial连接下位机，打开ROS提供的rqt发布"servo"话题，可以实现下位机对舵机的控制。

请扫二维码观看舵机控制过程

请扫二维码查看舵机控制源代码

6.6.4 基于开发板实现超声波测距

超声波测距可以用来帮助机器人判断周围的障碍物，避免机器人与障碍物产生碰撞。HC-SR04 是常见的超声波测距模块，其工作原理如图 6-31 所示。当模块的 Trig 引脚收到高电平触发信号时，会激发出超声波信号，同时在 Echo 引脚产生高电平直到接收到回波信号，通过测量 Echo 引脚高电平的持续时间，即可获得物体相对距离。HC-SR04 超声波测距模块技术参数见表 6-5。

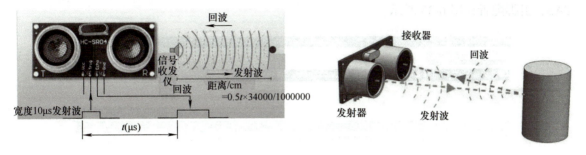

图 6-31 超声波测距工作原理

表 6-5 HC-SR04 超声波测距模块技术参数

工作电压	5V DC
工作电流	15mA
工作频率	40KHz
测量范围	2～400cm
测量精度	3mm
测量角度	<15°
尺寸	45mm × 20mm × 15mm

在本示例中，将 GPIO PE0 连接到 HC-SR04 的 Trig 引脚，选择基础定时器 TIM7 定时触发信号；将 GPIO PA5 连接到 Echo 引脚，选择通用定时器 TIM2 的捕获功能测量 Echo 引脚的高电平时间。

HC-SR04 与开发板的信号连接如图 6-32 所示。

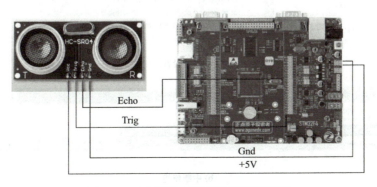

图 6-32 HC-SR04 与开发板的信号连接

基于探索者开发板实现超声波测距的主要步骤如下。

1）创建 STM32 项目并进行配置。

2）在 STM32 项目中编写程序代码。

3）将调试成功的程序编译后下载到 STM32。

1. 创建 STM32 项目并进行配置

在本示例中，选择 TIM2 的通道 1 完成 Echo 信号的捕获，并将其分配到 GPIO 引脚 PA5，引脚配置如图 6-33 所示。

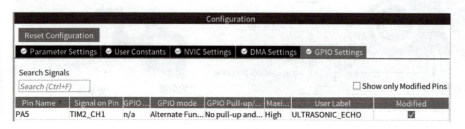

图 6-33　捕获 Echo 信号的引脚配置

系统时钟的配置同舵机控制示例，定时器 TIM7 和 TIM2 的配置如图 6-34 和图 6-35 所示。为了实现定时触发和定时捕获，TIM7 和 TIM2 都使能了中断。

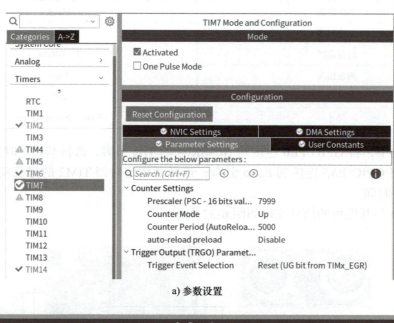

a) 参数设置

b) 中断使能

图 6-34　定时器 TIM7 的配置

a) 参数设置

b) 中断使能

图 6-35 定时器 TIM2 的配置

  首先开启 PE0 引脚的 GPIO_Output 模式，然后开启 TIM7，配置预分频系数为 7999，重载计数值为 5000，即 500ms 触发一次超声波测量任务。

  在 NVIC Settings 中勾选全局中断，并配置抢占优先级为 2，因为超声波测量的周期不需要严格保证，所以可以设置较低的中断优先级。

  接下来配置 TIM2 的输入捕获功能，时钟源选择内部时钟，开启 Channel1 的输入捕获模式，然后设置预分频系数为 79 和重载计数值为 1000000000，此处预分频系数设置相对较小从而使得捕获灵敏度较高，将重载计数值设置较大（远远超过超声波模块的有效测量范围对应的传播时间），从而避免捕获过程中发生定时器重载。

  在输入捕获的参数配置中设置极性选择为双边沿极性，即上升沿和下降沿都捕捉，滤波系数设置为 8，减小噪声的影响。

  配置完成后，单击生成代码（生成的代码已经完成了时钟和引脚的初始化），即可进行工程文件的编写。

2. 在 STM32 项目中编写程序代码

（1）HAL 库函数及其功能描述　本项目中的定时器功能要用到很多 STM32 的 HAL 库函数，表 6-6 所示为其中部分主要 HAL 库函数及功能描述。

表 6-6　超声波测距中用到的主要 HAL 库函数及功能描述

函数名	功能描述
HAL_TIM_Base_Init()	定时器初始化，设置各种参数和连续定时模式
HAL_TIM_Base_MspInit()	在 HAL_TIM_Base_Init() 里被调用，重新实现的这个函数一般用于定时器时钟使能和中断设置
HAL_TIM_Base_Start()	以轮询工作方式启动定时器，不会产生中断
HAL_TIM_IC_Init()	输入捕获初始化，需先执行 HAL_TIM_Base_Init() 进行定时器初始化
HAL_TIM_IC_ConfigChannel()	输入捕获通道配置
HAL_TIM_IC_Start()	启动输入捕获，需要先执行 HAL_TIM_Base_Start() 启动定时器
HAL_TIM_IC_Stop()	停止输入捕获
__HAL_TIM_SET_COMPARE()	修改 PWM 波的比较寄存器的比较数值，用以控制占空比
HAL_TIM_IC_Start_IT()	以中断方式启动输入捕获，需要先执行 HAL_TIM_Base_Start_IT() 启动定时器
HAL_TIM_IC_Stop_IT()	停止输入捕获
HAL_TIM_IC_CaptureCallback()	产生输入捕获事件时的回调函数
HAL_TIM_ReadCapturedValue()	读取输入捕获到的当前计数器数值

驱动代码如下。

// 同时开启 TIM7 和 TIM2 的中断工作模式。

```
// main.c
/* USER CODE BEGIN 2 */
  HAL_TIM_Base_Start_IT(&htim7);
  HAL_TIM_Base_Start_IT(&htim2);
/* USER CODE END 2 */
```

（2）封装 HC_SR04 模块，定义 HC_SR04.h 文件

```
// HC_SR04.h
#ifndef F4_ROS_PROJECT_HC_SR04_H
#define F4_ROS_PROJECT_HC_SR04_H

#include "std_msgs/Time.h"
#include "std_msgs/String.h"
#ifdef __cplusplus
extern "C" {
```

```cpp
#endif
#include "GPIO_Base.h"
class HC_SR04 {
private:
    GPIO_Base *Trig;
    GPIO_Base *Echo;
    uint32_t channel;
public:
    TIM_HandleTypeDef *htim;
    volatile uint32_t high_time;
    volatile double distance;
    bool isEnable;
    // 距离记录时间
    volatile double distance_record_time;
    volatile uint32_t capture_Buf[3] = {0};         // 存放计数值
    volatile uint8_t capture_Cnt = 0;               // 状态标志位
    HC_SR04(TIM_HandleTypeDef *htim, uint32_t channel, GPIO_TypeDef *Trig_GPIO_Port, uint16_t Trig_Pin, GPIO_TypeDef *Echo_GPIO_Port, uint16_t Echo_Pin);
    ~HC_SR04();
    void Init();
    void ReSet();
    void Start();
    void Stop();
    void TIM_IC_CaptureCallback();
};
#ifdef __cplusplus
}
#endif
#endif //F4_ROS_PROJECT_HC_SR04_H
```

（3）实现 HC_SR04 的初始化构造以及析构

```cpp
# HC_SR04.cpp
HC_SR04::HC_SR04(TIM_HandleTypeDef *htim, uint32_t channel, GPIO_TypeDef *Trig_GPIO_Port, uint16_t Trig_Pin,
                 GPIO_TypeDef *Echo_GPIO_Port,
                 uint16_t Echo_Pin) {
    this->Trig = new GPIO_Base(Trig_GPIO_Port, Trig_Pin);
    this->Echo = new GPIO_Base(Echo_GPIO_Port, Echo_Pin);
    this->htim = htim;
    this->channel = channel;
    this->Init();
}

HC_SR04::~HC_SR04() {
    this->Stop();
```

```cpp
        delete this->Trig;
        delete this->Echo;
    }

    void HC_SR04::Init() {
        this->Stop();
    }

    void HC_SR04::Stop() {
        isEnable = false;
        this->ReSet();
    }

    void HC_SR04::ReSet() {
        capture_Cnt = 0;
        distance = 0;
        high_time = 0;
        HAL_TIM_IC_Stop_IT(htim, this->channel);    // 关闭输入捕获
    }
```

开始时该模块处于关闭状态，输入捕获中断被暂时关闭，接下来定义输入捕获中的处理函数以及脉冲激励函数。使用状态量 capture_Cnt 管理测量过程的状态。当 capture_Cnt 为 0 时允许进行测量，并开启输入捕获中断模式，测量时按照模块工作原理，产生大于 10μs 的高电平信号，并修改 capture_Cnt 状态值，使其进入下一工作状态。

在 TIM_IC_CaptureCallback 中分别实现了 Echo 引脚上升沿和下降沿的处理逻辑，在上升沿时记录下当前计数器数值，然后等待下降沿到来计算实际距离并通过 rosserial 发送给上位机，完成之后清空状态等待下一次测量任务。

```cpp
    void HC_SR04::Start() {
        if(isEnable){
            if (capture_Cnt == 0) {
                __HAL_TIM_SET_COUNTER(htim, 0);  // 清空定时器的计数值
                HAL_TIM_IC_Start_IT(htim, this->channel);    // 启动输入捕获
                this->Trig->High();
                delay_us(15);
                this->Trig->Low();
                capture_Cnt++;
            }
        }
    }

    void HC_SR04::TIM_IC_CaptureCallback() {
        if (isEnable) {
            switch (capture_Cnt) {
                case 1:
                    capture_Buf[0] = HAL_TIM_ReadCapturedValue(htim, this->channel);
                    // 获取当前的捕获值
```

```
                capture_Cnt++;
                break;
            case 2:
                capture_Buf[1] = HAL_TIM_ReadCapturedValue(htim, this->channel);
                // 获取当前的捕获值
                HAL_TIM_IC_Stop_IT(htim, this->channel);      // 停止捕获
                high_time = capture_Buf[1] - capture_Buf[0];   // 高电平时间
                distance = high_time * 0.034 / 2;  // 距离值,单位为 cm

                ultra_msg.data = distance;
                stm32_to_pc.publish(&ultra_msg);
                capture_Cnt = 0;  // 清空标志位
        }
    }
}
```

（4）构造 HC_SR04 对象并定义 ROS 发布话题

```
HC_SR04 hc_sr04(&htim2, TIM_CHANNEL_1, ULTRASONIC_TRIGGER_GPIO_Port, ULTRA-
SONIC_TRIGGER_Pin, ULTRASONIC_ECHO_GPIO_Port,ULTRASONIC_ECHO_Pin);
std_msgs::Float64 ultra_msg;
ros::Publisher stm32_to_pc("ultrasonic", &ultra_msg);
```

（5）重载 HAL_TIM_IC_CaptureCallback 输入捕获中断函数，调用 hc_sr04 中的回调函数，再重载 HAL_TIM_PeriodElapsedCallback 实现周期性的测量

```
void HAL_TIM_IC_CaptureCallback(TIM_HandleTypeDef *htim) {

    if (hc_sr04.htim == htim)// 定时器的中断
    {
        hc_sr04.TIM_IC_CaptureCallback();
    }
}
void HAL_TIM_PeriodElapsedCallback(TIM_HandleTypeDef *htim) {
    if (htim->Instance == TIM7) {
        if (hc_sr04.isEnable) {
            hc_sr04.Start();
        }
    }
}
```

3. 将调试成功的程序编译后下载到 STM32

反复调试程序，在确认程序无误后，将其编译后下载到开发板的 STM32。连接上位机和开发板，给开发板上电，在上位机使用 rosserial 连接下位机，打开 ROS 提供的 rqt 订阅 "ultrasonic" 话题，可以实现下位机对超声波的测距。

请扫二维码观看超声波测距过程

请扫二维码查看超声波测距源代码

以上的串口通信、舵机控制和超声波测距的示例是用三个独立的项目工程实现的，这些示例的执行效果主要通过 ROS 命令行工具进行演示，虽然满足功能要求，但用户交互界面不够友好。为了进一步提高系统的交互性和易用性，现在将这些独立的示例整合到一个统一的工程项目中，并采用 Python 的 Qt 框架（PyQt），设计一个直观的上位机图形用户界面（GUI），如图 6-36 所示，用户可以通过图形界面与系统进行交互。在现代智能机电系统的设计与开发中，一个直观且易于操作的用户界面对于提升系统的整体性能和用户体验也是至关重要的。

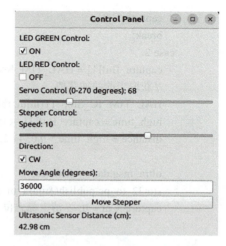

图 6-36　上位机图形用户界面

请扫二维码观看
GUI 演示效果

请扫二维码查看
GUI 源代码

思考题与习题

1. 请简要概述 STM32 微控制器的核心特性及其在智能机电系统中的应用优势。请结合实际应用举例说明其在不同领域的具体应用情况。

2. 设计一个基于 STM32F407 微控制器的简单嵌入式控制系统。要求实现对一个 LED 的控制，包含硬件连接图、代码实现及调试过程。

3. 使用 STM32CubeMX 配置一个基本的 STM32 项目，实现对一个按钮的检测和响应。要求包括详细的配置步骤、代码实现及调试过程。

4. 请调研当前市场上主流的嵌入式开发工具（如 Keil MDK-ARM、STM32CubeIDE 等），并撰写一份报告，比较它们在功能、用户体验、社区支持等方面的优劣。

5. 选择一种常见的实时操作系统（如 FreeRTOS），调研其基本原理和主要特性，并结合 STM32 平台，设计一个简单的任务调度方案。

第 7 章 运动学建模与轨迹规划

7.1 概述

前面几章介绍的是智能机电系统设计与开发的基础内容，为了验证所设计与开发的智能机电系统的性能，需要通过运动学建模对其运动过程进行分析。运动学致力于理解和描述智能机电系统在空间中的运动规律和特性，其核心目标在于通过建立数学模型和进行深入分析，以实现对智能机电系统运动的准确控制和有效规划。运动学包括两类问题：正运动学和逆运动学。正运动学研究如何将机电系统各个坐标轴的运动映射为其末端工具（刀具）在直角坐标系的运动；逆运动学研究如何将机电系统末端工具（为叙述简便，本文后面统一将机床末端的刀具与工业机器人末端的工具统称为末端工具）在直角坐标系的运动分解为各个坐标轴的运动。典型的智能机电装备包括数控机床和工业机器人，通常，数控机床各个坐标轴是正交的，末端工具位姿与各坐标轴的运动一般呈线性关系，分析过程比较简单；工业机器人可以看成由一系列刚体通过关节连接而成的一个运动链，其末端工具位姿与各个坐标轴的运动呈非线性关系，分析过程比较复杂。本章主要以工业机器人为例介绍其运动学建模过程和分析方法。

运动学模型是控制工业机器人按给定要求完成作业任务的基础，在完成给定的作业任务之前，还应该先规定工业机器人的操作顺序、路径形状、起点、中点、终点和操作时间等，然后控制系统根据这些给定条件，自动确定其每个坐标轴按时间历程的位置、速度和加速度等，这就是轨迹规划。轨迹规划功能可使工业机器人的编程手续简化，用户只需要输入有关路径和轨迹的若干约束和简单描述即可，复杂的细节问题则可由轨迹规划器解决。规划好的轨迹在计算机中以一定的函数进行描述，为了保证工业机器人运动平滑，避免因机构共振而产生磨损，一般需要轨迹描述函数是连续的且具有一阶、二阶连续导数。然后通过轨迹描述函数实时计算出不同时刻的位移、速度和加速度等参数，并以某种速率将计算结果传送给各个运动轴的伺服驱动系统，这个更新速率称为插补周期（通常在 60~2000Hz 之间），计算每个插补周期的运动轨迹的过程称为插补。在制作工业机器人之前，可以在仿真环境中模拟其在各种工作条件下的运动。这将为评估工业机器人的性能，优化其设计，为最终产品的成功奠定坚实的基础。本章还将介绍工业机器人的轨迹规划和运动仿真问题。

7.2 空间描述与坐标系

7.2.1 空间描述

1. 齐次矩阵

工业机器人的各个运动组件都可以看作一个刚体，要描述刚体的运动，可以在刚体上固定一个坐标系，用该坐标系原点在参考坐标系的位置矢量和坐标系姿态来描述刚体的位置和姿态。

如图 7-1 所示，机械手爪的参考坐标系为 $\{A\}$，与机械手爪固定的坐标系为 $\{B\}$，则机械手爪的位置矢量在坐标系 $\{A\}$ 中用 $^{A}P_{BO}$ 表示，即

$$^{A}P_{BO} = \begin{pmatrix} p_{BOx} \\ p_{BOy} \\ p_{BOz} \end{pmatrix} \quad (7\text{-}1)$$

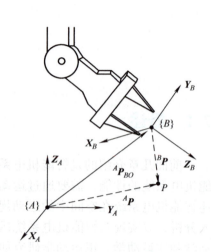

图 7-1 刚体的位置和姿态描述

左上标 A 表示矢量的参考坐标系，p_{BOx}、p_{BOy}、p_{BOz} 表示矢量 $^{A}P_{BO}$ 在坐标系 $\{A\}$ 的三个坐标轴上的投影。

机械手爪的姿态 $^{A}_{B}R$ 可以由坐标系 $\{B\}$ 的三个坐标轴矢量 X_B、Y_B、Z_B 在坐标系 $\{A\}$ 中的投影按顺序作为矩阵的列构成的旋转矩阵表示，即

$$^{A}_{B}R = (^{A}X_B \quad ^{A}Y_B \quad ^{A}Z_B) = \begin{pmatrix} X_B \cdot X_A & Y_B \cdot X_A & Z_B \cdot X_A \\ X_B \cdot Y_A & Y_B \cdot Y_A & Z_B \cdot Y_A \\ X_B \cdot Z_A & Y_B \cdot Z_A & Z_B \cdot Z_A \end{pmatrix} = \begin{pmatrix} r_{11} & r_{12} & r_{13} \\ r_{21} & r_{22} & r_{23} \\ r_{31} & r_{32} & r_{33} \end{pmatrix} \quad (7\text{-}2)$$

$^{A}_{B}R$ 的列（行）矢量均可用一对单位矢量的点积来表示。$^{A}_{B}R$ 的左下角字母表示被描述的坐标系，左上角字母表示参考的坐标系。由式（7-2）可以看出

$$^{B}_{A}R = \left(^{A}_{B}R\right)^{T} \quad (7\text{-}3)$$

机械手爪的位姿由矢量 $^{A}P_{BO}$ 和 $^{A}_{B}R$ 的三个矢量，共计四个矢量确定，记为 $^{A}_{B}T$

$$^{A}_{B}T = \{^{A}_{B}R \quad ^{A}P_{BO}\} \quad (7\text{-}4)$$

当 $\{B\}$ 和 $\{A\}$ 平行时，$^{A}_{B}T$ 仅表示坐标系 $\{B\}$ 的位置，$^{A}_{B}R$ 为单位矩阵，当 $\{B\}$ 和 $\{A\}$ 的原点重合时，$^{A}_{B}T$ 仅表示坐标系 $\{B\}$ 的姿态，$^{A}P_{BO}$ 为零矢量。

式（7-4）中的 $^{A}_{B}T$ 不是方阵，为了便于用矩阵进行运算，将其改成齐次矩阵的形式，即

$$^{A}_{B}T = \left(\begin{array}{c|c} ^{A}_{B}R & ^{A}P_{BO} \\ \hline 0\ 0\ 0 & 1 \end{array} \right) \quad (7\text{-}5)$$

式中，$\begin{pmatrix} ^{A}P_{BO} \\ 1 \end{pmatrix}$ 是齐次坐标；$^{A}_{B}T$ 是齐次变换矩阵，共有 16 个元素，除去 4 个常数，$^{A}P_{BO}$ 含

有 3 个独立元素，${}_B^A\boldsymbol{R}$ 含有 9 个元素，但只有 3 个元素独立，因为 ${}^A\boldsymbol{X}_B$、${}^A\boldsymbol{Y}_B$、${}^A\boldsymbol{Z}_B$ 都是单位主向量，且两两正交，故有 6 个约束条件，即

$$
{}^A\boldsymbol{X}_B \cdot {}^A\boldsymbol{X}_B = 1, \quad {}^A\boldsymbol{Y}_B \cdot {}^A\boldsymbol{Y}_B = 1, \quad {}^A\boldsymbol{Z}_B \cdot {}^A\boldsymbol{Z}_B = 1
$$
$$
{}^A\boldsymbol{X}_B \cdot {}^A\boldsymbol{Y}_B = 1, \quad {}^A\boldsymbol{X}_B \cdot {}^A\boldsymbol{Z}_B = 1, \quad {}^A\boldsymbol{Y}_B \cdot {}^A\boldsymbol{Z}_B = 1
$$

2. 欧拉角

齐次矩阵只有 6 个独立变量，3 个表示位置，3 个表示姿态。在进行坐标变换时，使用齐次矩阵比较方便，但是当设备操作员在操作智能机电设备时，每次都输入输出 16 个元素的齐次矩阵就有点麻烦了。在工程实际应用中，只需要输入 3 个位置量和 3 个姿态量就可以了。实际上，旋转矩阵表示的姿态可以用三个参数表示，如 X-Y-Z 欧拉角。这种表示方法是：假设初始状态时坐标系 {B} 与参考坐标系 {A} 重合，然后将 {B} 绕着自身坐标系的 $\boldsymbol{X}_B$ 轴旋转 α 角，再绕着旋转后新坐标系的 $\boldsymbol{Y}_B'$ 旋转 β 角，最后绕着第二次旋转后新坐标系的 $\boldsymbol{Z}_B''$ 旋转 γ 角，进而形成最终的坐标系 {B}，其变换方法如图 7-2 所示。

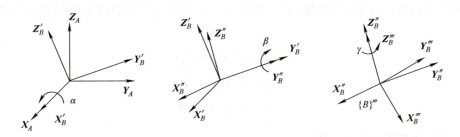

图 7-2 X-Y-Z 欧拉角变换原理图

按照 X-Y-Z 欧拉角的变换方式得到坐标系 {B} 相对于参考坐标系 {A} 的旋转矩阵为

$$
\begin{aligned}
{}_B^A\boldsymbol{R}_{XYZ} &= \boldsymbol{R}_X(\alpha)\boldsymbol{R}_Y(\beta)\boldsymbol{R}_Z(\gamma) \\
&= \begin{pmatrix} 1 & 0 & 0 \\ 0 & c\alpha & -s\alpha \\ 0 & s\alpha & c\alpha \end{pmatrix} \begin{pmatrix} c\beta & 0 & s\beta \\ 0 & 1 & 0 \\ -s\beta & 0 & c\beta \end{pmatrix} \begin{pmatrix} c\gamma & -s\gamma & 0 \\ s\gamma & c\gamma & 0 \\ 0 & 0 & 1 \end{pmatrix} \\
&= \begin{pmatrix} c\beta c\gamma & -c\beta s\gamma & s\beta \\ s\alpha s\beta c\gamma + c\alpha s\gamma & -s\alpha s\beta s\gamma + c\alpha c\gamma & -s\alpha c\beta \\ -c\alpha s\beta c\gamma + s\alpha s\gamma & c\alpha s\beta s\gamma + s\alpha c\gamma & c\alpha c\beta \end{pmatrix}
\end{aligned} \quad (7\text{-}6)
$$

为使矩阵简洁起见，$\cos\alpha$ 和 $\sin\alpha$ 缩写为 $c\alpha$ 和 $s\alpha$。

根据式（7-6）和式（7-2）中 ${}_B^A\boldsymbol{R}$ 的等价关系，可以根据姿态矩阵求出 α、β、γ，即可以用这三个参数表示两个坐标系之间的姿态。

7.2.2 坐标变换

刚体的位置和姿态可以在不同的坐标系中描述，并且可以通过坐标变换公式将这些不同的描述联系在一起。坐标变换包括坐标平移变换、坐标旋转变换和坐标复合变换。

1. 坐标平移变换

在图 7-3 中,坐标系 $\{B\}$ 和 $\{A\}$ 姿态相同,原点不同,空间中点 P 在 $\{B\}$ 中表示为 ^BP,在 $\{A\}$ 中表示为 ^AP,则

$$^AP = {}^BP + {}^AP_{BO} \tag{7-7}$$

用齐次矩阵表示为

$$\begin{pmatrix} ^AP \\ 1 \end{pmatrix} = \begin{pmatrix} I_{3\times 3} & ^AP_{BO} \\ 0_{1\times 3} & 1 \end{pmatrix} \begin{pmatrix} ^BP \\ 1 \end{pmatrix} = {}_B^A T \begin{pmatrix} ^BP \\ 1 \end{pmatrix} \tag{7-8}$$

2. 坐标旋转变换

在图 7-4 中,坐标系 $\{B\}$ 和 $\{A\}$ 原点相同,姿态不同,空间中点 P 在 $\{B\}$ 中表示为 ^BP,在 $\{A\}$ 中表示为 ^AP,^AP 的三个坐标分量可以看作坐标原点到点 P 的矢量在坐标轴 X_A、Y_A、Z_A 上的投影,前面提过,投影可以看作两个矢量的点积,进行点积的两个矢量可以参考任意坐标系,只要是相同的坐标系即可,假设进行点积的两个矢量都是参考坐标系 $\{B\}$,则

$$^Ap_x = (^BX_A)^T \cdot {}^BP$$
$$^Ap_y = (^BY_A)^T \cdot {}^BP \tag{7-9}$$
$$^Ap_z = (^BZ_A)^T \cdot {}^BP$$

进一步写成矩阵的形式,即

$$^AP = \begin{pmatrix} (^BX_A)^T \\ (^BY_A)^T \\ (^BZ_A)^T \end{pmatrix} {}^BP = (^AX_B \quad {}^AY_B \quad {}^AZ_B){}^BP = {}_B^A R {}^BP \tag{7-10}$$

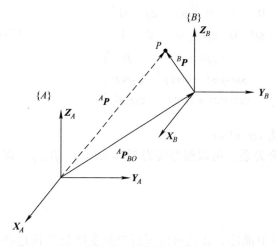

图 7-3 坐标平移变换

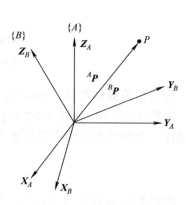

图 7-4 坐标旋转变换

可见，利用式（7-10）可以把 P 点的坐标在 $\{B\}$ 坐标系的描述变为在 $\{A\}$ 坐标系的描述。同理也可以将 P 点坐标在 $\{A\}$ 坐标系的描述按式（7-11）转换到 $\{B\}$ 坐标系的描述，即

$$^{B}\boldsymbol{P} = {}_{A}^{B}\boldsymbol{R}\,{}^{A}\boldsymbol{P} \tag{7-11}$$

将式（7-11）代入式（7-10），可得

$$^{A}\boldsymbol{P} = {}_{B}^{A}\boldsymbol{R}\,{}^{B}\boldsymbol{P} = {}_{B}^{A}\boldsymbol{R}\,{}_{A}^{B}\boldsymbol{R}\,{}^{A}\boldsymbol{P} \tag{7-12}$$

所以

$$^{B}_{A}\boldsymbol{R} = ({}_{B}^{A}\boldsymbol{R})^{-1} \tag{7-13}$$

式（7-10）用齐次矩阵表示为

$$\begin{pmatrix} {}^{A}\boldsymbol{P} \\ 1 \end{pmatrix} = \begin{pmatrix} {}_{B}^{A}\boldsymbol{R} & \boldsymbol{0}_{3\times 1} \\ \boldsymbol{0}_{1\times 3} & 1 \end{pmatrix} \begin{pmatrix} {}^{B}\boldsymbol{P} \\ 1 \end{pmatrix} = {}_{B}^{A}\boldsymbol{T} \begin{pmatrix} {}^{B}\boldsymbol{P} \\ 1 \end{pmatrix} \tag{7-14}$$

当 $\{B\}$ 是相对于 $\{A\}$ 的一个轴旋转 θ 得到的坐标系时，

$$_{B}^{A}\boldsymbol{R} = \boldsymbol{R}_{X}(\theta) = \begin{pmatrix} 1 & 1 & 0 \\ 0 & \cos\theta & -\sin\theta \\ 0 & \sin\theta & \cos\theta \end{pmatrix}$$

$$_{B}^{A}\boldsymbol{R} = \boldsymbol{R}_{Y}(\theta) = \begin{pmatrix} \cos\theta & 0 & \sin\theta \\ 0 & 1 & 0 \\ -\sin\theta & 0 & \cos\theta \end{pmatrix} \tag{7-15}$$

$$_{B}^{A}\boldsymbol{R} = \boldsymbol{R}_{Z}(\theta) = \begin{pmatrix} \cos\theta & -\sin\theta & 0 \\ \sin\theta & \cos\theta & 0 \\ 0 & 0 & 1 \end{pmatrix}$$

$\boldsymbol{R}_{X}(\theta)$、$\boldsymbol{R}_{Y}(\theta)$、$\boldsymbol{R}_{Z}(\theta)$ 分别表示绕 $\{A\}$ 的 X 轴、Y 轴和 Z 轴旋转 θ 角度后得到的旋转矩阵。

3. 坐标复合变换

在图 7-5 中，坐标系 $\{B\}$ 与坐标系 $\{A\}$ 的原点不同，姿态也不同。构造一个与坐标系 $\{A\}$ 姿态相同，与坐标系 $\{B\}$ 原点相同的坐标系 $\{C\}$。

点 P 的坐标由 $\{B\}$ 变换到 $\{C\}$，可得

$$^{C}\boldsymbol{P} = {}_{B}^{C}\boldsymbol{R}\,{}^{B}\boldsymbol{P} \tag{7-16}$$

点 P 的坐标由 $\{C\}$ 变换到 $\{A\}$，可得

$$^{A}\boldsymbol{P} = {}^{C}\boldsymbol{P} + {}^{A}\boldsymbol{P}_{BO} \tag{7-17}$$

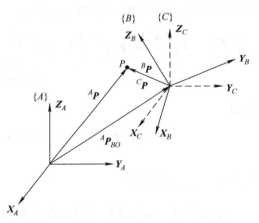

图 7-5 坐标平移和旋转变换

综合式（7-16）和式（7-17），并注意 ${}_B^A\boldsymbol{R} = {}_B^C\boldsymbol{R}$，可得

$$\begin{aligned}{}^A\boldsymbol{P} &= {}_B^C\boldsymbol{R}\,{}^B\boldsymbol{P} + {}^A\boldsymbol{P}_{BO} \\ &= {}_B^A\boldsymbol{R}\,{}^B\boldsymbol{P} + {}^A\boldsymbol{P}_{BO}\end{aligned} \quad (7\text{-}18)$$

用齐次矩阵表示为

$$\begin{pmatrix}{}^A\boldsymbol{P} \\ 1\end{pmatrix} = \begin{pmatrix}{}_B^A\boldsymbol{R} & {}^A\boldsymbol{P}_{BO} \\ 0_{1\times 3} & 1\end{pmatrix}\begin{pmatrix}{}^B\boldsymbol{P} \\ 1\end{pmatrix} = {}_B^A\boldsymbol{T}\begin{pmatrix}{}^B\boldsymbol{P} \\ 1\end{pmatrix} \quad (7\text{-}19)$$

可见，利用式（7-19）可以把 P 点的坐标从 $\{B\}$ 坐标系的描述变为在 $\{A\}$ 坐标系的描述。同理也可以将 P 点坐标在 $\{A\}$ 坐标系的描述按式（7-20）转换到 $\{B\}$ 坐标系的描述，即

$$\begin{pmatrix}{}^B\boldsymbol{P} \\ 1\end{pmatrix} = \begin{pmatrix}{}_A^B\boldsymbol{R} & {}^B\boldsymbol{P}_{AO} \\ 0_{1\times 3} & 1\end{pmatrix}\begin{pmatrix}{}^A\boldsymbol{P} \\ 1\end{pmatrix} = {}_A^B\boldsymbol{T}\begin{pmatrix}{}^A\boldsymbol{P} \\ 1\end{pmatrix} \quad (7\text{-}20)$$

显然，${}_A^B\boldsymbol{T} = ({}_B^A\boldsymbol{T})^{-1}$，如何根据已知的 ${}_B^A\boldsymbol{T}$ 计算出 ${}_A^B\boldsymbol{T}$？直接求逆比较复杂，利用齐次变换的性质比较方便。下面来分析利用齐次变换求 ${}_B^A\boldsymbol{T}$ 逆矩阵的方法。

由式（7-3）可知，${}_A^B\boldsymbol{R} = ({}_B^A\boldsymbol{R})^{\mathrm{T}}$，接下来再计算出 ${}^B\boldsymbol{P}_{AO}$ 即可。将 $\{B\}$ 的原点代入式（7-20），可得

$$\begin{pmatrix}{}^B\boldsymbol{P}_{BO} \\ 1\end{pmatrix} = \begin{pmatrix}{}_A^B\boldsymbol{R} & {}^B\boldsymbol{P}_{AO} \\ 0_{1\times 3} & 1\end{pmatrix}\begin{pmatrix}{}^A\boldsymbol{P}_{BO} \\ 1\end{pmatrix}$$

由于 ${}^B\boldsymbol{P}_{BO} = 0$，所以

$$\begin{aligned}{}^B\boldsymbol{P}_{AO} &= -{}_A^B\boldsymbol{R}\,{}^A\boldsymbol{P}_{BO} = -({}_B^A\boldsymbol{R})^{\mathrm{T}}\,{}^A\boldsymbol{P}_{BO} \\ {}_A^B\boldsymbol{T} &= \begin{pmatrix}({}_B^A\boldsymbol{R})^{\mathrm{T}} & -({}_B^A\boldsymbol{R})^{\mathrm{T}}\,{}^A\boldsymbol{P}_{BO} \\ 0_{1\times 3} & 1\end{pmatrix}\end{aligned} \quad (7\text{-}21)$$

图 7-6 所示为连续坐标变换，点 P 在坐标系 $\{A\}$ 中的描述，可以由点 P 从坐标系 $\{C\}$ 变换到 $\{B\}$，再从 $\{B\}$ 变换到 $\{A\}$ 获得。

$$\begin{pmatrix}{}^A\boldsymbol{P} \\ 1\end{pmatrix} = {}_B^A\boldsymbol{T}\begin{pmatrix}{}^B\boldsymbol{P} \\ 1\end{pmatrix} = {}_B^A\boldsymbol{T}\,{}_C^B\boldsymbol{T}\begin{pmatrix}{}^C\boldsymbol{P} \\ 1\end{pmatrix} = {}_C^A\boldsymbol{T}\begin{pmatrix}{}^C\boldsymbol{P} \\ 1\end{pmatrix} \quad (7\text{-}22)$$

所以

$$\quad {}_C^A\boldsymbol{T} = {}_B^A\boldsymbol{T}\,{}_C^B\boldsymbol{T} \quad (7\text{-}23)$$

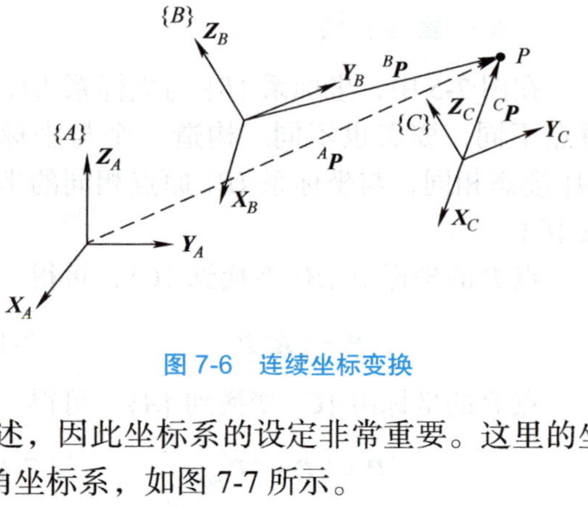

7.2.3 坐标系设置

图 7-6 连续坐标变换

如前所述，刚体的位姿可以在坐标系中描述，因此坐标系的设定非常重要。这里的坐标系都是直线运动轴两两垂直的右手笛卡儿直角坐标系，如图 7-7 所示。

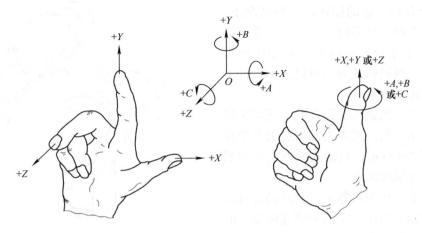

图 7-7　右手笛卡儿直角坐标系

为了规范工业机器人的运动,需要为工业机器人和操作对象确定专门的"标准"坐标系。图 7-8 所示为工业机器人抓持某种工具,并把工具末端移动到操作者指定位置的典型应用,为了便于描述机器人的运动控制,设置了 5 个直角坐标系。

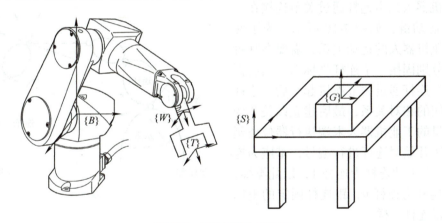

图 7-8　工业机器人坐标系

1)基坐标系 {B} 也称为世界坐标系,一般位于工业机器人的基座上,在机器人运动学分析时,在每个连杆上都固连一个坐标系,以连杆序号表示坐标系的序号,由于 {B} 固连在机器人的基座上,基座的连杆编号为 0,所以坐标系 {B} 也称为坐标系 {0},工业机器人的运动本质上是参考该坐标系。

2)固定坐标系 {S} 位于机器人工作台或夹具的一个特定位置上,相当于数控机床的工件坐标系,对坐标系 {S} 和 {B} 的关系进行标定后,机器人的运动坐标可以直观地显示在坐标系 {S} 中。

3)腕部坐标系 {W} 的原点位于工业机器人末端连杆的法兰上,机器人的运动坐标是指腕部坐标系的原点和姿态。

4)工具坐标系 {T} 位于机器人所夹持工具的末端,通常相对于腕部坐标系来确定,当机器人夹持特定工具时,可以将工具坐标系的原点和姿态显示在坐标系 {S} 中。

5）目标坐标系 {G} 是对机器人移动工具到达的位置和姿态的描述，一般情况下，工业机器人在执行任务时，工具坐标系应当与目标坐标系重合。目标坐标系 {G} 通常位于工件上，通过轨迹规划可以获得工件上各个点的目标坐标系。

在描述工业机器人的运动时，还经常用到关节坐标系，其由机器人的所有关节坐标构成，如图 7-9 所示，机器人的所有运动都源于关节坐标轴的运动。

不管什么结构的机器人，其运动都可以按照这些坐标系描述，它们为描述机器人的工作提供了一种标准语言。

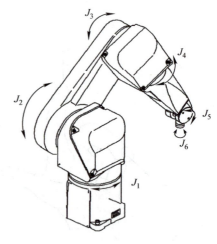

图 7-9　关节坐标系

7.3　运动学建模与分析

工业机器人是由连杆通过关节连接在一起的开式运动链，如图 7-10 所示。为了便于描述工业机器人的运动关系，需要在其每个连杆上分别固接一个连杆坐标系，然后再研究当各个连杆通过关节连接起来后，连杆坐标系之间的相对关系，最后建立以关节变量为自变量的工业机器人末端执行器位姿函数。从基座开始对连杆进行编号，基座为连杆 0，第一个可动连杆为连杆 1，以此类推，最末端的连杆为连杆 n，跟连杆固定的坐标系，编号跟连杆一样。

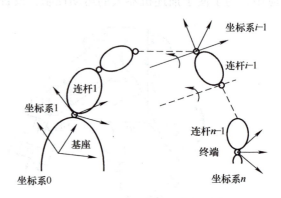

图 7-10　工业机器人连杆与关节

7.3.1　连杆描述

工业机器人的连杆是连接两个相邻关节轴的刚体，在分析运动关系时，可以将连杆抽象为两个相邻关节轴之间的公垂线，而不考虑连杆实际的物理形状，这样连杆可以用两个参数描述，如图 7-11 所示。

1）连杆 $i-1$ 长度。连杆 $i-1$ 前端关节轴 $i-1$ 和后端关节轴 i 之间公垂线的长度，记为 a_{i-1}。

2）连杆 $i-1$ 扭角。关节轴 $i-1$ 按右手法则绕 a_{i-1} 旋转到与关节轴 i 平行的角度，记为 α_{i-1}。

7.3.2　连杆连接描述

相邻两连杆之间有公共关节轴，其连接关系也用两个参数描述：连杆偏距和关节角，如图 7-12 所示。

1）连杆偏距。从公垂线 a_{i-1} 与关节轴 i 的交点到公垂线 a_i 与关节轴 i 交点的有向距离，为关节轴 i 上的连杆偏距，记为 d_i。

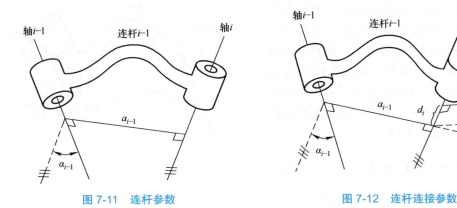

图 7-11　连杆参数　　　　　　　图 7-12　连杆连接参数

2）关节角。从公垂线 a_{i-1} 绕关节轴 i 按右手法则旋转到公垂线 a_i 的角度，为绕关节轴 i 的关节角，记为 θ_i。

可见，机器人的每个连杆都可以用四个运动学参数来描述，两个参数用于描述连杆本身，另两个参数用于描述连杆之间的连接关系。对于转动关节，θ_i 为关节变量，其他三个连杆参数固定不变；对于移动关节，d_i 为关节变量，其他三个连杆参数固定不变。这种用连杆参数描述机构运动关系的规则称为 Denavit-Hartenberg（简称为 DH）方法。

7.3.3　在连杆上建立坐标系

与连杆 $i–1$ 固连的坐标系为 $\{i–1\}$，其可以设置在靠近基座端（改进型），也可以设置在靠近末端工具端（标准型），不管设置在哪端，都不影响末端工具的表达结果。图 7-13 中将坐标系 $\{i–1\}$ 设置在靠近基座端。

对中间连杆的坐标系做如下规定。

1）坐标系 $\{i–1\}$ 的原点位于公垂线 a_{i-1} 与关节轴 $i–1$ 的交点处。

2）Z_{i-1} 轴与关节轴 $i–1$ 重合。

3）X_{i-1} 轴沿 a_{i-1} 方向，由关节 $i–1$ 指向关节 i。

4）Y_{i-1} 轴由右手法则确定。

对首末连杆的坐标系做如下规定：

由于基座固定不动，原则上坐标系 $\{0\}$

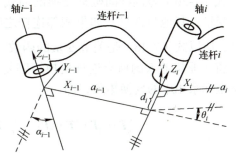

图 7-13　固连于连杆上的坐标系

可以任意规定，为了简化计算，通常规定 $a_0 = 0$ 和 $\alpha_0 = 0°$，$d_1 = 0$（关节 1 为转动关节）或 $\theta_1 = 0°$（关节 1 为移动关节），且假定第一个关节变量为 0 时，$\{0\}$ 和 $\{1\}$ 重合。

末端连杆坐标系 $\{n\}$ 的 Z 轴与关节轴 n 重合，但坐标原点和 X 轴原则上也可以任意设置，为了简化计算，规定 $a_n = 0$ 和 $\alpha_n = 0°$，$d_n = 0$（关节 n 为转动关节）或 $\theta_n = 0°$（关节 n 为移动关节），且假定第 n 个关节变量为 0 时，X_{n-1} 与 X_n 重合，$\{n\}$ 的原点位于 X_{n-1} 与关

节轴 n 交点上。

7.3.4 连杆间坐标系变换

按上述规定将坐标系固连在工业机器人的全部连杆后，可以建立任意相邻连杆坐标系 $\{i-1\}$ 和 $\{i\}$ 之间的变换关系，这种变换通过几个中间坐标系来实现，如图 7-14 所示在坐标系 $\{i-1\}$ 和 $\{i\}$ 之间又设立了三个中间坐标系 $\{R\}$、$\{Q\}$ 和 $\{P\}$，按照 7.2.2 节介绍的坐标复合变换方法，可得

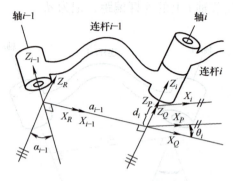

图 7-14 连杆间坐标变换关系

$$^{i-1}_{i}T = {^{i-1}_{R}T}\,{^{R}_{Q}T}\,{^{Q}_{P}T}\,{^{P}_{i}T} \quad (7\text{-}24)$$

考虑每一个变换矩阵，式（7-24）可以写成

$$^{i-1}_{i}T = R_X(\alpha_{i-1})D_X(a_{i-1})R_Z(\theta_i)D_Z(d_i) \quad (7\text{-}25)$$

式中，$R_X(\alpha_{i-1})$、$D_X(a_{i-1})$、$R_Z(\theta_i)$、$D_Z(d_i)$，分别是绕 X 轴旋转 α_{i-1}、沿 X 轴平移 a_{i-1}、绕 Z 轴旋转 θ_i 和沿 Z 轴平移 d_i 的变换，将这些变换矩阵代入式（7-25），得

$$^{i-1}_{i}T = \begin{pmatrix} c\theta_i & -s\theta_i & 0 & a_{i-1} \\ s\theta_i c\alpha_{i-1} & c\theta_i c\alpha_{i-1} & -s\alpha_{i-1} & -d_i s\alpha_{i-1} \\ s\theta_i s\alpha_{i-1} & c\theta_i s\alpha_{i-1} & c\alpha_{i-1} & d_i c\alpha_{i-1} \\ 0 & 0 & 0 & 1 \end{pmatrix} \quad (7\text{-}26)$$

式（7-26）为连杆间坐标变换的通式，如果相邻连杆之间的关节是转动关节，则式中 θ_i 为变量，其他为常量；如果相邻连杆之间的关节是移动关节，则式中 d_i 为变量，其他为常量，所以式（7-26）是关节变量的函数，将关节变量记为 q_i，则 $^{i-1}_{i}T = f(q_i)$。

将工业机器人的所有连杆变换矩阵复合在一起，即可得到末端连杆坐标系 $\{n\}$ 相对于基座坐标系 $\{0\}$ 的变换矩阵，即

$$^{0}_{n}T = {^{0}_{1}T} \cdot {^{1}_{2}T} \cdot {^{2}_{3}T} \cdots {^{n-2}_{n-1}T} \cdot {^{n-1}_{n}T} = f(q_1、q_2、q_3、\cdots、q_n) \quad (7\text{-}27)$$

7.3.5 正运动学建模与分析

综上所述，对工业机器人进行正运动学建模的大致步骤如下：
1）找出各个关节轴线。
2）确定各连杆坐标系。
3）确定各连杆 $D\text{-}H$ 参数。
4）求出相邻两杆间的位姿矩阵。

5)求末端工具相对于基座的位姿矩阵。

下面以 PUMA560 机器人为例,介绍其运动学建模过程。PUMA560 机器人为六自由度关节式机器人,六个关节都是旋转副,和大多数工业机器人一样,关节 4、5 和 6 的轴线相交于一点(这是为了便于用逆运动学求解析解,称为 Piper 准则),因此关节 4、5 和 6 的旋转只能改变末端工具的方位,不能改变末端工具的空间位置。末端工具的空间位置由关节 1、2 和 3 确定。图 7-15 所示为 PUMA 机器人在初始状态时各关节和连杆的布局及连杆坐标系设置。关节 1 的轴线是铅直方向;关节 2 和 3 的轴线水平,并相互平行,距离为连杆 2 的长度 a_2;关节 3 和 4 的轴线垂直交错,两者距离为连杆 3 的长度 a_3;关节 4、5 和 6 的轴线垂直相交,相应的连杆参数见表 7-1。

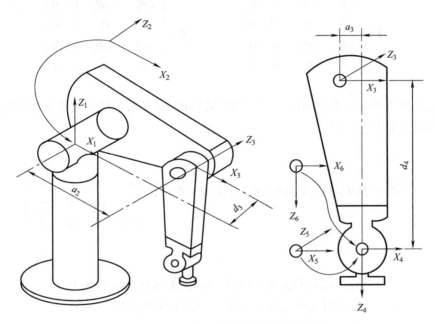

图 7-15 PUMA560 机器人的连杆坐标系

表 7-1 PUMA560 机器人的连杆参数

连杆 i	a_{i-1}/mm	α_{i-1}(°)	d_i/mm	θ_i	关节变量取值范围 (°)	连杆参数值 /mm
1	0	0	0	θ_1	$-160 \sim 160$	
2	0	-90	0	θ_2	$-220 \sim 45$	
3	a_2	0	d_3	θ_3	$-45 \sim 225$	$a_2 = 431.8$、$a_3 = 20.32$、$d_3 = 149.09$、$d_4 = 433.07$
4	a_3	-90	d_4	θ_4	$-110 \sim 170$	
5	0	90	0	θ_5	$-100 \sim 100$	
6	0	-90	0	θ_6	$-266 \sim 266$	

按连杆变换通式(7-26)及表 7-1 中的连杆参数,可求得各个连杆间的变换矩阵为

$$_1^0\boldsymbol{T} = \begin{pmatrix} c\theta_1 & -s\theta_1 & 0 & 0 \\ s\theta_1 & c\theta_1 & 0 & 0 \\ 0 & 0 & 1 & 0 \\ 0 & 0 & 0 & 1 \end{pmatrix} \quad _2^1\boldsymbol{T} = \begin{pmatrix} c\theta_2 & -s\theta_2 & 0 & 0 \\ 0 & 0 & 1 & 0 \\ -s\theta_2 & -c\theta_2 & 0 & 0 \\ 0 & 0 & 0 & 1 \end{pmatrix}$$

$$_3^2\boldsymbol{T} = \begin{pmatrix} c\theta_3 & -s\theta_3 & 0 & a_2 \\ s\theta_3 & c\theta_3 & 0 & 0 \\ 0 & 0 & 1 & d_3 \\ 0 & 0 & 0 & 1 \end{pmatrix} \quad _4^3\boldsymbol{T} = \begin{pmatrix} c\theta_4 & -s\theta_4 & 0 & a_3 \\ 0 & 0 & 1 & d_4 \\ -s\theta_4 & -c\theta_4 & 0 & 0 \\ 0 & 0 & 0 & 1 \end{pmatrix} \quad (7\text{-}28)$$

$$_5^4\boldsymbol{T} = \begin{pmatrix} c\theta_5 & -s\theta_5 & 0 & 0 \\ 0 & 0 & -1 & 0 \\ s\theta_5 & c\theta_5 & 0 & 0 \\ 0 & 0 & 0 & 1 \end{pmatrix} \quad _6^5\boldsymbol{T} = \begin{pmatrix} c\theta_6 & -s\theta_6 & 0 & 0 \\ 0 & 0 & 1 & 0 \\ -s\theta_6 & -c\theta_6 & 0 & 0 \\ 0 & 0 & 0 & 1 \end{pmatrix}$$

将上述连杆变换矩阵依次相乘便得到 PUMA560 的末端工具相对于基座的位姿描述矩阵，也称为运动学方程，即

$$_6^0\boldsymbol{T} = {_1^0\boldsymbol{T}}(\theta_1){_2^1\boldsymbol{T}}(\theta_2){_3^2\boldsymbol{T}}(\theta_3){_4^3\boldsymbol{T}}(\theta_4){_5^4\boldsymbol{T}}(\theta_5){_6^5\boldsymbol{T}}(\theta_6) = \begin{pmatrix} n_X & o_X & a_X & p_X \\ n_Y & o_Y & a_Y & p_Y \\ n_Z & o_Z & a_Z & p_Z \\ 0 & 0 & 0 & 1 \end{pmatrix} \quad (7\text{-}29)$$

式中，

$$\begin{aligned}
n_X &= c_1[c_{23}(c_4c_5c_6 - s_4s_6) - s_{23}s_5c_6] + s_1(s_4c_5c_6 + c_4s_6) \\
n_Y &= s_1[c_{23}(c_4c_5c_6 - s_4s_6) - s_{23}s_5c_6] - c_1(s_4c_5c_6 + c_4s_6) \\
n_Z &= -s_{23}(c_4c_5c_6 - s_4s_6) - c_{23}s_5c_6 \\
o_X &= c_1[c_{23}(-c_4c_5s_6 - s_4c_6) + s_{23}s_5s_6] - s_1(s_4c_5s_6 - c_4c_6) \\
o_Y &= s_1[c_{23}(-c_4c_5s_6 - s_4c_6) + s_{23}s_5s_6] + c_1(s_4c_5s_6 - c_4c_6) \\
o_Z &= s_{23}(c_4c_5s_6 + s_4c_6) + c_{23}s_5s_6 \\
a_X &= -c_1(c_{23}c_4s_5 + s_{23}c_5) - s_1s_4s_5 \\
a_Y &= -s_1(c_{23}c_4s_5 + s_{23}c_5) + c_1s_4s_5 \\
a_Z &= s_{23}c_4s_5 - c_{23}c_5 \\
p_X &= c_1(a_2c_2 + a_3c_{23} - d_4s_{23}) - d_2s_1 \\
p_Y &= s_1(a_2c_2 + a_3c_{23} - d_4s_{23}) + d_2c_1 \\
p_Z &= -a_3s_{23} - a_2s_2 - d_4c_{23}
\end{aligned} \quad (7\text{-}30)$$

7.3.6 逆运动学建模与分析

机器人运动学逆问题是已知末端工具坐标系相对于基坐标系的期望位置和姿态，计算一系列满足期望要求的关节角。逆运动学是机器人轨迹规划和运动控制的基础，直接影响

着控制的快速性与准确性。一般机器人运动学逆解算法可分为解析法、几何法和数值解法，机器人控制系统最常采用的是解析法。逆解是否存在完全取决于工业机器人的工作空间。工作空间是工业机器人末端执行器所能到达的范围。若解存在，则被指定的目标点必须在工作空间内。解存在时，解的结果可能不止一个，如图 7-16 所示的三自由度机构，末端工具位于图示位置时，有两组对应的解。但机器人的运动控制需要确切的唯一解，需要在多个解之间选择出合理的解，如有避障要求时，选择能够避障的解，没有避障要求时，可以选择"最短行程"（最近解）。

图 7-16 三自由度机构的多解

对于六自由度关节机器人，解析法求解比较困难，为了简化求解过程，大多数工业机器人的几何结构都满足 Pieper 准则，即三个相邻关节轴交于一点或相互平行，其运动学逆解可以得到数量一定的若干组解析解。PUMA 机器人采用了后三个轴相交的结构。

PUMA 机器人的逆运动学建模过程，就是已知式（7-29）中的 $\boldsymbol{n}$、$\boldsymbol{o}$、$\boldsymbol{a}$、$\boldsymbol{p}$ 四个矢量，求解对应的关节角度 $\theta_1 \sim \theta_6$。

1. 求 θ_1

在六组连杆坐标变换中，只有 $^0_1\boldsymbol{T}$ 中含有 θ_1，在式（7-29）两边左乘 $(^0_1\boldsymbol{T})^{-1}$（求逆可以参考坐标变换中逆矩阵的求解方法），得

$$[^0_1\boldsymbol{T}(\theta_1)]^{-1}\,^0_6\boldsymbol{T} = \,^1_2\boldsymbol{T}(\theta_2)\,^2_3\boldsymbol{T}(\theta_3)\,^3_4\boldsymbol{T}(\theta_4)\,^4_5\boldsymbol{T}(\theta_5)\,^5_6\boldsymbol{T}(\theta_6) = \,^1_6\boldsymbol{T} \quad (7\text{-}31)$$

其中，

$$^1_6\boldsymbol{T} = \begin{pmatrix} * & * & * & a_3 c_{23} + a_2 c_2 - d_4 s_{23} \\ * & * & * & d_2 \\ * & * & * & -a_3 s_{23} - a_2 s_2 - d_4 c_{23} \\ 0 & 0 & 0 & 1 \end{pmatrix} \quad (7\text{-}32)$$

这里的 * 表示矩阵的元素，由于在求解 θ_1 时并没有用到这些元素，用 * 代替。$s = \sin$，$c = \cos$，$s_{23} = \sin(\theta_2 + \theta_3)$，$c_{23} = \cos(\theta_2 + \theta_3)$，本书中此类符号都是同样的含义。

因此，式（7-31）可以写成

$$\begin{pmatrix} c_1 & s_1 & 0 & 0 \\ -s_1 & c_1 & 0 & 0 \\ 0 & 0 & 1 & 0 \\ 0 & 0 & 0 & 1 \end{pmatrix} \begin{pmatrix} n_X & o_X & a_X & p_X \\ n_Y & o_Y & a_Y & p_Y \\ n_Z & o_Z & a_Z & p_Z \\ 0 & 0 & 0 & 1 \end{pmatrix} = \begin{pmatrix} * & * & * & a_3 c_{23} + a_2 c_2 - d_4 s_{23} \\ * & * & * & d_2 \\ * & * & * & -a_3 s_{23} - a_2 s_2 - d_4 c_{23} \\ 0 & 0 & 0 & 1 \end{pmatrix} \quad (7\text{-}33)$$

令式（7-33）两边的元素（2,4）相等，得

$$-s_1 p_X + c_1 p_Y = d_2 \quad (7\text{-}34)$$

式（7-34）中只有 θ_1 为未知数，进行以下三角代换

$$p_X = \rho \cos\phi, \quad p_Y = \rho \sin\phi \quad (7\text{-}35)$$

式中，$\rho=\sqrt{p_X^2+p_Y^2}$；$\phi=\mathrm{atan2}(p_Y,p_X)$。

将式（7-35）代入式（7-34），可得

$$\theta_1 = \mathrm{atan2}(p_Y,p_X) - \mathrm{atan2}(d_2,\pm\sqrt{p_X^2+p_Y^2-d_2^2}) \tag{7-36}$$

$\mathrm{atan2}(Y,X)$是一个计算角度的函数，是指以坐标原点为起点，指向(X,Y)的射线在坐标平面上与X轴正方向之间的角度，单位为弧度。由式（7-36）可知，θ_1有两个解。

2. 求 θ_3

现在θ_1已知，式（7-33）的左侧已知，令式（7-33）两边的元素（1,4）和（3,4）分别相等，得

$$\begin{aligned} c_1 p_X + s_1 p_Y &= a_3 c_{23} + a_2 c_2 - d_4 s_{23} \\ -p_Z &= -a_3 s_{23} - a_2 s_2 - d_4 c_{23} \end{aligned} \tag{7-37}$$

将式（7-37）和式（7-34）两边平方相加，得

$$a_3 c_3 - d_4 s_3 = K \tag{7-38}$$

式中，$K = \dfrac{p_X^2 + p_Y^2 + p_Z^2 - a_2^2 - a_3^2 - d_2^2 - d_4^2}{2a_2}$。

式（7-38）与式（7-34）具有相同的形式，求解方法也一样，可得

$$\theta_3 = \mathrm{atan2}(a_3,d_4) - \mathrm{atan2}(K,\pm\sqrt{a_3^2+d_4^2-K^2}) \tag{7-39}$$

由式（7-39）可知，θ_3也有两个解。

3. 求 θ_2

为了求解θ_2，将式（7-29）两边分别左乘$[{}_3^2\boldsymbol{T}(\theta_3)]^{-1}[{}_2^1\boldsymbol{T}(\theta_2)]^{-1}[{}_1^0\boldsymbol{T}(\theta_1)]^{-1}$，得

$$[{}_3^2\boldsymbol{T}(\theta_3)]^{-1}[{}_2^1\boldsymbol{T}(\theta_2)]^{-1}[{}_1^0\boldsymbol{T}(\theta_1)]^{-1}{}_6^0\boldsymbol{T} = {}_4^3\boldsymbol{T}(\theta_4){}_5^4\boldsymbol{T}(\theta_5){}_6^5\boldsymbol{T}(\theta_6) \tag{7-40}$$

$$\begin{pmatrix} c_1 c_{23} & s_1 c_{23} & -s_{23} & -a_2 c_3 \\ -c_1 s_{23} & -s_1 s_{23} & -c_{23} & a_2 s_3 \\ -s_1 & c_1 & 0 & -d_2 \\ 0 & 0 & 0 & 1 \end{pmatrix} \begin{pmatrix} n_X & o_X & a_X & p_X \\ n_Y & o_Y & a_Y & p_Y \\ n_Z & o_Z & a_Z & p_Z \\ 0 & 0 & 0 & 1 \end{pmatrix} = \begin{pmatrix} c_4 c_5 c_6 - s_4 s_6 & -c_4 c_5 s_6 - s_4 c_6 & -c_4 s_5 & a_3 \\ s_5 c_6 & -s_5 s_6 & c_5 & d_4 \\ -s_4 c_5 c_6 - c_4 s_6 & s_4 c_5 s_6 - c_4 c_6 & s_4 s_5 & 0 \\ 0 & 0 & 0 & 1 \end{pmatrix}$$

$$\tag{7-41}$$

令式（7-41）两边的元素（1,4）和（2,4）相等，得

$$\begin{aligned} c_1 c_{23} p_X + s_1 c_{23} p_Y - s_{23} p_Z - a_2 c_3 &= a_3 \\ -c_1 s_{23} p_X - s_1 s_{23} p_Y - c_{23} p_Z + a_2 s_3 &= d_4 \end{aligned}$$

整理后，得

$$(c_1 p_X + s_1 p_Y)c_{23} - s_{23}p_Z = a_2 c_3 + a_3$$
$$c_{23}p_Z + (c_1 p_X + s_1 p_Y)s_{23} = a_2 s_3 - d_4 \quad (7\text{-}42)$$

联立式（7-42）的两个式子，可以分别计算出 s_{23} 和 c_{23}，所以

$$\theta_{23} = \operatorname{atan2}\begin{bmatrix}(-a_2 c_3 - a_3)p_Z + (c_1 p_X + s_1 p_Y)(a_2 s_3 - d_4), \\ (a_2 s_3 - d_4)p_Z + (c_1 p_X + s_1 p_Y)(a_2 c_3 + a_3)\end{bmatrix} \quad (7\text{-}43)$$

$$\theta_2 = \theta_{23} - \theta_3 \quad (7\text{-}44)$$

θ_1 和 θ_3 各有两个解，所以 θ_2 应该有四种解。

4. 求 θ_5

至此，式（7-41）的左侧均为已知，令两边元素（1,3）和（3,3）分别对应相等，可得

$$a_X c_1 c_{23} + a_Y s_1 c_{23} - a_Z s_{23} = -c_4 s_5$$
$$-a_X s_1 + a_Y c_1 = s_4 s_5 \quad (7\text{-}45)$$

令式（7-45）两边平方和相加，可得

$$s_5 = \pm\sqrt{(a_X c_1 c_{23} + a_Y s_1 c_{23} - a_Z s_{23})^2 + (-a_X s_1 + a_Y c_1)^2} \quad (7\text{-}46)$$

令式（7-41）两边元素（2,3）对应相等，可得

$$a_X(-c_1 s_{23}) + a_Y(-s_1 s_{23}) + a_Z(-c_{23}) = c_5 \quad (7\text{-}47)$$

由式（7-46）和式（7-47）可以计算出 θ_5，即

$$\theta_5 = \operatorname{atan2}(s_5, c_5) \quad (7\text{-}48)$$

因为 s_5 有两个解，所以 θ_5 也有两个解。

5. 求 θ_4

在式（7-45）中，只要 $s_5 \neq 0$，便可求出 θ_4，即

$$s_5 > 0, \theta_{41} = \operatorname{atan2}(-a_X s_1 + a_Y c_1, -a_X c_1 c_{23} - a_Y s_1 c_{23} + a_Z s_{23})$$
$$s_5 < 0, \theta_{42} = \operatorname{atan2}(a_X s_1 - a_Y c_1, a_X c_1 c_{23} + a_Y s_1 c_{23} - a_Z s_{23}) \quad (7\text{-}49)$$

当 $s_5 = 0$ 时，机械手处于奇异形位，此时，关节轴 4 和 6 重合，只能解出 θ_4 与 θ_6 的和或差。在奇形位时，可任意选取 θ_4 的值（一般取当前值），再计算相应的 θ_6。

6. 求 θ_6

令式（7-41）两边元素（2,1）和（2,2）分别对应相等，可计算出 θ_6，计算方法和过程跟计算 θ_4 一样。当 $s_5 \neq 0$ 时

$$s_5 > 0, \theta_{61} = \operatorname{atan2}(o_X c_1 s_{23} + o_Y s_1 s_{23} + o_Z c_{23}, -n_X c_1 s_{23} - n_Y s_1 s_{23} - n_Z c_{23})$$
$$s_5 < 0, \theta_{62} = \operatorname{atan2}(-o_X c_1 s_{23} - o_Y s_1 s_{23} - o_Z c_{23}, n_X c_1 s_{23} + n_Y s_1 s_{23} + n_Z c_{23}) \quad (7\text{-}50)$$

当 $s_5 = 0$ 时，机械手处于奇异形位，θ_4 与 θ_6 的计算过程与上一步一样。

综上，由于 θ_1、θ_3、θ_5 各有两个解，所以 PUMA 机器人的逆解共有 8 个。由于机器人结构的限制，有些解不能实现，需要根据实际工况进行优化选择。

7.4 速度传递矩阵

工业机器人的关节速度和末端工具在笛卡儿直角空间的速度可以用速度雅可比矩阵联系在一起。每个连杆看作一个刚体，用线速度矢量和角速度矢量描述其运动，因为连杆 i 与 $\{i\}$ 固定在一起，可以用连杆坐标系来描述这些速度，速度矢量可以在任何坐标系中进行描述，用矢量左上角的字母表明在哪个坐标系描述，相对于 $\{0\}$ 描述时，左上角的字母可以省略。图 7-17 所示为连杆 i 在坐标系 $\{i\}$ 中的速度矢量。

速度雅可比矩阵有多种分析方法，下面介绍一种速度传递的分析方法。

由于工业机器人是开链结构，每个连杆都能相对于与之相邻的连杆运动，基于这种特点，可以由基坐标系开始依次计算各连杆的速度，如连杆 $i+1$ 的速度就是连杆 i 的速度加上那些由关节 $i+1$ 引起的新速度分量，如图 7-18 所示。当两个矢量都是相对于相同的坐标系时，可以相加。

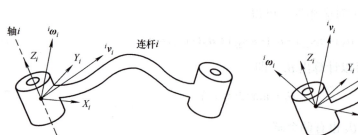
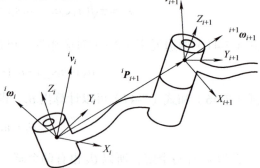

图 7-17　连杆 i 在坐标系 $\{i\}$ 中的速度矢量　　图 7-18　连杆速度传递

7.4.1　角速度传递

连杆 $i+1$ 的角速度用坐标系 $\{i+1\}$ 的角速度表示，等于坐标系 $\{i\}$ 的角速度加上由于关节 $i+1$ 的转动引起的角速度分量。参照坐标系 $\{i\}$，连杆 $i+1$ 的角速度可写成

$$^{i}\boldsymbol{\omega}_{i+1} = {}^{i}\boldsymbol{\omega}_i + \dot{\theta}_{i+1}{}^{i}\boldsymbol{Z}_{i+1} \tag{7-51}$$

式中，$^{i}\boldsymbol{\omega}_{i+1}$ 是在坐标系 $\{i\}$ 中表示的坐标系 $\{i+1\}$ 的角速度矢量；$^{i}\boldsymbol{\omega}_i$ 是在坐标系 $\{i\}$ 中表示的坐标系 $\{i\}$ 的角速度矢量；$\dot{\theta}_{i+1}{}^{i}\boldsymbol{Z}_{i+1}$ 是在坐标系 $\{i\}$ 中表示的关节 $i+1$ 的角速度矢量。

将式（7-51）两边同时左乘 $^{i+1}_{i}\boldsymbol{R}$，得到参照坐标系 $\{i+1\}$ 的角速度

$$^{i+1}_{i}\boldsymbol{R}{}^{i}\boldsymbol{\omega}_{i+1} = {}^{i+1}_{i}\boldsymbol{R}{}^{i}\boldsymbol{\omega}_i + \dot{\theta}_{i+1}{}^{i+1}_{i}\boldsymbol{R}{}^{i}\boldsymbol{Z}_{i+1} \tag{7-52}$$

式中，$^{i+1}_{i}\boldsymbol{R}$ 是坐标系 $\{i\}$ 相对于坐标系 $\{i+1\}$ 的旋转变换。

进一步，可得

$$^{i+1}\boldsymbol{\omega}_{i+1} = {}^{i+1}_{i}\boldsymbol{R}\,{}^{i}\boldsymbol{\omega}_i + \dot{\theta}_{i+1}\,{}^{i+1}\boldsymbol{Z}_{i+1} \tag{7-53}$$

这里，

$$\dot{\theta}_{i+1}\,{}^{i+1}\boldsymbol{Z}_{i+1} = {}^{i+1}\begin{pmatrix} 0 \\ 0 \\ \dot{\theta}_{i+1} \end{pmatrix} \tag{7-54}$$

7.4.2 线速度传递

连杆 $i+1$ 的线速度用坐标系 $\{i+1\}$ 原点的线速度表示，等于坐标系 $\{i\}$ 原点的线速度加上由于连杆 $i+1$ 的角速度引起的新的分量。参照坐标系 $\{i\}$，连杆 $i+1$ 的线速度可写成

$$^{i}\boldsymbol{v}_{i+1} = {}^{i}\boldsymbol{v}_i + {}^{i}\boldsymbol{\omega}_i \times {}^{i}\boldsymbol{P}_{i+1} \tag{7-55}$$

式中，$^{i}\boldsymbol{v}_{i+1}$ 是在坐标系 $\{i\}$ 中表示的坐标系 $\{i+1\}$ 原点的线速度矢量；$^{i}\boldsymbol{v}_i$ 是在坐标系 $\{i\}$ 中表示的坐标系 $\{i\}$ 原点的线速度矢量；$^{i}\boldsymbol{P}_{i+1}$ 是在坐标系 $\{i\}$ 中表示的坐标系 $\{i+1\}$ 的原点位置矢量。

将式（7-55）两边同时左乘 $^{i+1}_{i}\boldsymbol{R}$，得到参照坐标系 $\{i+1\}$ 的线速度为

$$^{i+1}\boldsymbol{v}_{i+1} = {}^{i+1}_{i}\boldsymbol{R}({}^{i}\boldsymbol{v}_i + {}^{i}\boldsymbol{\omega}_i \times {}^{i}\boldsymbol{P}_{i+1}) \tag{7-56}$$

式中，$^{i}\boldsymbol{P}_{i+1}$ 和 $^{i+1}_{i}\boldsymbol{R}$ 可以从连杆 i 和连杆 $i+1$ 的坐标系变换矩阵 $^{i}_{i+1}\boldsymbol{T}$ 获得。

式（7-53）和式（7-56）是转动关节的速度传递公式，对于移动关节，相应的关系为

$$\begin{aligned} ^{i+1}\boldsymbol{\omega}_{i+1} &= {}^{i+1}_{i}\boldsymbol{R}\,{}^{i}\boldsymbol{\omega}_i \\ ^{i+1}\boldsymbol{v}_{i+1} &= {}^{i+1}_{i}\boldsymbol{R}({}^{i}\boldsymbol{v}_i + {}^{i}\boldsymbol{\omega}_i \times {}^{i}\boldsymbol{P}_{i+1}) + \dot{d}_{i+1}\,{}^{i+1}\boldsymbol{Z}_{i+1} \end{aligned} \tag{7-57}$$

从基座开始，依次对下一个连杆应用这些公式，可以计算出最后一个连杆的角速度 $^{N}\boldsymbol{\omega}_N$ 和线速度 $^{N}\boldsymbol{v}_N$，注意，这两个速度是在末端工具坐标系 $\{N\}$ 中表达的。如果用基坐标系来表达角速度和线速度，就可以用 $^{0}_{N}\boldsymbol{R}$ 去左乘 $^{N}\boldsymbol{\omega}_N$ 和线速度 $^{N}\boldsymbol{v}_N$，向基坐标系进行变换。$^{N}\boldsymbol{\omega}_N$ 和 $^{N}\boldsymbol{v}_N$ 是笛卡儿空间的速度，而公式右边的 $\dot{\theta}_{i+1}$ 和 $\dot{d}_{i+1}$ 代表关节速度，因此建立了笛卡儿空间速度和关节空间速度的关系。

用 $\dot{x}$ 表示末端工具在笛卡儿空间的广义速度，简称为操作速度；用 $\dot{q}$ 表示关节速度；用 $\boldsymbol{J}(q)$ 表示关节速度到操作速度的变换矩阵，则

$$\dot{x} = \boldsymbol{J}(q)\dot{q} \tag{7-58}$$

$\boldsymbol{J}(q)$ 称为机械手的雅可比矩阵，是依赖于机器人位形的线性变换矩阵。$\boldsymbol{J}(q)$ 不一定是方阵，取决于机器人在笛卡儿空间的维数和关节数。$\boldsymbol{J}(q)$ 是反映机器人在不同位形的工作特性的重要分析工具，如果 $\boldsymbol{J}(q)$ 存在逆矩阵，可以由操作速度计算关节速度。

$\boldsymbol{J}(q)$ 的计算方法很多，除了前面介绍的速度传递方法，还可以用矢量积和微分运动来构造雅可比矩阵，本书对此不做深入讨论，感兴趣的同学自行查阅相关资料。

7.5 轨迹规划

工业机器人可以在程序的控制下实现搬运、焊接、上下料、装配、码垛、加工和检测等多种功能，用户在使用工业机器人时，通常是控制机器人末端工具沿着直角坐标空间的某些点位序列运动，总是希望通过用简单的描述来指定它们的任务，商业化的机器人都有人机交互界面，用户可以将分配给机器人的任务用简单的程序指令来描述。图 7-19 所示为商业化工业机器人，它包括机器人本体、控制柜和操作面板，用户可以在操作面板上输入指令，要求机

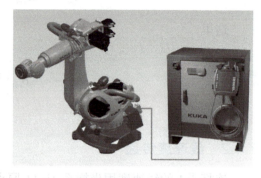

图 7-19　商业化工业机器人

器人以特定速度执行特定形状的轨迹，如用 PTP、LIN 和 CIRC 指令分别表示执行点位轨迹、直线轨迹和圆弧轨迹，机器人在执行这些轨迹时，要依靠各个关节轴每时每刻的协调运动来完成。确定各个关节轴在不同时刻的位置、速度和加速度的过程就是工业机器人的轨迹规划。

当工业机器人具备内部轨迹规划功能时，用户也可以只给定末端工具的轨迹参数，而由系统来确定到达目标的准确路径、时间历程、速度曲线等。工业机器人常用的轨迹规划方法有两类：关节空间轨迹规划和直角坐标空间轨迹规划（也称为操作空间轨迹规划）。不管选择什么空间，工业机器人的轨迹规划就是系统根据到达该目标的路径点、持续时间、运动速度等参数，设定特定的运动轨迹，选择习惯规定及合理的软件数据结构在计算机内部描述所要求的轨迹，并根据内部描述的轨迹，实时计算给定插补周期内各轴运动的位移、速度和加速度的过程。

7.5.1　不同空间轨迹规划对比

在对关节空间进行规划时，是将关节变量表示成时间的函数，并规划它的一阶和二阶或高阶时间导数，主要规划任务是对关节变量的插值运算。由于机器人运动时直接控制的是各关节而不是末端工具，所以关节空间的轨迹规划在操作时很简便，能有效避免机器人的奇异点和冗余度问题，实时性更高，计算量更小。由于关节空间到末端工具空间是非线性映射，导致末端工具在运动过程中有可能遇到障碍或与周围环境发生碰撞，运动不直观。关节空间规划一般需要先给出每个关节的始、末位置和各个关节位移、速度、加速度在整个时间间隔内连续性要求、极值要求等约束条件，在满足所要求的约束条件下，可以选取不同类型的关节插值函数，生成不同的轨迹。常见的关节空间轨迹规划函数一般有多项式型、线性型、抛物线过渡型等。

在对操作空间进行规划时，是指将末端工具（手部）位姿、速度和加速度等表示为时间的函数，而相应的关节位移、速度和加速度由手部的信息导出。通常通过逆运动学得出关节位移，用逆雅可比求出关节速度，用逆雅可比及其导数求解关节加速度。主要规划任务包含解变换方程、进行运动学反解和插值运算等，因此，操作空间的规划存在计算量大，对控制芯片的运算性能要求较高的特点。在实际规划过程中还需要考虑奇异点和机器人自

锁等特殊情况，操作空间的规划依据工业机器人的实际运动轨迹，结果比较直观，一般对轨迹形状有要求的应用只能在操作空间进行轨迹规划。常见的操作空间轨迹规划一般分为直线规划、圆弧规划、多项式曲线规划、样条曲线规划等。

考虑一个六轴工业机器人末端工具从空间位置 A 点向 B 点运动，如图 7-20 所示。在对关节空间进行规划时，需要计算出机器人末端工具从 A 点到 B 点时关节的总位移，机器人控制器利用所算出的关节值驱动机器末端运动到新的位置，虽然在这种情形下机器人末端最终会移动到期望位置，但机器人在这两点之间的运动是不可预知的，实际轨迹可能是图 7-20 所示①~③的任一条。

假设希望机器人末端工具在 A、B 两点之间画一直线，如图 7-20 所示轨迹②，必须在图 7-20 所示轨迹②上设置许多中间点，并使机器人的运动经过所有中间点。为完成这一任务，在每个中间点处都要求解机器人的逆运动方程，计算出一系列的关节量，然后由控制器驱动关节到达下一个目标点。当所有线段都完成时，机器人便按要求到达所希望的 B 点。这时，机器人所产生的运动序列首先在直角坐标空间中进行描述，然后转化为关节空间描述的计算量，这就是操作空间的轨迹规划。由此可以看出，操作空间轨迹规划的计算量远大于关节空间轨迹规划的计算量，然而使用该方法能得到一条可控且可预知的轨迹。

下面以图 7-21 所示的两自由度机器人为例，对关节空间和直角坐标空间轨迹规划进行详细对比。该机器人有两个连杆和两个关节串联而成，两个关节分别标记为关节①和关节②。

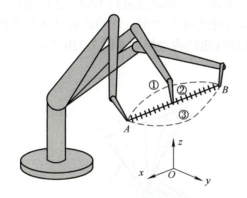

图 7-20 沿直角坐标系 A 点到 B 点的运动

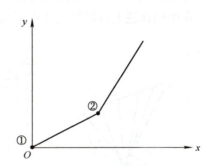

图 7-21 两自由度机器人

A 点和 B 点是直角坐标空间的两个点，机器人在 A 点时的关节角 $\alpha = 20°$、$\beta = 30°$，在 B 点时的关节角 $\alpha = 40°$、$\beta = 80°$，机器人两个关节运动的最大角速度均为 10°/s。如果机器人从 A 点运动到 B 点时所有关节都以其最大角速度运动，则关节①用时 (40°−20°)/(10°/s) = 2s，关节②用时 (80°−30°)/(10°/s) = 5s，即①号关节结束运动时，②号关节还需再运动 3s。图 7-22a 所示为此种情况下的机器人末端工具的轨迹，可见其在空间的运动轨迹是不规则、不均匀的。

如果机器人两个关节的运动是同步的（同时开始，同时结束），因为两个关节的角度变化量不同，所以两个关节的运动速度也不同，设关节①的速度为 4°/s、关节②的速度为 10°/s，从图 7-22b 中可以看出，尽管此时机器人的运动轨迹比以前更加均匀，但仍然是不规则的。

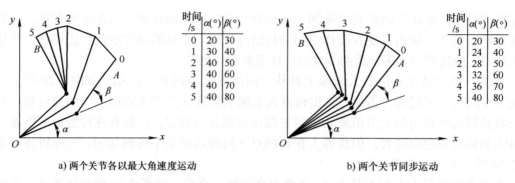

a) 两个关节各以最大角速度运动　　　　　　b) 两个关节同步运动

图 7-22　两自由度机器人关节空间的轨迹规划

以上两种情况都是在关节空间进行轨迹规划的，所需的计算仅是运动终点的关节量。如果希望机器人的末端工具沿 A 点到 B 点之间做特定曲线运动，需要在操作空间中进行轨迹规划。

如图 7-23 所示，如果希望机器人的末端工具沿 A 点到 B 点之间做直线运动，最简单的解决方法是首先在 A 点和 B 点之间画一条直线，再在这条直线上加入一些中间点，将直线等分为几部分（如分为 5 份），然后如图 7-23a 所示计算出各中间点所对应的 α 和 β 值，这一过程称为在 A 点和 B 点之间插值。可以看出，这时轨迹是一条直线，但关节角并非均匀变化，有的关节角速度超过了最大值 10°/s 的限制。例如，在 0～1 之间，关节②的速度达到 25°/s，显然这是无法实现的。为了改进这一状况，可对轨迹进行不同方法的分段，即在运动开始和结束时进行加减速控制，开始运动时速度逐渐增加，运动即将结束时速度逐渐减小，在中间轨迹上可以恒定速度运动，带有加减速的轨迹规划如图 7-23b 所示。

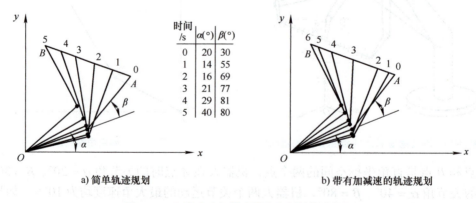

a) 简单轨迹规划　　　　　　　　　　　　b) 带有加减速的轨迹规划

图 7-23　两自由度机器人操作空间的轨迹规划

以上两种情况虽然得到了直线轨迹，但必须计算直线上每个中间点对应的关节量。显然，如果轨迹分割的份数太少，将不能保证机器人严格地沿直线运动，为获得更好的精度，就需要对轨迹进行更多分割，也就需要计算更多的关节点。

至此只考虑了机器人在 A 和 B 两点间的运动，而在多数情况下，可能要求机器人顺序通过许多点，包括中间点或过渡点。下面进一步讨论多点间的轨迹规划，并最终实现连续运动。

如图 7-24 所示，假设机器人从 A 点经过 B 点运动到 C 点。一种方法是从 A 点向 B 点先加速再匀速，接近 B 点时减速并在到达 B 点时停止，然后由 B 点到 C 点重复这一个过程。这种走走停停的不平稳运动包含了不必要的停止动作。另一种可行方法是将 B 点两边的运动进行平滑过渡。机器人先接近 B 点，然后沿着平滑过渡的轨迹运动，最终抵达并停在 C 点。平滑过渡的轨迹使机器人的运动更加平稳。如果机器人的运动由许多段组成，所有的中间运动段都可以采用过渡的方式平滑连接在一起。但必须注意，由于采用了平滑过渡曲线，机器人经过的可能不是原来的 B 点而是 B' 点，如图 7-24a 所示。如果要求机器人精确经过 B 点，可按以下两种方法处理：一是事先设定一个不同的 B″ 点，使得平滑过渡曲线正好经过 B 点，如图 7-24b 所示；二是在 B 点前后各加过渡点 E 和 D，使 B 点落在 ED 连线上，这样机器人也能够经过 B 点，如图 7-24c 所示。

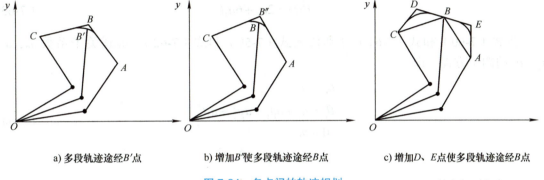

a) 多段轨迹途经 B' 点　　　b) 增加 B″ 使多段轨迹途经 B 点　　　c) 增加 D、E 点使多段轨迹途经 B 点

图 7-24　多点间的轨迹规划

如果机器人的轨迹非常复杂，无法用一个方程来表示，这时可手动移动机器人，并记录下每个关节的运动状态，然后将所记录的关节值用于以后驱动机器人的运动，这就是机器人的示教运动。例如，汽车喷漆、复杂形状的焊缝及其他类似的任务常常采用这种方式来进行轨迹规划。示教方式只需较少的编程和计算量，但它需要精确执行、采样和记录所有的运动，以便精确回放。此外，每当有部分运动需要改变时，就必须重新示教机器人。这对于大而笨重的机器人不太方便。

7.5.2　关节空间轨迹规划

如前所述，为了在关节空间形成所求轨迹，首先用运动学反解将路径上各个节点的末端工具位姿转换成关节矢量角度值，然后对每个关节拟合一个光滑函数，使之从起始点开始，依次通过所有中间节点，最后到达目标点。对于每一段轨迹，各个关节运动时间应相同，这样保证所有关节同时到达中间点和终止点，但各个关节函数相互独立。

下面介绍几种常用的关节空间轨迹规划函数。

1. 仅考虑起止点的三次多项式

三次多项式的关节函数 $\theta(t)$ 形式为

$$\theta(t)=a_0 + a_1 t + a_2 t^2 + a_3 t^3 \tag{7-59}$$

$\theta(t)$ 是具有连续一阶、二阶导数的光滑函数，有四个参数，因此需要四个约束条件。假设工业机器人到达目标位置的时间为 t_f，由初始值和目标值可以得到两个约束条件，即

$$\theta(0) = \theta_0$$
$$\theta(t_f) = \theta_f \qquad (7\text{-}60)$$

另外两个约束条件是在初始时刻和终值时刻关节速度为 0，即

$$\dot{\theta}(0) = 0$$
$$\dot{\theta}(t_f) = 0 \qquad (7\text{-}61)$$

对式（7-59）求导，可得

$$\dot{\theta}(t) = a_1 + 2a_2 t + 3a_3 t^2 \qquad (7\text{-}62)$$

$$\ddot{\theta}(t) = 2a_2 + 6a_3 t \qquad (7\text{-}63)$$

将式（7-60）和式（7-61）分别代入式（7-59）和式（7-62），得到关于系数 a_0、a_1、a_2、a_3 的四个方程，即

$$\begin{aligned}\theta_0 &= a_0 \\ \theta_f &= a_0 + a_1 t_f + a_2 t_f^2 + a_3 t_f^3 \\ 0 &= a_1 \\ 0 &= a_1 + 2a_2 t_f + 3a_3 t_f^2\end{aligned} \qquad (7\text{-}64)$$

解方程，可得

$$\begin{aligned}a_0 &= \theta_0 \\ a_1 &= 0 \\ a_2 &= \frac{3}{t_f^2}(\theta_f - \theta_0) \\ a_3 &= -\frac{2}{t_f^3}(\theta_f - \theta_0)\end{aligned} \qquad (7\text{-}65)$$

三次多项式的位置、速度、加速度函数如图 7-25 所示。

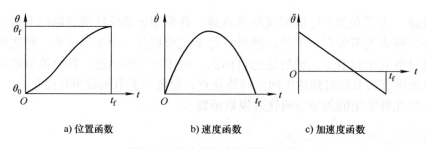

a) 位置函数　　　　b) 速度函数　　　　c) 加速度函数

图 7-25　三次多项式关节轨迹函数

应用式（7-59）、式（7-62）和式（7-63）可以求出从起始位置到目标位置上，任意时刻关节位置、速度和加速度。但是该函数仅适用于起始关节角速度与终止关节角速度均为零的情况。

2. 具有中间点的三次多项式

假设工业机器人在由位置 A 到位置 B 的过程中经过了 C、D 等中间点，如果机器人在中间点做了停留，则仍可以用上述的轨迹规划方法，求出每两个点之间的关节规划函数。如果机器人在中间点不做停留，只是经过，在采用上述规划算法时，将 $\theta(t_f)$ 和 $\dot{\theta}(t_f)$ 分别换成中间点的位置和期望速度即可。确定中间点期望速度的方法有以下几种：

1）利用速度雅可比逆矩阵，将工具坐标系在直角坐标空间中的瞬时线速度和角速度转换为对应中间点的各关节速度。

2）在操作空间或关节空间中采用适当的启发式方法，由控制系统自动选择中间点的速度。

3）采用使中间点处的加速度连续的方法，系统自动选取中间点速度。

3. 带有抛物线过渡的线性函数

对于给定起始点和终止点的关节角度，关节轨迹函数可以选择线性函数。线性函数具有实现简单的优点，但会导致在节点处关节运动速度不连续，加速度无限大。为了生成位移和速度都连续的平滑运动轨迹，在使用线性插值时，每个节点的邻域内增加一段抛物线的缓冲区段，形成带有抛物线过渡的线性轨迹，如图 7-26 所示。抛物线对时间的二阶导数为常数，这样可以保证整个轨迹上的位移和速度都连续。带有抛物线过渡的线性函数通常采用对称结构，两端过渡段的持续时间相同，加速度大小相同，但方向相反。选定不同的加速度时，得到的轨迹也不同。在图 7-26 中，$(t_0 \sim t_b)$ 段和 $(t_f - t_b \sim t_f)$ 段是抛物线轨迹，$(t_b \sim t_f - t_b)$ 段是线性轨迹，t_b 和 $t_f - t_b$ 处的速度均等于直线段的速度。几何意义可以解释如下，对于给定的抛物线的加速度，总能找到连接两段抛物线的公切线，使得拟合区段终点（起点）速度等于直线段的速度，切点就是拟合区段结束（开始）的位置。

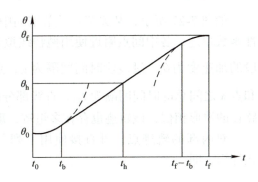

图 7-26 带有抛物线过渡的线性函数

设开头段的抛物线轨迹方程为

$$\theta = \theta_0 + \frac{1}{2}\ddot{\theta}t^2 \tag{7-66}$$

则抛物线在 t_b 时刻的位置和速度可表示为

$$\theta_b = \theta_0 + \frac{1}{2}\ddot{\theta}t_b^2 \tag{7-67}$$

$$\ddot{\theta}t_b = \frac{\theta_h - \theta_b}{t_h - t_b} \tag{7-68}$$

式中，t_h 和 θ_h 分别是中间时刻对应的时间和角度，即

$$t_h = t_f/2, \qquad \theta_h = (\theta_f + \theta_0)/2 \qquad (7\text{-}69)$$

综合式（7-67）~式（7-69），可得

$$\ddot{\theta} t_b^2 - \ddot{\theta} t_f t_b + (\theta_f - \theta_0) = 0 \qquad (7\text{-}70)$$

对于任意给定的 θ_f、θ_0、t_f。可通过选取满足式（7-70）的 $\ddot{\theta}$ 和 t_b 来获得任意一条轨迹。通常，先选择好加速度 $\ddot{\theta}$，再计算出相应的 t_b，即

$$t_b = \frac{t_f}{2} - \frac{\sqrt{\ddot{\theta}^2 t_f^2 - 4\ddot{\theta}(\theta_f - \theta_0)}}{2\ddot{\theta}} \qquad (7\text{-}71)$$

选择的 $\ddot{\theta}$ 必须足够高，否则解将不存在。$\ddot{\theta}$ 要满足

$$\ddot{\theta} \geq \frac{4(\theta_f - \theta_0)}{t_f^2} \qquad (7\text{-}72)$$

式（7-72）等号成立时，$t_b = t_f/2$，直线部分趋于 0，轨迹由两个抛物线拟合区域组成，且衔接处斜率相等。若加速度取值越来越大，拟合区的长度将缩短。当处于极限状态，t_b 趋向 0，加速度无穷大，轨迹变为纯直线函数。

4. 经过中间点的带有抛物线的线性函数

如图 7-27 所示，某关节在关节空间中有一组点 1, …, j, k, l, …, n，中间点之间使用线性函数相连，各中间点附近使用抛物线拟合。图 7-27 中所用符号规定如下：点 j 处过渡区段的加速度为 $\ddot{\theta}_j$，过渡段时间间隔为 t_k，点 k 处的加速度为 $\ddot{\theta}_k$，过渡段时间间隔为 t_j，点 j 和点 k 之间总的时间间隔为 t_{djk}，直线部分的时间间隔为 t_{jk}，直线部分的速度为 $\dot{\theta}_{jk}$。与单段路径的情形相似，该轨迹也存在多组解，取决于每个过渡区段的加速度值。

对内部的轨迹点，可直接使用下列公式计算，即

$$\dot{\theta}_{jk} = \frac{\theta_k - \theta_j}{t_{djk}}, \dot{\theta}_{kl} = \frac{\theta_l - \theta_k}{t_{dkl}}$$
$$\ddot{\theta}_k = \text{SGN}(\dot{\theta}_{kl} - \dot{\theta}_{jk})|\ddot{\theta}_k|$$
$$t_k = \frac{\dot{\theta}_{kl} - \dot{\theta}_{jk}}{\ddot{\theta}_k} \qquad (7\text{-}73)$$
$$t_{jk} = t_{djk} - \frac{1}{2}t_j - \frac{1}{2}t_k$$

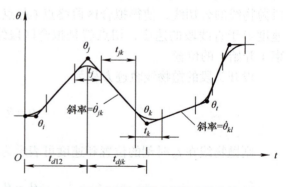

图 7-27 经过中间点的带有抛物线的线性函数

对于第一个轨迹段和最后一个轨迹段的处理与上式稍有不同，因为轨迹端部的整个过渡区的持续时间都必须计入这一轨迹段中。

对于第一个轨迹段，令线性区段交接处两个速度表达式相等来求解 t_1，然后解出 θ_{12} 和 t_{12}，即

$$\frac{\theta_2 - \theta_1}{t_{d12} - 0.5t_1} = \ddot{\theta}_1 t_1 \tag{7-74}$$

$$\ddot{\theta}_1 = \mathrm{SGN}(\theta_2 - \theta_1) |\ddot{\theta}_1|$$
$$t_1 = t_{d12} - \sqrt{t_{d12}^2 - \frac{2(\theta_2 - \theta_1)}{\ddot{\theta}_1}}$$
$$\dot{\theta}_{12} = \frac{\theta_2 - \theta_1}{t_{d12} - 0.5t_1}$$
$$t_{12} = t_{d12} - t_1 - 0.5t_2 \tag{7-75}$$

对最后一个轨迹段，

$$\frac{\theta_{n-1} - \theta_n}{t_{d(n-1)n} - 0.5t_n} = \ddot{\theta}_n t_n \tag{7-76}$$

$$\ddot{\theta}_n = \mathrm{SGN}(\theta_{n-1} - \theta_n) |\ddot{\theta}_n|$$
$$t_n = t_{d(n-1)n} - \sqrt{t_{d(n-1)n}^2 - \frac{2(\theta_n - \theta_{n-1})}{\ddot{\theta}_n}}$$
$$\dot{\theta}_{(n-1)n} = \frac{\theta_n - \theta_{n-1}}{t_{d(n-1)n} - 0.5t_n}$$
$$t_{(n-1)n} = t_{d(n-1)n} - t_n - 0.5t_{n-1} \tag{7-77}$$

式（7-73）~式（7-77）可用来求出多段轨迹中各个过渡区段的时间。系统根据用户给出的中间点、默认加速度值，计算出各个轨迹段的持续时间和速度曲线。

7.5.3 操作空间轨迹规划

操作空间规划的轨迹是机器人末端工具沿直角坐标空间运动的轨迹，除了前面介绍的直线轨迹以外，也可以控制机器人在不同点之间沿其他类型的轨迹运动。实际上所有用于关节空间轨迹规划的方法都可用于操作空间轨迹规划。最根本的差别在于，直角坐标空间轨迹规划必须反复求解逆运动方程来计算关节角。也就是说，对于关节空间轨迹规划，规划函数生成的值就是关节值，而直角坐标空间轨迹规划函数生成的值是机器人末端工具的位姿，它们需要通过求解逆运动学方程才能化为关节量。

以上过程可以简化为如下的计算循环：
1）为机器人末端工具各个自由度选择合适的轨迹函数。
2）利用所选择的轨迹函数，按时间顺序计算出末端工具的位姿。
3）利用机器人逆运动学方程计算与末端工具位姿对应的关节信息。
4）将关节信息传递给控制器。
5）重复步骤2）~4），直至轨迹执行完毕。

在工业应用中，最实用的操作空间轨迹是点到点之间的直线运动，但也经常遇到多目标点（如有中间点）间需要平滑过渡的情况。

为实现一条直线轨迹，必须计算起点和终点位姿之间的变换，并将该变换划分为许多段，注意在段的起始和结束时进行必要的加减速控制。如图 7-28 所示六自由度工业机器人末端执行从起点 A 到终点 B 的直线运动，点 A 处的位姿齐次矩阵为 T_1，点 B 处的位姿齐次矩阵为 T_2，T_1 到 T_2 的总变换矩阵 T_f 可通过下面的方程进行计算，即

$$T_1 T_f = T_2 \qquad (7-78)$$

$$T_f = (T_1)^{-1} T_2 \qquad (7-79)$$

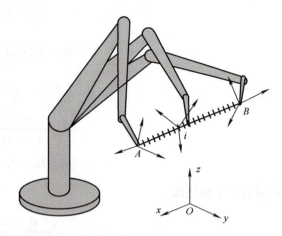

图 7-28 六自由度工业机器人末端执行直线运动

T_f 中包含位置变量和姿态变量，位置变量可以进行线性插值，但是对于姿态变量，如果定义成旋转矩阵，则无法对其分量进行线性插值，因为旋转矩阵必须是由正交列向量组成，而在两个旋转矩阵之间对矩阵元素进行线性插值并不能保证满足这个条件，也就不能保证中间点上的姿态矩阵是有效的旋转矩阵。因此，需要将起点和终点的姿态矩阵变换为角度值，对角度值进行线性插值后，再转换成各个中间点的姿态矩阵。中间点 i 的姿态矩阵和位置量组合在一起形成其位姿齐次矩阵 T_i，用 T_i 进行逆运动学计算可以计算出与中间点 i 对应的关节角度。

操作空间的三个位置变量和三个姿态角度变量，可以使用前面介绍的关节空间轨迹规划使用的直线和抛物线组合的轨迹函数，但要附加一个约束条件：每个变量的过渡区段的时间间隔必须是相同的，这样才能保证各变量形成的复合运动在空间形成一条直线。

7.5.4 工业机器人仿真

工业机器人仿真技术经历了从简单的几何模型到复杂的物理建模和实时仿真的发展过程。现代仿真技术不仅能够实现单台机器人在特定应用场景下的几何路径规划、运动过程仿真、碰撞干涉检查、离线编程和动力学分析等，甚至能够模拟复杂的物理环境和多机器人协作。

目前，工业上常用的机器人仿真软件的种类很多，其中 RobotMaster、RobotArt、RobCAD、DELMIA、RobotWorks 等是由专业的软件公司基于 CAD/CAM 软件二次开发的专业仿真软件，专为工业应用设计，可以提供精确的路径规划、离线编程、自动化代码生成和优化工具，支持多种机器人品牌和复杂制造工艺，有的也支持用户自己设计与开发的机器人，广泛应用于焊接、切割、机加工、去毛刺、抛光、打磨、喷涂等多个领域，图 7-29 所示为应用 RobotMaster 对 Staubli 机器人的运动仿真界面。RobotStudio、Robot-Guide、Simpro 和 SRS 分别是由专业的机器人生产厂家 ABB、FANUC、KUKA 和 Staubli 针对自家产品开发的专业机器人仿真软件。尽管这些专业的仿真软件功能强大，但使用它们往往要支付高昂的费用，让普通人望而却步。

随着机器人技术的日益成熟和研究领域的不断拓展，涌现出了很多免费或低成本的开

源机器人仿真软件和开发平台,为广大教育工作者、学生以及研究机构提供了前所未有的便利,成为教育和研究领域的理想选择,极大地降低了探索机器人学奥秘的门槛。Gazebo 和 V-REP 是最流行的两款开源仿真软件,它们在机器人设计与开发中扮演着至关重要的角色。

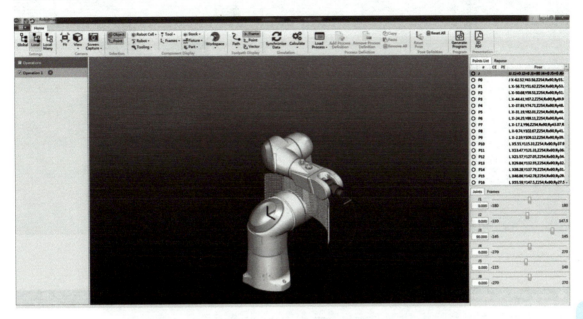

图 7-29　应用 RobotMaster 对 Staubli 机器人的运动仿真界面

Gazebo 是一个强大的仿真工具,支持多种机器人模型和传感器,是兼容 ROS 最好的仿真工具。图 7-30 所示为 Gazebo 中的机器人模型。它提供了一个物理引擎,能够模拟机器人在真实世界中的复杂运动和传感器行为。Gazebo 广泛应用于教育、研究和工业领域。它不仅可以用于机器人运动学和动力学的仿真,还可以模拟机器人与环境的交互,如碰撞检测和力反馈。用户可以在 Gazebo 中自由创建一个机器人世界,用以模拟真实机器人的运动功能和传感器数据,这些数据可以放到 ROS 的另一个可视化工具 RVIZ 中显示,所以使用 Gazebo 时,经常也会和 RVIZ 配合使用。Gazebo 拥有一个活跃的开发者社区,不断更新和扩展其功能,用户可以通过社区获取支持和分享经验。

V-REP 也是一款与 ROS 兼容的机器人仿真软件。尽管 V-REP 是商业软件,但其教育版可免费使用。同 Gazebo 相比,V-REP 对场景建模的支持更好,提供了更多更友好的特性,支持更复杂项目的仿真设置,更适合快速原型设计、验证和需要高度可定制性和可视化功能的复杂机器人仿真项目。2019 年底 V-REP 改名为 CoppeliaSim。图 7-31 所示为 CoppeliaSim 中的机器人模型。

除此之外,MATLAB 作为大学和科研机构广泛使用的工具软件,在机器人领域的应用也得到了显著扩展。澳大利亚的 Peter Corke 教授研发的机器人工具箱(Robotics Toolbox),进一步拓展了 MATLAB 在机器人学研究上的应用。这个工具箱集成了大量针对机器人建模、仿真、路径规划和控制的专用函数和工具,使得 MATLAB 成了机器人学研究的得力助手。

图 7-30　Gazebo 中的机器人模型

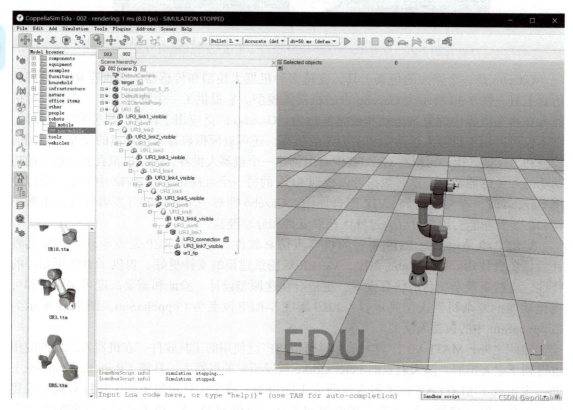

图 7-31　CoppeliaSim 中的机器人模型

7.6 运动学建模与轨迹规划项目实践

7.6.1 机器人工件坐标系标定实践

工业机器人的所有坐标是参考基坐标系的，这不便于观察机器人相对于工件的运动，为了让机器人的运动数据能参考工件坐标系，需要通过标定确定工件坐标系与机器人基坐标系的关系。三点接触法是常用的标定方法。在机器人端部法兰上安装一个长度已知的顶尖，控制机器人的顶尖依次运动到工件坐标系原点 P_o、x 轴方向上一点 P_x、xoy 平面上任一点 P_{xy}，并记录下这三个点在机器人基坐标系中的坐标，便可由这三个坐标计算出工件坐标系相对于基坐标系的齐次矩阵，也就是标定了工件坐标系与基坐标系的关系，如图 7-32 所示。

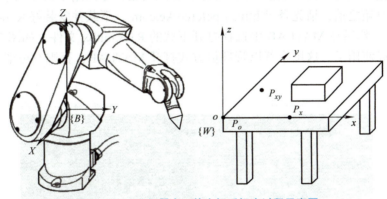

图 7-32 工业机器人工件坐标系标定过程示意图

具体标定步骤如下。
1）将机器人末端法兰安装上长度已知的顶尖，用手操盒控制机器人移动。
2）控制机器人移动到工件坐标系原点，记录下当前顶尖在基坐标系中的坐标 P_o。
3）控制机器人移动到工件坐标系 x 轴方向上一点，记录下当前顶尖在基坐标系中的坐标 p_x。
4）控制机器人移动到工件坐标系 xoy 面上一点，记录下当前顶尖在基坐标系中的坐标 p_{xy}。
5）对记录的数据进行以下处理。

① 工件坐标系的原点坐标由 o 点坐标 P_o 确定。

② 工件坐标系的 x 轴的单位化向量 $\overrightarrow{oP_x}$ 由 $\dfrac{P_x - P_o}{|P_x - P_o|}$ 计算。

③ 工件坐标系的 xoy 平面的单位化向量 $\overrightarrow{oP_{xy}}$ 由 $\dfrac{P_{xy} - P_o}{|P_{xy} - P_o|}$ 计算。

④ 工件坐标系的 z 轴的单位化向量 $\overrightarrow{oP_z}$ 由 $\overrightarrow{oP_x}$ 与 $\overrightarrow{oP_{xy}}$ 叉乘计算。

⑤ 工件坐标系的 y 轴的单位化向量 $\overrightarrow{oP_y}$ 由 $\overrightarrow{oP_z}$ 和 $\overrightarrow{oP_x}$ 叉乘计算。

由 P_o、$\overrightarrow{oP_x}$、$\overrightarrow{oP_y}$ 和 $\overrightarrow{oP_z}$ 组成的齐次矩阵便是工件坐标系标定矩阵。请用上述方法对自己设计与开发的机器人进行工件坐标系标定。

7.6.2 机器人运动学求解项目实践

学习机器人的正、逆运动学对于理解和设计机器人的运动控制至关重要，本章已经对正、逆运动学的建模过程进行了详细介绍，并给出了 PUMA 机器人的 DH 参数和正、逆运动学结果。为了帮助读者掌握机器人运动学的建模和分析方法，有必要借助数学分析工具和仿真软件，先对已知模型的正、逆运动学求解结果进行验证，在得到正确的验证结果后，再对自己的机器人进行运动学建模。本实践项目以教材上讲述的 PUMA 机器人为例，对其正逆解结果进行验证。MATLAB 有丰富的数学函数库、易于使用的编程环境、专业的机器人学工具箱以及丰富的可视化工具，使用户能够快速建立起机器人的数学模型，高效地进行正、逆运动学分析、仿真和验证，从而加深对机器人运动学原理的理解。本实验拟采用 MATLAB 中 Robotics Toolbox 机器人工具箱进行机器人逆运动学求解，这是由澳大利亚的 Peter Corke 教授开发的一套功能强大的 MATLAB 工具箱，专门用于机器人学研究。

在使用工具箱之前，请先登录 https://petercorke.com/，下载并安装好 Robotics Toolbox，如图 7-33 所示。然后在 MATLAB 中选择打开下载的 RTB.mltbx 文件，如图 7-34 所示，安装成功后就可以使用了。这里推荐以管理员方式打开 MATLAB，否则有可能出现安装不成功的提示。

图 7-33　下载 Robotics Toolbox

图 7-34　在 MATLAB 中安装 Robotics Toolbox

本章的项目实践中，主要使用了工具箱中的 Link() 类函数和 SerialLink() 类函数，关于这两个类函数的使用方法，请参考官网的在线说明。

1. 正运动学求解具体步骤

1）建立 DH 参数，确定关节移动范围。

2）在 Link() 函数中输入 DH 参数建立连杆，设置 offset 参数指定连杆初始偏置，每个连杆 DH 参数的输入顺序为关节角 theta、关节距离 D、连杆长度 A、连杆转角 alpha，连杆初始偏置 offset、DH 参数类型（标准型 DH 参数表示为 "standard"，改进型 DH 参数表示为 "modified"）。

3）根据机器人关节角移动范围，用 Link() 函数的 qlim 参数指定关节的转动极值。

4）通过 SerialLink() 函数连接各连杆，建立机器人并指定其标题名称，PUMA 机器人模型的初始位置可视化效果如图 7-35 所示。

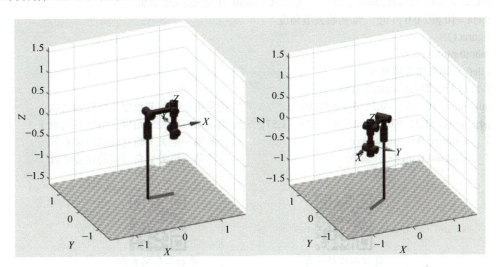

图 7-35　PUMA 机器人模型的初始位置可视化效果

5）通过 SerialLink.fkine() 函数进行机器人正运动学计算，得出机器人末端执行器位姿。

```
%% 正运动学 MATLAB 代码
clc;clear;
%% 参数定义
% 角度转换
angle = pi/180;  % 转化为角度制
%DH 参数表
theta1 = 0;     D1 = 0;          A1 = 0;        alpha1 = 0;      offset1 = 0;
theta2 = 0;     D2 = 0;          A2 = 0;        alpha2 = -pi/2;  offset2 = 0;
theta3 = 0;     D3 = 0.14909;    A3 = 0.4318;   alpha3 = 0;      offset3 = 0;
theta4 = 0;     D4 = 0.43307;    A4 = 0.0203;   alpha4 = -pi/2;  offset4 = 0;
theta5 = 0;     D5 = 0;          A5 = 0;        alpha5 = pi/2;   offset5 = 0;
theta6 = 0;     D6 = 0;          A6 = 0;        alpha6 = -pi/2;  offset6 = 0;
%% DH 法建立模型，关节转角，关节距离，连杆长度，连杆转角，关节类型（0 转动，1 移动）
L(1) = Link([theta1, D1, A1, alpha1, offset1], 'modified')
```

```
L(2) = Link([theta2, D2, A2, alpha2, offset2], 'modified')
L(3) = Link([theta3, D3, A3, alpha3, offset3], 'modified')
L(4) = Link([theta4, D4, A4, alpha4, offset4], 'modified')
L(5) = Link([theta5, D5, A5, alpha5, offset5], 'modified')
L(6) = Link([theta6, D6, A6, alpha6, offset6], 'modified')
% 定义关节范围
L(1).qlim = [–160*angle, 160*angle];
L(2).qlim = [–220*angle, 45*angle];
L(3).qlim = [–45*angle, 225*angle];
L(4).qlim = [–110*angle, 170*angle];
L(5).qlim = [–100*angle, 100*angle];
L(6).qlim = [–266*angle, 266*angle];
%%% 显示机械臂（把上述连杆"串起来"）
robot0 = SerialLink(L,'name','six');    % 定义 robot0 为 SerialLink 对象
theta = [0 pi/2 0 0 pi 0];    % 初始关节角度
figure(1)
robot0.plot(theta);
title(' 六轴机械臂模型 ');
%%% 进行机器人正运动学计算
init_ang = [0  0.05  –0.28  0  –0.23  0];              % 给定第一组关节角度（可任意选取）
targ_ang = [1.57  0.05  –0.28  0  –0.23  –1.57];       % 给定第二组关节角度（可任意选取）
T_1 = robot0.fkine(init_ang);                          % 计算第一组关节角对应的位姿矩阵
T_2 = robot0.fkine(targ_ang);                          % 计算第二组关节角对应的位姿矩阵
```

请扫二维码观看
正运动学求解过程

请扫二维码查看
正运动学求解源代码

2. 逆运动学求解具体步骤

1）前 4 个步骤参考正运动学求解步骤进行。

2）通过 SerialLink.ikine() 函数进行机器人逆运动学计算，得出机器人六个关节角。

```
%%% 逆运动学 MATLAB 代码
init_ang = robot0.ikine(T_1);       % 计算第一个位姿对应的关节角
targ_ang = robot0.ikine(T_2);       % 计算第二个位姿对应的关节角
```

请扫二维码观看
逆运动学求解过程

请扫二维码查看
逆运动学求解源代码

3. 雅可比矩阵求解具体步骤

1）前 4 个步骤参考正运动学求解步骤进行。

2）通过 SerialLink.jacob0() 函数求出某个位姿下关节速度到基坐标系运动速度的雅可比矩阵。

3）通过 SerialLink.jacobn() 函数求出某个位姿下关节速度到工件坐标系运动速度的雅可比矩阵。

```
%% 雅可比矩阵求解 MATLAB 代码
J_1 = robot0.jacob0(T_1);     % 计算第一个位姿下相对于基坐标系的雅可比矩阵
J_2 = robot0.jacob0(T_2);     % 计算第二个位姿下相对于基坐标系的雅可比矩阵
J_3 = robot0.jacob0(T_1);     % 计算第一个位姿下相对于工件坐标系的雅可比矩阵
J_4 = robot0.jacob0(T_2);     % 计算第二个位姿下相对于工件坐标系的雅可比矩阵
```

请扫二维码观看
雅克比矩阵求解过程

请扫二维码查看
雅克比矩阵求解源代码

请根据自己设计的机器人结构，列出 DH 参数表，用 Robotics Toolbox 工具箱对其运动学性能进行分析。

7.6.3 笛卡儿空间轨迹规划项目实践

笛卡儿空间轨迹规划是通过规划末端执行器的位姿来控制机器人的运动，即保证机器人末端以确定的姿态在规定轨迹上运动。采用 MATLAB 中 Robotics Toolbox 机器人工具箱进行机器人笛卡儿空间下的轨迹规划时，也要根据机器人的 DH 参数建立机器人模型，接下来通过 ctraj() 函数来实现轨迹规划。该函数根据已知的起始和终止的末端位姿矩阵，利用匀加速匀减速运动来进行轨迹规划。

具体步骤如下。

1）根据机器人 DH 参数建立模型，模型的建立方法参考第 7 章第 2 个项目实践。

2）给出轨迹起点末端位姿 T1，轨迹终点末端位姿 T2。

3）设定轨迹规划过程中，起点与终点之间的步数 step。

4）调用 ctraj() 函数来实现笛卡儿空间轨迹规划，输出机器人运动过程中的末端位姿矩阵，并进行动态显示。

MATLAB 源代码如下。

```
%% 机器人模型建立代码见机器人正运动学计算部分
%% 根据初始位姿和终止位姿，进行笛卡儿空间轨迹规划
init_ang = [0,0,0,0,0,0];                        % 起点关节角
targ_ang = [-pi/2,-pi/3,-pi/4,pi/3,pi/5,pi/6];   % 终点关节角
T_1 = robot0.fkine(init_ang);   % 根据起点关节角，由正运动学，得到起点位姿矩阵
T_2 = robot0.fkine(targ_ang);   % 根据终点关节角，由正运动学，得到终点位姿矩阵
```

```
T1 = T_1.T;
T2 = T_2.T;
% 笛卡儿空间轨迹规划
step = 100;%100 为采样点个数
Tc = ctraj(T1,T2,step);% 匀加速、匀减速运动，得到各点处末端位姿矩阵
```

请扫二维码观看笛卡儿空间轨迹规划演示效果

请扫二维码观看笛卡儿空间轨迹规划源代码

7.6.4　关节空间轨迹规划项目实践

关节空间轨迹规划是对机器人的每个关节进行独立规划，以保证机器人各个关节运动的连续性和稳定性。采用 MATLAB 中 Robotics Toolbox 机器人工具箱进行机器人关节空间轨迹规划，也要根据机器人的 DH 参数建立机器人模型，接下来通过 jtraj() 函数来实现轨迹规划。该函数根据已知的起始和终止的关节角度，利用五次多项式来进行轨迹规划。

具体步骤如下。

1）根据机器人 DH 参数建立模型，模型的建立方法参考第 7 章第 2 个项目实践。

2）定义轨迹起点关节角度 init_ang，轨迹终点关节角度 targ_ang。

3）定义轨迹规划过程中，起点与终点之间的步数 step。

4）调用 jtraj() 函数来实现关节空间轨迹规划，输出机器人运动过程中的关节角度、速度和加速度，并进行动态显示。

请扫二维码观看关节空间轨迹规划演示效果

请扫二维码观看关节空间轨迹规划源代码

思考题与习题

1. 已知坐标系 $\{A\}$、$\{B\}$ 的原点重合在一起，$_B^A R$ 表示 $\{B\}$ 相对于 $\{A\}$ 的姿态描述，请说明为什么 $_B^A R$ 是正交矩阵？$_B^A R$ 与 $_A^B R$ 是什么关系？

2. 如图 7-36 所示，点 P 在坐标系 $\{B\}$ 中的坐标值为（0，2，0），$\{B\}$ 原点距 $\{A\}$ 原点的偏移量为（8，5，0），请计算点 P 在 $\{A\}$ 中的坐标。

3. 如图 7-37 所示，点 P 在坐标系 $\{B\}$ 中的坐标值为（0，2，0），$\{B\}$ 原点距 $\{A\}$ 原点的偏移量为（8，5，0），$\{B\}$ 绕其 Z 轴旋转 45°，请计算点 P 在 $\{A\}$ 中的坐标。

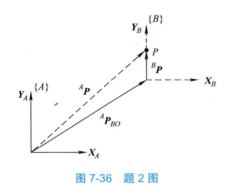

图 7-36 题 2 图   图 7-37 题 3 图

4. 坐标系 $\{B\}$ 与 $\{A\}$ 原点重合，初始姿态相同，请按照 X-Z-X 欧拉角的变换方式推导坐标系 $\{B\}$ 相对于参考坐标系 $\{A\}$ 的旋转矩阵。

5. 已知坐标系 $\{B\}$ 相对于参考坐标系 $\{A\}$ 经 X-Z-X 欧拉角变换产生的旋转矩阵，计算欧拉角。

6. 表示坐标系姿态的方法除了旋转矩阵、欧拉角，还有等效轴角和四元数，请查阅资料学习用等效轴角和四元数表示姿态的方法。

7. 工业机器人的坐标系有哪些？各有什么作用？

8. 图 7-38 所示为三自由度机械臂，关节轴 1 呈垂直方向，关节轴 1 与关节轴 2、3 垂直，关节轴 2 和 3 平行，且呈水平方向，写出该机械臂的 DH 参数表、正运动学方程和逆运动学求解过程。

9. 请查阅资料学习用雅可比矩阵的其他推导方法。

10. 请查阅资料学习用雅可比矩阵评价工业机器人工作性能的方法。

11. 轨迹规划的作用是什么？

12. 举例说明关节空间轨迹规划和操作空间轨迹规划的应用场合，并对两种轨迹规划实现过程进行对比？

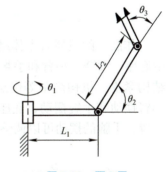

图 7-38 题 8 图

13. 已知一个关节在 5s 之内从初始角 30° 运动到终端角 75°，继续运动，在其后的 3s 内关节角到达 105°，用三次多项式进行关节的轨迹规划，假设在开始、中间和终止的瞬间关节速度是 0，画出该关节轨迹的位置、速度和加速度随时间变化的曲线。

14. 请查阅资料进一步了解现有的机器人仿真软件的应用特点。

附录　学生作品展示

北京理工大学开设的《智能机电系统设计与开发》课程是项目制课程,学生在学完本课程后,要按照 3.6.1 节的任务要求开发出 1 台物料搬运机器人,实现给定工位上的物料向另一个给定工位的搬运,以下是两组学生作品展示。

作品一

1. 机械与驱动系统设计与开发

作品一的机器人本体结构为四自由度空间关节坐标型,如附图 1 所示。该机器人本体由底座、大臂、小臂和手腕组成,主体结构是一种四杆机构,具有承载能力强、稳定性好、结构紧凑、机构简单等优点。机器人共有四个自由度,分别为底座旋转运动、大臂摆动、小臂摆动和手腕摆动,底座、大臂和小臂协调运动,可以控制手腕到达工作空间内的任一位置,手腕的摆动可以调整手爪的姿态,使其与水平面平行,便于抓取工件。

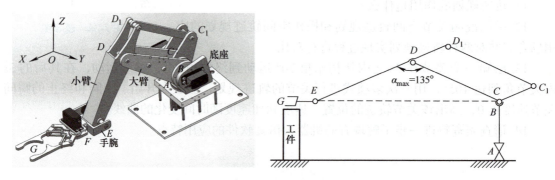

附图 1　关节坐标型搬运机器人模型及机构简图

机器人大臂,小臂以及连接件的长度取决于机械手要达到的最远距离,由第 3 章的任务描述可知,机械手要到达的最远距离即机械手能伸出的最大长度大于 400mm,留出一定的余量,暂定为 440mm 左右。机器人的大臂与小臂并不能完全伸展成一条直线,而是成一定的角度 α。当 $\alpha = 135°$ 时,机器人抓取装置运动到极限位置。假设此时手腕上的 E 点与底座上 B 点在一条水平线,由 E 点、B 点、D 点构成的三角形就可以计算出 ED 和 BD 的长度,假设 E 到手爪末端 G(物料圆心)的长度为 120mm,则 $EB = 320$mm,综合考虑机构的几何约束和强度等因素，给出各个杆件的长度，见附表1。

附表1 关节坐标型搬运机器人的连杆长度

杆件	长度/mm
CD (C_1D_1)	190
DE	160
EG	120
CC_1 (DD_1)	75

末端执行器采用齿轮传动方式，结构简图及构型参数如附图2所示。齿轮A、B分别与左右爪固定，驱动电动机固定在齿轮B上。当电动机转动时，带动齿轮B转动，齿轮B又带动齿轮A反向旋转，左右爪分别通过一个平行四边形结构带动连杆EF和JK实现开合。

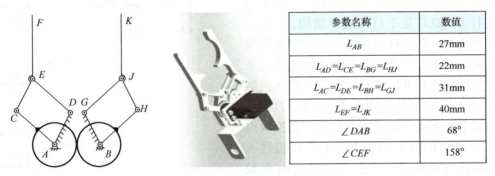

参数名称	数值
L_{AB}	27mm
$L_{AD}=L_{CE}=L_{BG}=L_{HJ}$	22mm
$L_{AC}=L_{DE}=L_{BH}=L_{GJ}$	31mm
$L_{EF}=L_{JK}$	40mm
$\angle DAB$	68°
$\angle CEF$	158°

附图2 末端执行器结构简图及构型参数

机器人共安装了五个舵机，分布位置如附图3所示。

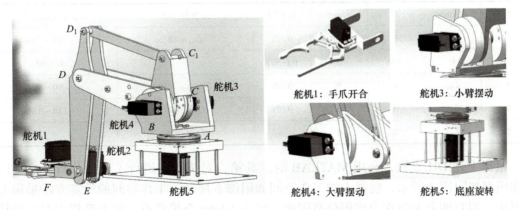

附图3 机器人上的舵机分布位置

第4章已经介绍了电动机的选型方法，对本项目制作品来说，手爪抓取的物块质量较轻，主要的负载来自于惯性负载。计算惯性负载时，需要知道运动件的转动惯量和加速度，由于机器人有很多结构件的形状是不规则的，直接计算转动惯量非常麻烦。这里借助

Solidworks 建模软件，对机器人在不同位置的转动惯量、重心等参数进行自动计算，再根据给定的加速度值计算相应的电动机转矩。具体计算过程不在此赘述。本机器人选择的各电动机具体参数见附表2。

附表2 关节机器人所用各电动机参数

电动机型号	最大角度/(°)	工作电压/V	工作转矩/(N·m)	重量/g	尺寸范围/mm³	使用数量及位置
PDI-6225 MG-300	300	4.8~6.0	1.95~2.48	62	40.5×20.2×38	3个/底座、大臂、小臂
MG90S	180	4.8~6.0	0.2~0.27	12.2	22.8×12.2×28.5	2个/手爪、手腕

2. 运动学建模与仿真分析

由附图3可知，控制小臂摆动的舵机3安装在控制大臂摆动的舵机4的对面。实际上由于四连杆 CC_1D_1D 是平行四边形结构，舵机3安装在四连杆 CC_1D_1D 的任何一个铰链处效果是一样的，只是安装在铰链 C 处可以使重心下移，避免增加舵机4的负载转矩。因此该机器人从运动上可以等效为由关节 A、B、D 和 E 构成的关节机器人（G 代表末端执行器抓取点位置）。按照DH坐标系设置原则，该机器人的坐标系设置如附图4所示，对应的DH参数见附表3。

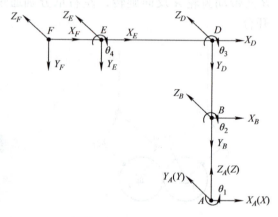

附图4 机器人的坐标系设置

附表3 机器人的DH参数

连杆 i	a_{i-1}/mm	α_{i-1}/(°)	d_i/mm	θ_i/(°)	参数值/mm	关节角度范围/(°)
1	0	0	L_{OA}	$\theta_1(0)$	$L_{OA}=88$	−180~180
2	0	−90	0	$\theta_2(-90)$	—	0~90
3	L_{BD}	0	0	$\theta_3(0)$	$L_{BD}=L_{CD}=190$	−90~90
4	L_{DE}	0	0	$\theta_4(0)$	$L_{DE}=160$	−180~180
5	L_{EF}	90	0	0	$L_{EG}=120$	—

根据上述DH参数，利用MATLAB的工具箱，对机器人进行了运动分析，建立的可视化模型如附图5所示，机器人的工作空间如附图6所示。工作空间的计算方法采用蒙特卡罗法，即对四个关节在角度限位范围内，设置10000个采样点，每个采样点对应的代表末端执行器的位置就构成了工作空间。通过工作空间最外圈可以观测到机器人在水平面的最远伸长距离大于440mm。

为了验证机器人在搬运工件过程中的轨迹跟踪能力，给定机器人在笛卡儿空间的一段直线轨迹，得到笛卡儿空间的轨迹规划效果如附图7所示。

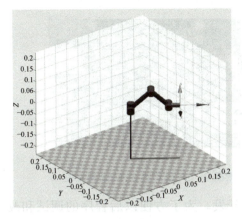
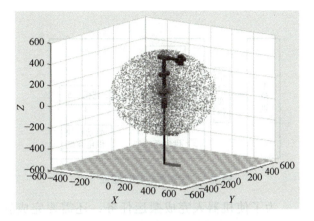

附图5　机器人的可视化模型　　　　　附图6　机器人的工作空间

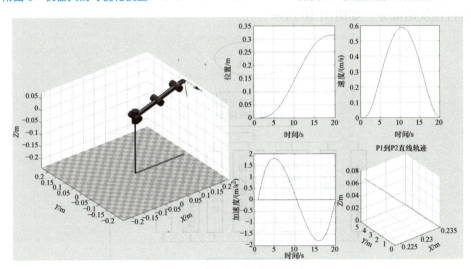

附图7　机器人轨迹规划效果

3. 控制系统设计与开发

控制系统采用主从方案，上位机采用计算机，其可以提供友好的人机交互界面，同时内部还有轨迹规划算法，能够对下位机发送控制指令并接收来自下位机的反馈信息。下位机用于实现机器人各自由度的电动机控制和采集传感器信息。控制系统硬件组成如附图8所示。

由于机器人控制系统对实时性要求高，驱动电动机又多，考虑未来功能扩展的需求，下位机选用STM32作为MCU控制器。为了减少项目开发的工作量，选用ST官方提供的带有扩展接口的开发板，如附图9所示。

STM32的主要控制功能包括对电动机的控制和对简单传感器的信息采集，即通过输出脉冲或电压来控制电动机的转速和运动距离，进而控制机器人的移动轨迹；通过PID等控制算法对控制性能进行优化；通过读取限位开关、光栅尺或编码器等用于测量机器人的位置和状态的传感器，用于调整控制策略。同时，STM32还可以通过串口、CAN总线或者Ethernet等通信接口，与其他控制器或者上位机进行信息交换，实现更复杂的运动控制。

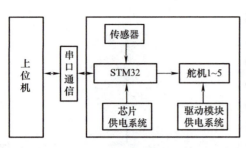

附图 8　控制系统硬件组成

附图 9　ST 公司的 STM32 开发板

为了使机器人完成搬运任务,还需要完成软件开发。为了方便以后程序的调试和改写,本系统采用模块化的编程方法。软件功能模块主要分为上位机界面设计模块和下位机机器人运行模块两部分,如附图 10 所示。

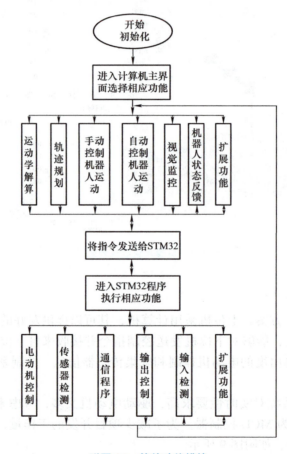

附图 10　软件功能模块

为了提高系统的智能性,本系统中集成了视觉控制模块。控制系统总的工作模式可描述为:上位机根据视觉传感器采集的外界环境信息,识别待抓取工件的位置,对机器人的运动轨迹进行规划,将目标位置和速度等传递给下位机,下位机得到控制指令后,控制各个舵机运动到指定位置。

请扫二维码观看作品一的实物动作

作品二

1. 机械与驱动系统设计与开发

作品二的机器人本体结构为圆柱直角坐标型，如附图 11 所示。机器人的机械结构主要包括底座回转机构、竖直升降机构、水平移动机构、末端回转机构和末端执行器。底座回转机构采用舵机加交叉滚子轴承的形式，交叉滚子轴承外圈固定在机座上，舵机带动轴承内圈转动，进而实现机器人的回转，舵机选用的是 30kg 大扭力型（DS3130MG）；竖直升降机构和水平移动机构分别采用了行程为 100mm 和 150mm 的直线模组，具有结构简单、精度高的优点，直线模组上集成有 35 步进电动机；水平移动机构还包括一段长度为 340mm 的铝型材实现工作空间的扩展，铝型材末端通过回转机构与末端执行器固连，带动末端执行器在水平面内回转；末端执行器采用两组平行四边形连杆机构，由舵机驱动电推杆，将电推杆的伸缩转换为连杆的转动，最终转换为两侧手指的开合，手指开合的舵机型号为 20kg 大扭力型（MG996R）。手爪机构动作原理及实物如附图 12 所示。

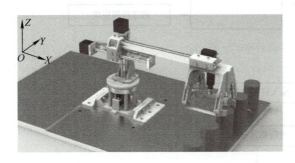 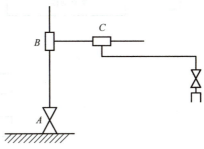

附图 11 圆柱直角坐标型搬运机器人模型及机构简图

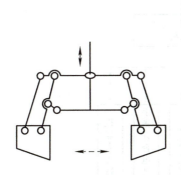 

附图 12 手爪机构动作原理及实物

2. 控制系统设计与开发

机器人控制系统采用上位机 +Arduino 的主从控制模式，上位机负责人机界面和离线运动规划，下位机负责执行运动控制和状态监控。控制系统硬件组成如附图 13 所示。软件功能模块如附图 14 所示。

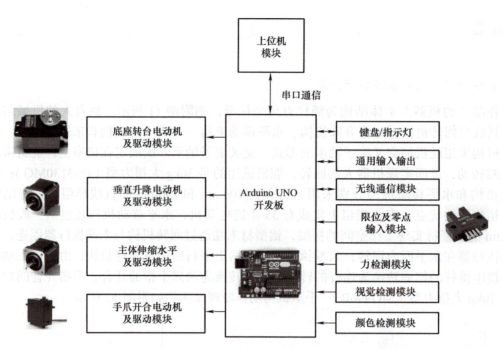

附图 13　控制系统硬件组成

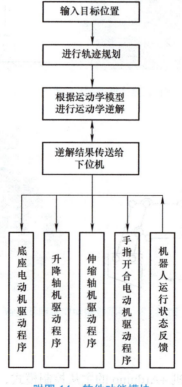

附图 14　软件功能模块

请扫二维码观看作品二的实物动作

参 考 文 献

[1] 闻邦椿. 机械设计手册 [M]. 6 版. 北京：机械工业出版社，2018.
[2] 潘承怡，姜金刚. TRIZ 实战：机械创新设计方法及实例 [M]. 北京：化学工业出版社，2019.
[3] PAHL G, BEITZ W, FELDHUSEN J, et al. Engineering Design: A Systematic Approach[M]. Berlin: Springer, 2007.
[4] ULLMAN D G. The Mechanical Design Process[M]. 4th ed. New York: McGraw-Hill College, 2010.
[5] 乌尔曼. 机械设计过程：第 4 版 [M]. 刘莹，郝智秀，林松，译. 北京：机械工业出版社，2015.
[6] 檀润华. TRIZ 及应用：技术创新过程与方法 [M]. 北京：高等教育出版社，2010.
[7] 李立斌. 机械创新设计基础 [M]. 长沙：国防科技大学出版社，2002.
[8] ALTSCHULLLER G S. To Find an Idea: Introduction to the Theory of Inventive Problem Solving[M]. 2nd ed. Novosibirsk: Nauka, 1991.
[9] 丁金华，王学俊，魏鸿磊. 机电一体化系统设计 [M]. 北京：清华大学出版社，2019.
[10] 芮延年. 机电一体化系统设计 [M]. 苏州：苏州大学出版社，2017.
[11] 张秋菊，王金娥，訾斌，等. 机电一体化系统设计 [M]. 北京：科学出版社，2016.
[12] 王丰，王志军，杨杰，等. 机电一体化系统 [M]. 北京：清华大学出版社，2018.
[13] 于金，赵树国，李跃中，等. 机电一体化系统设计及实践 [M]. 北京：化学工业出版社，2008.
[14] 侯玉叶，王赟，晋成龙，等. 机电一体化与智能应用研究 [M]. 长春：吉林科学技术出版社，2022.
[15] 赵俊英，王青云，温国强，等. 机电一体化系统及其应用：工业机器人方向 [M]. 天津：天津大学出版社，2021.
[16] 俞竹青，朱自成. 机电一体化系统设计 [M]. 2 版. 北京：电子工业出版社，2016.
[17] 张建民，郝娟. 机电一体化系统设计 [M]. 6 版. 北京：高等教育出版社，2024.
[18] 徐明刚，张从鹏. 智能机电装备系统设计与实例 [M]. 北京：化学工业出版社，2022.
[19] 张明文，王璐欢，冯建栋，等. 智能制造与机电一体化技术应用初级教程 [M]. 哈尔滨：哈尔滨工业大学出版社，2021.
[20] 荣辉，付铁. 机械设计基础 [M]. 4 版. 北京：北京理工大学出版社，2018.
[21] 丁洪生，荣辉. 机械原理 [M]. 北京：北京理工大学出版社，2016.
[22] 秦大同，谢里阳. 机电系统设计 [M]. 北京：化学工业出版社，2013.
[23] 赵韩，黄康，陈科. 机械系统设计 [M]. 北京：高等教育出版社，2005.
[24] 江洁. 机械系统设计的多视角研究 [M]. 北京：中国水利水电出版社，2018.
[25] 于靖军. 机械原理 [M]. 北京：机械工业出版社，2013.
[26] 王洪成. 智能机电产品设计创新实践 [M]. 西安：西安电子科技大学出版社，2023.
[27] 廖建尚，胡坤融，尉洪. 智能产品设计与开发 [M]. 北京：电子工业出版社，2021.
[28] 周堃敏. 机械系统设计 [M]. 北京：高等教育出版社，2009.
[29] 侯珍秀. 机械系统设计 [M]. 3 版. 哈尔滨：哈尔滨工业大学出版社，2015.
[30] 段铁群. 机械系统设计 [M]. 北京：科学出版社，2010.
[31] 颜云辉. 机械系统设计方法及应用 [M]. 北京：科学出版社，2022.
[32] 朱定见. 机械系统设计过程及方法探究 [M]. 北京：中国原子能出版社，2019.
[33] 宋井玲，夏连明，孙霞. 自动机械设计 [M]. 北京：国防工业出版社，2011.
[34] 曹巨江. 自动机械及其典型机构 [M]. 北京：化学工业出版社，2023.
[35] 孔凌嘉，王文中，荣辉. 机械基础设计实践 [M]. 2 版. 北京：北京理工大学出版社，2017.
[36] 全国带轮与带标准化技术委员会. 同步带传动 节距型号 MXL、XXL、XL、L、H、XH 和 XXH 梯形齿同步带额定功率和传动中心距计算：GB/T 11362—2021[S]. 北京：中国标准出版社，2021.
[37] 全国带轮与带标准化技术委员会. 同步带传动 节距型号 MXL、XXL、XL、L、H、XH 和 XXH 同步

带尺寸：GB/T 11616—2013[S]. 北京：中国标准出版社，2013.

[38] 全国金属切削机床标准化技术委员会. 滚珠丝杠副 第 3 部分：验收条件和验收检验：GB/T 17587.3—2017[S]. 北京：中国标准出版社，2017.

[39] 上银科技股份有限公司. 滚珠螺杆技术手册 [Z]. 2020.

[40] 上银科技股份有限公司. 线性滑轨技术手册 [Z]. 2022.

[41] HARMONIC DRIVE. 谐波齿轮减速器技术手册 [Z]. 2018.

[42] 北京派迪威仪器有限公司. 电动旋转台产品样本 [EB/OL]. [2024-07-21]. https://www.pdvcn.com.

[43] 王建民，朱常青，王兴华. 控制电机 [M]. 3 版. 北京：机械工业出版社，2020.

[44] 萩野弘司，井桁健一郎. 直流电机控制技术 [M]. 娄宜之，陈希文，译. 北京：科学出版社，2019.

[45] 坂本正文. 步进电机应用技术 [M]. 王自强，译. 北京：科学出版社，2010.

[46] 杜增辉，孙克军. 图解步进电机和伺服电机的应用与维修 [M]. 北京：化学工业出版社，2016.

[47] 王玉琳，尹志强. 机电一体化系统设计课程设计指导书 [M]. 2 版. 北京：机械工业出版社，2019.

[48] 上官致远，张健. 深入理解无刷直流电机矢量控制技术 [M]. 北京：科学出版社，2020.

[49] 谭建成. 永磁无刷直流电机技术 [M]. 北京：机械工业出版社，2011.

[50] 王盼宝. 智能车制作 [M]. 北京：清华大学出版社，2018.

[51] 陈庆. 传感器原理与应用 [M]. 北京：清华大学出版社，2021.

[52] 孙宝法. 传感器原理与应用 [M]. 北京：清华大学出版社，2021.

[53] 王丰，王志军，王鑫阁，等. 机电一体化技术及应用 [M]. 北京：机械工业出版社，2022.

[54] 鲁文申. 金属应变片式传感器在半导体封装设备中的应用 [J]. 装备制造技术，2011(7)：177-178.

[55] 胡学海. 传感器与数据采集原理 [M]. 北京：中国水利水电出版社，2016.

[56] 贾民平，张洪亭. 测试技术 [M]. 3 版. 北京：高等教育出版社，2016.

[57] 王利涛. 嵌入式 C 语言自我修养：从芯片编译器到操作系统 [M]. 北京：电子工业出版社，2021.

[58] 杨辰光，李志军，许扬. 机器人仿真与编程技术 [M]. 北京：清华大学出版社，2018.

[59] 许颖劲，左忠凯，刘军. FreeRTOS 源码详解与应用开发：基于 STM32[M]. 2 版. 北京：北京航空航天大学出版社，2023.

[60] 杨百军. 轻松玩转 STM32Cube[M]. 2 版. 北京：电子工业出版社，2023.

[61] ROS. micro-ROS. [EB/OL]. [2024-07-21]. https://micro.ros.org/.

[62] ROS. rosserial. [EB/OL]. [2024-07-21]. http://wiki.ros.org/rosserial.

[63] 王维波，鄢志丹，王钊. STM32Cube 高效开发教程（基础篇）[M]. 北京：人民邮电出版社，2021.

[64] 彭义兵，许剑锋，罗映. 机电一体化系统：建模、仿真与控制 [M]. 武汉：华中科技大学出版社，2021.

[65] 张春松，唐昭，戴建生. 基于运动智能的机器人开发与控制 [M]. 北京：高等教育出版社，2022.

[66] 李辉. 基于 MATLAB 的机器人轨迹优化与仿真 [M]. 北京：北京邮电大学出版社，2019.

[67] 彭瑜，何衍庆. 运动控制系统软件原理及其标准功能块应用 [M]. 北京：机械工业出版社，2019.

[68] 蒋刚. 工业机器人 [M]. 成都：西南交通大学出版社，2011.

[69] 基洛卡. 工业运动控制：电机选择、驱动器和控制器应用 [M]. 尹泉，王庆义，译. 北京：机械工业出版社，2018.

[70] 尼库. 机器人学导论：分析、控制及应用 [M]. 2 版. 孙富春，朱纪洪，刘国栋，等译. 北京：电子工业出版社，2018.

[71] 熊有伦，李文龙，陈文斌，等. 机器人学建模、控制与视觉 [M]. 武汉：华中科技大学出版社，2018.

[72] 克雷格. 机器人学导论 [M]. 4 版. 贠超，王伟，译. 北京：机械工业出版社，2018.

[73] 蔡自兴. 机器人学基础 [M]. 3 版. 北京：机械工业出版社，2021.

[74] KUKA. KUKA KRC4 操作手册 [Z]. 2015.

[75] 科克. 机器人学、机器视觉与控制 [M]. 刘荣，译. 北京：电子工业出版社，2016.

[76] 王斌锐. 运动控制系统 [M]. 北京：清华大学出版社，2020.

[77] 王西彬，焦黎，周天丰. 精密制造工学基础 [M]. 北京：北京理工大学出版社，2018.

[78] 陈蔚芳，王宏涛. 机床数控技术及应用 [M]. 4 版. 北京：科学出版社，2019.